智能制造技术

主　编　常丽园　刘　跃
副主编　师锦航　谭　波　韩　冲　蒋德珑
　　　　黄文博　王　胜
主　审　张永军

北京理工大学出版社
BEIJING INSTITUTE OF TECHNOLOGY PRESS

内 容 简 介

本书以智能制造全生命周期为基础，划分了七个情境，具体包括智能制造系统认知，智能设计技术、智能加工技术、智能控制技术、智能识别与检测技术、新一代信息技术及智能制造系统、智能制造应用案例。

情境一智能制造系统认知包括智能制造的产生及发展，智能制造概述两方面内容。情境二智能设计技术中，围绕概述，计算机辅助设计，计算机辅助工程，计算机辅助工艺过程设计，计算机辅助制造和虚拟样机技术展开内容。情境三智能加工技术中，围绕数控加工技术、工业机器人技术、3D 打印技术、数字孪生技术、逆向工程展开内容。情境四智能控制技术中，主要围绕 PLC 控制技术、工业人机界面、组态监控技术、AGV 技术展开内容。情境五智能识别与检测技术内容主要包括传感技术、射频识别技术、机器视觉检测技术、自动化检测技术、无损检测技术。情境六新一代信息技术及智能制造系统中主要内容包括人工智能技术、工业互联网及物联网、大数据与云计算、制造执行系统、企业资源计划。情境七智能制造应用案例主要包括智能制造单元和综合生产线案例以及企业典型应用案例。

本书读者对象为高等职业教育专科、高等职业教育本科装备制造大类各专业学生和教师，企业智能制造领域相关技术人员。

图书在版编目（CIP）数据

智能制造技术 / 常丽园，刘跃主编. －－ 北京：北京理工大学出版社，2025. 7.
ISBN 978 - 7 - 5763 - 5609 - 0

Ⅰ. TH166

中国国家版本馆 CIP 数据核字第 20258AZ947 号

责任编辑：钟　博　　　**文案编辑**：钟　博
责任校对：周瑞红　　　**责任印制**：李志强

出版发行 / 北京理工大学出版社有限责任公司
社　　址 / 北京市丰台区四合庄路 6 号
邮　　编 / 100070
电　　话 / （010）68914026（教材售后服务热线）
　　　　　　（010）63726648（课件资源服务热线）
网　　址 / http://www.bitpress.com.cn

版 印 次 / 2025 年 7 月第 1 版第 1 次印刷
印　　刷 / 河北盛世彩捷印刷有限公司
开　　本 / 787 mm × 1092 mm　1/16
印　　张 / 21.5
字　　数 / 467 千字
定　　价 / 93.80 元

前　言

党的二十大报告强调了加快建设制造强国，推动制造业高端化、智能化、绿色化发展的重要性，为我国制造业转型升级指明了方向。本书正是在这一精神的指引下应运而生。本书以智能制造关键技术为核心，将新一代信息技术与先进制造技术深度融合，致力于培养适应现代制造业发展需求的高素质技术技能人才，为我国制造业的高质量发展提供有力的人才支撑。

本书以智能制造全生命周期为基础，主要划分为"智能制造概述""智能设计技术""智能加工技术""智能控制技术""智能识别与检测技术""新一代信息技术与智能制造系统""智能制造应用案例"7个教学情境。本书通过"政策引导""知识学习""智造前沿""赛证延伸""单元测评""练习思考""考核评价"等模块，帮助学生全面掌握智能制造的基础知识和技能，激发其学习兴趣。本书在内容设计中融入职业院校技能大赛、职业技能等级证书相关内容，以及新技术、新工艺、新方法，深化"岗课赛证"育人机制。

在数字化资源配套方面，本书紧跟时代步伐，在"学银在线"平台上提供配套在线课程，配备了丰富的数字化教学资源，包括电子教案、教学课件、教学视频、动画、习题及答案、模拟测试卷等。

本书由校企合作开发编写。无锡锂云科技有限公司作为电池储能系统快速检测设备研发、制造与销售的高科技型企业，为本书的编写提供了实践案例和技术支持。本书由陕西国防工业职业技术学院常丽园、刘跃担任主编，陕西国防工业职业技术学院师锦航、谭波、韩冲，无锡锂云科技有限公司蒋德珑，陕西工业职业技术大学黄文博，陕西工商职业技术学院王胜担任副主编，张永军担任主审。情境一由蒋德珑编写，情境三、情境七由常丽园编写，情境二由刘跃编写，情境四由师锦航编写，情境五由谭波编写，情境六由韩冲编写。黄文博、王胜参与了前期企业调研、相关资料的整理和收集。全书由常丽园统稿，陕西国防工业职业技术学院智能制造学院的相关老师对本书提出了宝贵的意见，在此一并表示诚挚的感谢。

本书可作为装备制造大类专业下机械制造及自动化等相关专业的教材，特别推荐将本书作为新开设的智能制造相关专业的基础课程教材。由于智能制造技术不断发展和编者水平有限，本书的不妥之处在所难免，恳请广大读者批评指正。

编　者

目　　录

情境一　智能制造概述 ……………………………………………………… 1

单元1　智能制造的产生及发展 …………………………………………… 2
　　1.1.1　智能制造的产生和背景 ……………………………………… 3
　　1.1.2　各国智能制造的发展历程 …………………………………… 7
单元2　智能制造的概念及体系结构 ……………………………………… 15
　　1.2.1　智能制造的概念及特点 ……………………………………… 15
　　1.2.2　智能制造系统架构 …………………………………………… 17
　　1.2.3　智能制造关键技术 …………………………………………… 19

情境二　智能设计技术 …………………………………………………… 25

单元1　智能设计的概念 …………………………………………………… 26
　　2.1.1　设计与制造的关系 …………………………………………… 27
　　2.1.2　数字化设计 …………………………………………………… 30
　　2.1.3　智能化设计 …………………………………………………… 33
　　2.1.4　数智化设计关键技术 ………………………………………… 34
单元2　CAD ………………………………………………………………… 37
　　2.2.1　CAD 的定义及发展历史 ……………………………………… 38
　　2.2.2　CAD 的特点及关键技术 ……………………………………… 42
　　2.2.3　CAD 应用举例 ………………………………………………… 45
　　2.2.4　常见 CAD 软件介绍 …………………………………………… 48
单元3　CAE ………………………………………………………………… 53
　　2.3.1　CAE 的发展历史 ……………………………………………… 53
　　2.3.2　CAE 的基本原理及分析流程 ………………………………… 55
　　2.3.3　CAE 应用举例 ………………………………………………… 57
　　2.3.4　AI 驱动的 CAE 计算 …………………………………………… 60
　　2.3.5　CAE 的发展趋势 ……………………………………………… 62
单元4　CAPP ……………………………………………………………… 66
　　2.4.1　CAPP 的基本概念 ……………………………………………… 66

2.4.2 CAPP 系统的分类 ································· 69

2.4.3 CAPP 应用举例 ································· 71

情境三 智能加工技术 ································· 76

单元1 数控加工技术 ································· 77

3.1.1 数控加工的基本知识 ························· 78

3.1.2 数控机床的发展现状和趋势 ················· 82

单元2 工业机器人技术 ································· 95

3.2.1 工业机器人的起源及定义 ··················· 95

3.2.2 工业机器人的组成及分类 ··················· 98

3.2.3 工业机器人的技术参数 ····················· 102

3.2.4 工业机器人编程 ··························· 105

3.2.5 工业机器人应用 ··························· 106

单元3 3D 打印技术 ································· 111

3.3.1 3D 打印的发展历程及技术原理 ·············· 111

3.3.2 典型 3D 打印方法 ························· 115

3.3.3 3D 打印技术应用案例 ····················· 118

单元4 数字孪生技术 ································· 125

3.4.1 数字孪生的起源及概念 ····················· 125

3.4.2 工业数字孪生的技术体系及关键技术 ········· 128

3.4.3 数字孪生应用发展范式 ····················· 130

3.4.4 工业数字孪生应用 ························· 132

情境四 智能控制技术 ································· 139

单元1 PLC 技术 ································· 140

4.1.1 PLC 概述 ······························· 141

4.1.2 PLC 的发展及现状 ······················· 142

4.1.3 PLC 的结构及工作原理 ··················· 143

4.1.4 西门子 S7-1200 PLC 编程软件操作 ········· 147

4.1.5 西门子 S7-1200 PLC 编程示例 ············· 157

单元2 工业人机界面技术 ····························· 161

4.2.1 工业人机界面概述 ························· 162

4.2.2 触摸屏技术 ····························· 163

4.2.3 西门子触摸屏操作与配置 ··················· 165

单元3 组态监控技术 ································· 179

4.3.1 组态软件概述 ··························· 180

4.3.2 组态软件品牌简介 ························· 182

　　　4.3.3　西门子 WinCC 软件操作 ·············· 183

　单元 4　激光 SLAM 技术 ···························· 196
　　　4.4.1　激光 SLAM 技术的原理及应用 ·········· 197
　　　4.4.2　AGV 的功能与导航技术 ················ 198
　　　4.4.3　AGV 软件操作 ························ 200

情境五　智能识别与检测技术 ·············· 209

　单元 1　传感技术 ································ 210
　　　5.1.1　传感器概述 ························ 211
　　　5.1.2　传感器的基本原理 ·················· 213
　　　5.1.3　传感器的分类 ······················ 215
　　　5.1.4　传感器的特性 ······················ 217
　　　5.1.5　工业自动化中的传感器应用 ············ 219

　单元 2　RFID 技术 ································ 225
　　　5.2.1　RFID 技术概述 ······················ 226
　　　5.2.2　RFID 技术的工作原理 ················ 228
　　　5.2.3　RFID 技术的分类 ···················· 230
　　　5.2.4　RFID 技术应用案例 ·················· 231

　单元 3　机器视觉技术 ···························· 236
　　　5.3.1　机器视觉概述 ······················ 236
　　　5.3.2　机器视觉关键技术 ·················· 238
　　　5.3.3　机器视觉在工业检测中的应用 ·········· 240
　　　5.3.4　机器视觉技术的发展趋势与挑战 ········ 242

　单元 4　自动化检测技术 ·························· 245
　　　5.4.1　三坐标测量机 ······················ 246
　　　5.4.2　比对仪 ····························· 253

情境六　新一代信息技术与智能制造系统 ·············· 260

　单元 1　新一代 AI ······························ 261
　　　6.1.1　新一代 AI 的概念和架构 ·············· 262
　　　6.1.2　新一代 AI 的典型技术 ················ 264
　　　6.1.3　新一代 AI 的应用 ··················· 265

　单元 2　工业物联网 ······························ 270
　　　6.2.1　工业物联网的概念和内涵 ·············· 270
　　　6.2.2　工业物联网的技术架构 ················ 272
　　　6.2.3　5G ································ 273
　　　6.2.4　工业物联网在车间中的典型应用 ········ 274

单元3　大数据与云计算 ·· 278
　　6.3.1　大数据与工业大数据概述 ······························· 278
　　6.3.2　多源异构数据采集 ··· 280
　　6.3.3　云计算与边云协同 ··· 286
　　6.3.4　工业大数据、云计算的典型应用 ····················· 290
单元4　MES ··· 294
　　6.4.1　MES 基础 ··· 295
　　6.4.2　MES 功能模块 ·· 297
　　6.4.3　MES 的应用 ·· 299
单元5　ERP ·· 304
　　6.5.1　ERP 的发展历程及概念 ··································· 305
　　6.5.2　ERP 系统的功能模块 ······································ 306
　　6.5.3　ERP 的发展趋势和应用 ··································· 309

情境七　智能制造应用案例 ·· 313

单元1　智能制造综合生产线 ··· 314
　　7.1.1　智能制造综合生产线概述 ································· 315
　　7.1.2　智能制造综合生产线典型产品 ························· 315
　　7.1.3　智能制造综合生产线关键技术 ························· 319
单元2　企业转向架产品智能化改造 ····································· 325
　　7.2.1　企业介绍及项目背景 ······································ 326
　　7.2.2　智能化改造亮点及模式总结 ···························· 326
　　7.2.3　智能化改造路径 ··· 328
　　7.2.4　智能化改造实施成效 ······································ 332

参考文献 ··· 336

情境一　智能制造概述

　　智能制造起源于20世纪中期，随着电子信息技术的发展而萌芽，起初只是在生产过程中引入简单的自动化控制。进入21世纪，物联网、大数据、人工智能等新技术蓬勃发展，智能制造得以迅速发展，实现了生产全流程的智能化管控和优化。对于装备制造大类的学生而言，只有系统学习智能制造的发展历程和概念，才能深入了解智能制造关键技术的关系，这有助于学生拓展知识体系。

　　典型企业智能制造的体系结构如图1-0（1）所示。为了明确企业智能化转型所需要的关键技术及其相关关系，首先需要对智能制造的发展历程和现状、概念等知识有总体的了解。

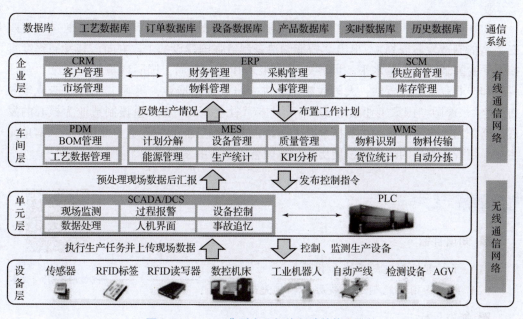

图1-0（1）　典型企业智能制造的体系结构

　　通过本情境的学习，学生能够掌握智能制造的产生和背景、各国智能制造的发展历程，能够对各国智能制造的发展现状进行分析和对比；能够明确智能制造的概念及特点、智能系统架构和智能关键技术；能够以三个方面的维度描述智能制造体系结构；能够分析智能制造关键技术的关系。图1-0（2）所示为本情境思维导图。

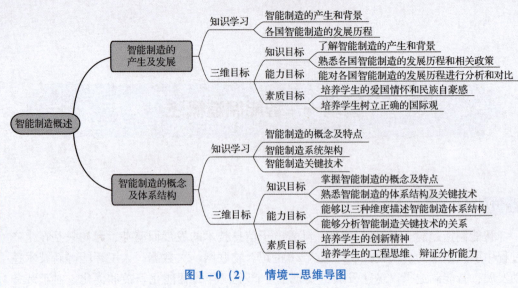

图 1-0 （2）　情境一思维导图

单元1　智能制造的产生及发展

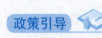 **政策引导**

　　2021 年 12 月，工业和信息化部联合国家发展和改革委员会等八部门印发《"十四五"智能制造发展规划》，提出"智能制造是制造强国建设的主攻方向，其发展程度直接关乎我国制造业质量水平。世界处于百年未有之大变局，国际环境日趋复杂，全球科技和产业竞争更趋激烈，大国战略博弈进一步聚焦制造业，美国'先进制造业领导力战略'、德国'国家工业战略 2030'、日本'社会 5.0'等以重振制造业为核心的发展战略，均以智能制造为主要抓手，力图抢占全球制造业新一轮竞争制高点"。本单元主要介绍智能制造的产生和发展历程、各国智能制造的发展现状。

 **三维目标**

■ 知识目标

（1）了解智能制造的产生和背景。

（2）熟悉各国智能制造发展历程和相关政策。

■ 能力目标

能对各国智能制造发展历程进行分析和对比。

■ 素质目标

（1）通过对智能制造的产生和背景的介绍，培养学生的爱国情怀和民族自豪感。

《"十四五"智能制造发展规划》（文本）

（2）通过对比各国智能制造的发展历程，培养学生树立正确的国际观，具有国际视野。

 **知识学习**

智能制造的产生
及发展（视频）

1.1.1 智能制造的产生和背景

制造业是国民经济的主体，是立国之本、兴国之器、强国之基。自18世纪中叶开启工业文明以来，世界强国的兴衰史和中华民族的奋斗史一再证明，没有强大的制造业，就没有国家和民族的强盛。打造具有国际竞争力的制造业是我国提升综合国力、保障国家安全、建设世界强国的必由之路。

1. 制造业的发展历程

制造活动是人类进化、生存、生活和生产活动中一个永恒的主题，是人类建设物质文明和精神文明的基础。社会的进步和发展与制造业的革新和发展息息相关。每个社会发展阶段都会产生与之匹配的制造技术。随着工业时代的到来，现代意义上的制造业随之产生。在英语中，"manufacturing"的词根来自拉丁文的"manu"和"facere"，分别具有"采用手工"和"做"的意义。第一次工业革命之后，"制造"的是指通过机器制作或生产产品，特别是大批量地制作或生产产品。

与工业化进程和产业革命紧密相联，制造业先后已经历了机械化（工业1.0）、电气化（工业2.0）和信息化（工业3.0）三个阶段，现在正处于第四个阶段——智能化（工业4.0）。这四个阶段现在普遍被称为四次工业革命，如图1-1所示。

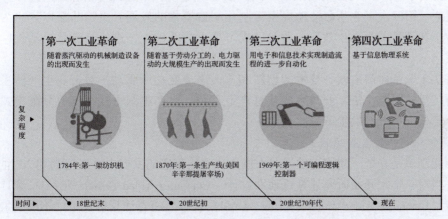

图1-1 四次工业革命

1）第一次工业革命：工业1.0（机械化）

第一次工业革命发生在18世纪60年代，以纺织机的革新为起点，以蒸汽机作为动力机械被广泛使用为标志，实现了从手工生产到机械化大生产的转变，开创了工厂代替手工作坊的时代。经济社会从以农业、手工业为主变为以工业、机械制造带动经济发展的模式。第一次工业革命揭开了企业工业化发展的序幕，生产效率较农业社会有了很大提升。

2）第二次工业革命：工业 2.0（电气化）

第二次工业革命发生在 19 世纪末至 20 世纪初，以电力的广泛应用为特征，人们通过发电机、继电器控制机械设备进行大规模生产。发电技术使电力可以广泛应用于各种工业生产领域。以电力为主导的产业革命极大地推动了化工、钢铁和冶金、内燃机等相关技术的全面发展，使汽车、机车、舰船和飞机等复杂产品制造迅速兴起，促进了生产力和社会经济的快速发展。

3）第三次工业革命：工业 3.0（信息化）

第三次工业革命起始于 20 世纪 40 年代并持续至今，以数字化、自动化为标志，将可编程逻辑控制器（Programmable Logic Controller，PLC）嵌入机器，帮助自动执行某些流程并收集和共享数据，工厂数字化由此开始。工业 3.0 时代产生了集成电路、计算机、通信设备、生物医药等一大批新兴产业，其核心是广泛应用以数字化为基础的信息技术（Information Technology，IT）。其典型应用实例是由数控机床、自动传送机构和工业机器人组成的柔性制造系统、计算机集成制造系统、精益生产和敏捷制造系统。第三次工业革命使制造模式由大规模生产转向多品种、小批量制造，进一步提升了制造业的自动化复杂程度和制造的柔性。

4）第四次工业革命：工业 4.0（智能化）

从 21 世纪开始，第四次工业革命以人工智能（Artificial Intelligence，AI）和大数据、云计算、物联网等新一代信息技术的发展为标志，充分整合、优化虚拟和现实世界中的机器，将工业生产的机器、存储系统和生产设施等融入信息物理系统（Cyber Physical System，CPS；也称为"赛博物理系统"），打造高灵活度、高资源利用率的"智能工厂"，实现从产品的开发、采购、制造、分销、零售到终端客户的连续、实时信息流通。第四次工业革命推动规模定制化制造模式的发展，更加凸显以客户为中心的宗旨，在满足工业 3.0 效率、质量、成本需求的基础上，进一步满足灵活性、适应性的需求。

每次工业革命都由核心技术的创新和重大需求变动所驱动，对工业生产体系产生深刻而广泛的影响，使工业体系在支柱产业部门、生产组织方式、价值分配模式乃至国际分工格局等方面发生革命性变化。

2. 智能制造的发展历程

智能制造是一个不断演进发展的大概念，智能制造的发展史可以追溯到 20 世纪 60 年代，当时科学家开始研究计算机辅助设计（Computer Aided Design，CAD）和计算辅助制造（Computer Aided Manufacturing，CAM）技术。随着计算机技术的不断发展，智能制造在 20 世纪 80 年代逐渐兴起。之后随着互联网的普及、物联网技术的出现和大数据分析技术的发展，智能制造得到了进一步的推广和应用。

根据智能制造数字化、网络化、智能化的基本技术特征，智能制造可被总结归纳为三种基本范式，也就是三个发展阶段：数字化制造——第一代智能制造；数字化网络化制造——"互联网 +"制造或第二代智能制造；数字化网络化智能化制造——新一代智能制造。智能制造基本范式演进如图 1 - 2 所示。

1）数字化制造阶段

数字化制造将计算机通信和数字控制等信息化技术广泛应用于制造业，通过对产品信息、工艺信息和资源信息进行数字化描述、集成、分析和决策,快速生产满足用户要求的产品。与传统制造相比,数字化制造的本质变化是增加了信息系统,使得设备计算分析、精确控制和感知能力都得到了极大提高,并代替了部分人类脑力劳动。数字化制造主要聚焦于提升企业内部的竞争力、提高产品设计和制造质量、提高劳动生产率、缩短新产品研发周期、降低成本和提高能效。数字化制造的特点如下。

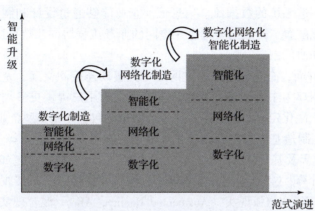

图1-2 智能制造基本范式演进

(1) 在产品中普遍应用数字技术,形成数控机床等数字化产品,包括产品建模和工艺的数字化,制造装备和设备的数字化,材料、元器件、被加工零部件的数字化以及人的数字化。

(2) 大量采用CAD、计算机辅助工程(Computer Aided Engineering,CAE)、计算机辅助工艺过程规划(Computer Aider Process Planning,CAPP)、CAM等数字化设计、建模和仿真方法;大量采用数控机床等数字化装备;建立企业资源计划(Enterprise Resource Planning,ERP)系统、制造执行系统(Manufacturing Execution System,MES)等信息化管理系统。

(3) 实现生产过程的集成优化,产生了以计算机集成制造系统(Computer Integrated Manufacturing System,CIMS)为标志的解决方案。在这个阶段,以现场总线为代表的早期网络技术和以专家系统为代表的早期AI技术在制造业得到应用。

在数字化制造阶段发展起来的数字技术涵盖了设计、制造以及管理等各业务领域,主要包括以下内容:①CAD;②CAE;③CAM;④CAPP;⑤产品数据管理(Product Data Management,PDM);⑥ERP;⑦逆向工程(Reverse Engineering,RE);⑧快速成型(Rapid Prototyping,RP);⑨MES。

2)数字化网络化制造阶段

数字化网络化制造是智能制造的第二个发展阶段,从本质上讲,数字化网络化制造就是"互联网+"制造,也被称为"Smart Manufacturing",它是在数字化制造的基础上实现网络化,应用工业互联网、工业云的技术实现制造过程的连通和集成。

数字化网络化制造的实质是在数字化制造的基础上通过网络将相关的人、流程、数据和服务连接起来。它的最大特征在于连接与数据,同时具备一定的智能。它通过企业内、企业间的协同和各种资源的共享和集成优化,实现信息互通和协同集成优化,重塑制造业的价值链。

数字化网络化制造在产品、制造、服务各环节，相对之前的制造模式都有了显著不同，实现了制造系统的连通和信息反馈，其主要特点如下。

(1) 在产品方面，数字技术、网络技术得到普遍应用，实现了网络连接、设计、研发等全流程。

(2) 在制造方面，实现了企业间横向集成、企业内部纵向集成和产品流程端到端集成，打通整个制造系统的数据流、信息流。企业能够通过设计和制造平台实现制造资源的全社会优化配置，开展与其他企业之间的业务流程协同、数据协同、模型协同，实现了协同设计和协同制造。

(3) 在服务方面，企业与用户通过网络平台实现连接和交互，企业生产开始从以产品为中心向以用户为中心转型，通过远程运维，为用户提供更多增值服务，包括智能服务和大规模个性化定制。企业逐步从生产型企业向生产服务型企业转型。

数字化网络化制造基于数字化制造发展而来，以网络技术为支撑，以信息为纽带，实现了人、现实世界及其对应的虚拟世界的深度融合。其主要技术包如下内容：①CPS；②大数据；③云计算；④5G 通信；⑤物联网；⑥数字孪生；⑦机器视觉；⑧虚拟现实（Virtual Reality，VR）/增强现实（Augmented Reality，AR）/混合现实（Mixed Reality，MR）；⑨区块链；⑩增材制造；⑪协同制造。

3）数字化网络化智能化制造阶段

数字化网络化智能化制造是智能制造的第三个发展阶段，也被称为"Intelligent Manufacturing"。

21 世纪以来，移动互联网、超级计算、大数据、云计算、物联网等新一代信息技术飞速发展，集中体现在 AI 技术的突破上。AI 技术与先进制造技术的深度融合，形成了新一代智能制造——数字化网络化智能化制造，成为新一轮工业革命的核心驱动力。

新一代智能制造的主要特点表现为制造系统具备"认知学习"能力。通过深度学习、增强学习、迁移学习等技术的应用，新一代智能制造中制造领域知识的产生、获取、应用和传承效率将发生革命性变化，显著提高创新与服务能力。

新一代智能制造是一个大系统，主要是由智能产品和装备、智能生产和智能服务三大功能系统，以及智能制造云和工业智联网两大支撑系统集合而成。新一代智能制造的系统集成如图 1-3 所示。

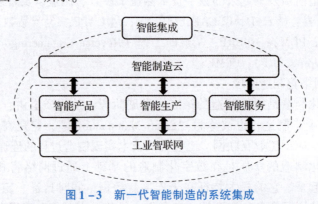

图 1-3　新一代智能制造的系统集成

如果将数字化网络化制造看作新一轮工业革命的开始，那么新一代智能制造的突破和广泛应用将推动形成这次工业革命的高潮，重塑制造业的技术体系、生产模式、产业形态，并将引领真正意义上的"智能制造"。

1.1.2 各国智能制造的发展历程

智能制造是全球制造业发展的大趋势。为了巩固在全球制造业中的地位，抢占制造业发展的先机，主要发达国家积极发展智能制造，制定智能制造战略。表 1-1 所示为主要国家的智能制造政策。

表 1-1 主要国家的智能制造政策

国家	提出时间	政策名称	政策目标
中国	2022 年 7 月	"十四五"智能制造发展规划	到 2025 年，规模以上制造业企业大部分实现数字化网络化，重点行业骨干企业初步应用智能化；到 2035 年，规模以上制造业企业全面普及数字化网络化，重点行业骨干企业基本实现智能化
美国	2018 年 10 月	先进制造业美国领导力战略	巩固工业领域先进制造的领导地位，确保国家安全，增进经济繁荣
德国	2019 年 2 月	国家工业战略 2030	确保或重夺所有相关领域在国内、欧洲乃至全球的经济技术实力、竞争力和工业领先地位
日本	2016 年 1 月	社会 5.0	依靠第四次工业革命成果（物联网、大数据、AI、自动化与共享经济等）解决老龄化、劳动力短缺等各种社会问题，最终实现超智能社会
法国	2015 年 5 月	未来工业计划	加速国家工业复兴，巩固法国在全球化中的世界地位。实现基础制造业的现代化并鼓励数字技术的应用以促进企业商业模式的转型，最终达到提升法国工业水平的目的
英国	2018 年 12 月	构筑我们的未来：工业战略	1. 理念：到 2030 年，英国成为世界上最具创新力的国家； 2. 人民：提高劳动力素质、促进就业并提升待遇； 3. 基础设施：全面升级； 4. 营商环境：确保英国成为世界上的最佳创业基地； 5. 生活环境：营造更具活力的社区环境

1. 国外智能制造的发展历程

1）德国"工业4.0"和"国家工业战略2030"

德国是制造业最具竞争力的国家之一，其装备制造行业全球领先。这是德国在创新制造技术方面的研究、开发和生产以及在复杂工业过程管理方面的高度专业化使然。

2013年4月，在德国工程院、弗劳恩霍夫协会、西门子公司等德国学术界和产业界的建议和推动下，德国"工业4.0"工作组公布了研究成果报告《保障德国制造业的未来：关于实施"工业4.0"战略的建议》（后文简称"工业4.0"），"工业4.0"项目被正式推出。"工业4.0"项目是2010年7月德国政府《高技术战略2020》确定的十大未来项目之一，旨在支持工业领域新一代革命性技术的研发与创新，借助德国制造业的传统优势，掀起新一轮制造技术的革命性创新与突破。"工业4.0"的推出引起全球的广泛关注，产生了巨大的国际影响。

2016年，德国发布《数字化战略2025》，目的是将德国建设成为最现代化的工业化国家。该战略指出，德国数字未来计划由12项内容构成："工业4.0"平台、未来产业联盟、数字化议程、重新利用网络、数字技术、可信赖的云、德国数据服务平台、中小企业数字化、进入数字化等。

2019年2月5日，德国政府在柏林发布《国家工业战略2030：对于德国和欧洲产业政策的战略指导方针》（National Industrial Strategy 2030: Strategic Guidelines for a German and European Industrial Policy）的计划草案，其主要内容包括改善工业基地的框架条件、加强新技术研发和调动私人资本、在全球范围内维护德国工业的技术主权。

下面重点介绍"工业4.0"的主要内容。

"工业4.0"主要包含"一个核心""两重战略""三项集成"和"八大任务"，如图1-4所示。

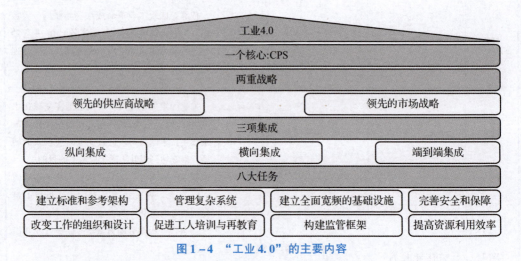

图1-4 "工业4.0"的主要内容

（1）一个核心。"工业4.0"的核心是"智能+网络化"，即通过CPS构建智能工厂，实现智能制造的目的。

（2）两重战略。"工业4.0"的两重战略分别是"领先的供应商战略"和"领先的市场战略"。"领先的供应商战略"关注生产领域，要求德国制造商遵循"工业4.0"

的理念，将先进的技术、完善的解决方案与传统的生产技术结合，生产智能化生产设备。"领先的市场战略"强调整个德国制造业市场的有效整合，实现各类企业的快速信息共享，最终达成有效的分工合作，提高制造业的生产效率。

（3）三项集成。通过价值链及网络实现企业间横向集成、贯穿整个生产周期的端到端工程数字化集成、企业内部灵活且可重新组合的网络化制造体系纵向集成。

（4）八大任务。建立标准和参考架构、管理复杂系统、建立全面宽频的基础设施、完善安全和保障、改变工作的组织和设计、促进工人培训与再教育、构建监管框架、提高资源利用效率。

2）美国"先进制造业美国领导力战略"

在 2008 年金融危机之后，美国开始反思过度依赖虚拟经济的产业政策，同时将制造业作为振兴美国经济的抓手，密集出台了多项政策文件，提出以"互联网＋"制造为基础的再工业化之路。

2011 年，美国提出"先进制造业伙伴计划"（Advanced Manufacturing Partnership，AMP），该计划强调加强先进制造布局，提高美国国家安全相关行业的制造业水平，保障美国在未来的全球竞争力。

2012 年 2 月，美国推出"先进制造业国家战略计划"，该计划在投资、劳动力和创新等方面提出了促进美国先进制造业发展的五大目标，包括加快中小企业投资、提高劳动者技能、建立健全伙伴关系、调整优化政府投资，加大研发投资力度。其为推进智能制造的配套体系建设提供政策与计划保障。

同年，美国通用电气（General Electric，GE）公司发布了《工业互联网：突破智慧和机器的界限》，正式提出"工业互联网"的概念。它将人、数据和机器连接起来，形成开放、全球化的工业网络。工业互联网由三部分组成，分别是智能设备、智能系统和智能决策。它可以被认为是数据与软/硬件互通的桥梁。工业互联网可以分析和处理来自智能设备的数据，为智能决策提供数据上的支撑。工业互联网最大的潜力是通过将自身的组成部分与制造机器、材料、系统网络等进行整体集成，得到最后的智能决策，最终实现智能制造。

2018 年 10 月，美国国家科学技术委员会下属的先进制造技术委员会发布了《先进制造业美国领导力战略》报告。该报告认为先进制造是美国经济实力的引擎和国家安全的支柱。

"先进制造业美国领导力战略"确定了三大使命和具体的战略目标，其具体内容见表 1－2。

表 1－2　"先进制造业美国领导力战略"的具体内容

三大使命	战略目标	优先计划事项
使命一：开发和转化新的制造技术	抓住智能制造系统的未来	智能和数字制造
		先进的工业机器人
		AI 基础设施
		制造业的网络安全

三大目标	战略目标	优先计划事项
使命一：开发和转化新的制造技术	开发世界领先的材料和加工技术	高性能材料
		增材制造（Additive Manufacturing，AM）
		关键材料
	确保通过国内制造获得医疗产品	低成本、分布式药物制造
		连续制造（Continuous Manufacturing，CM）
		组织和器官的生物制造
	保持电子设计和制造领域的领导地位	半导体设计工具和制造
		新材料、器件和结构
	增加粮食和农业制造业的机会	食品安全中的加工、测试和可追溯性
		粮食安全生产和供应链
		改善生物基产品的成本和功能
使命二：教育、培训和集聚制造业劳动力	吸引和发展未来的制造业劳动力	以制造业为重点的 STEM 教育
		制造工程教育
		工业界和学术界的伙伴关系
	更新和扩大职业及技术教育途径	职业和技术教育
		培养技术熟练的技术人员
	促进学徒和获得行业认可的证书	制造业学徒计划
		学徒和资格认证登记制度
	将熟练工人与需要他们的行业匹配	劳动力多样性
		劳动力评估
使命三：扩大国内制造业供应	加强中小型制造商在先进制造业中的作用	供应链增长
		网络安全扩展和教育
		公私合作伙伴关系
	鼓励制造业创新的生态系统	制造业创新的生态系统
		新业务的形成与发展
		研发转化
	加强国防制造业基础	军民两用
		购买"美国制造"
		利用现有机构
	加强农村社区的先进制造业	促进农村繁荣的先进制造业
		资本准入、投资和商业援助

3）日本"社会5.0"

日本在智能制造领域积极部署，积极构建智能制造的顶层设计体系，实施机器人新战略、互联工业战略等措施，巩固日本智能制造在国际上的领先地位。

1990年6月，日本通产省提出智能制造研究的十年计划。2004年，日本制定了《新产业创造战略》，其中将机器人、信息家电等作为重点发展的新兴产业。2013年，日本政府发布的《制造业白皮书》将机器人、新能源汽车及3D打印等作为今后制造业发展的重点领域。2014年和2015年，日本连续发布了《机器人白皮书》《机器人新战略》，后者提出机器人发展的三个核心目标，即"世界机器人创新基地""世界第一的机器人应用国家""迈向世界领先的机器人新时代"。

2016年，日本工业价值链参考框架（Industrial Value Chain Reference Architecture，IVRA）正式发布，标志着日本智能制造战略正式落地。其三大主要战略如下：一是推动工业价值链的发展，建立日本制造的联合体王国；二是通过机器人创新计划，以工业机械、中小企业为突破口，探索领域协调及企业合作的方式；三是利用物联网推进实验室与其他领域合作的新型业务的创出。

2016年，日本政府推出了"超级智慧社会"战略，又称为"社会5.0"（Society 5.0）。"社会5.0"是一种新型社会形态，具体而言，是指人类社会逐步从"狩猎社会"（Society 1.0）、"农耕社会"（Society 2.0）、"工业社会"（Society 3.0）进化到"信息社会"（Society 4.0）后，未来一种假想的新的"超智能社会"形式。其最终目标是依靠物联网、AI等科技手段，融合网络空间与现实的物理空间，使所有人（不分年龄、性别、地域、语言）均能在需要的时候享受高质量的产品与服务，在实现经济发展的同时解决人口老龄化、劳动力短缺等社会问题，最终构建一个以人为中心的新型社会。

2. 中国智能制造的发展历程

1）中国制造2025

《中国制造2025》是由国务院于2015年5月印发的部署全面推进实施制造强国战略的文件，是中国实施制造强国战略第一个十年的行动纲领。其具体内容包括基本方针、基本原则、"三步走"战略目标、九项战略任务和重点、十大重点领域、五项重大工程和八个保障措施。

（1）基本方针：创新驱动、质量为先、绿色发展、结构优化、人才为本。

（2）基本原则：市场主导、政府引导，立足当前、着眼长远，整体推进、重点突破，自主发展、开放合作。

（3）"三步走"战略目标：立足国情，立足现实，力争通过"三步走"实现制造强国的战略目标。

①第一步：到2025年，我国迈入制造强国行列。

②第二步：到2035年，我国制造业整体达到世界制造强国阵营中等水平，创新能力大幅提升，重点领域发展取得重大突破，整体竞争力明显增强，优势行业形成全球创新引领能力，全面实现工业化。

③第三步：到中华人民共和国成立一百年时，我国的制造业大国地位更加巩固，综合实力进入世界制造强国前列，制造业主要领域具有创新引领能力和明显竞争优势，建成全球领先的技术体系和产业体系。

（4）九项战略任务和重点：一是提高国家制造业创新能力；二是推进信息化与工业化深度融合；三是强化工业基础能力；四是加强质量品牌建设；五是全面推行绿色制造；六是大力推动重点领域突破发展；七是深入推进制造业结构调整；八是积极发展服务型制造和生产性服务业；九是提高制造业国际化发展水平。

（5）十大重点领域：新一代信息技术、高档数控机床和工业机器人、航空航天装备、海洋工程装备及高技术船舶、先进轨道交通装备、节能与新能源汽车、电力装备、新材料、生物医药及高性能医疗器械、农业机械装备。

（6）五项重大工程：国家制造业创新中心建设工程、智能制造工程、工业强基工程、绿色制造工程以及高端装备创新工程。

（7）八个保障措施：深化体制机制改革、营造公平竞争市场环境、完善金融扶持政策、加大财税政策支持力度、健全多层次人才培养体系、完善中小微企业政策、进一步扩大制造业对外开放、健全组织实施机制。

2）"十四五"智能制造发展规划

为了贯彻落实《中华人民共和国国民经济和社会发展第十四个五年规划》和《2035年远景目标纲要》，加快推动智能制造发展，2021年12月，工业和信息化部等八部门联合印发了《"十四五"智能制造发展规划》，其具体内容包括基本原则、发展路径、发展目标、重点任务、六大行动和保障措施。

（1）基本原则：坚持创新驱动，坚持市场主导，坚持融合发展，坚持安全可控，坚持系统推进。

（2）发展路径：要立足制造本质，紧扣智能特征，以工艺、装备为核心，以数据为基础，依托制造单元、车间、工厂、供应链等载体，构建虚实融合、知识驱动、动态优化、安全高效、绿色低碳的智能制造系统，推动制造业实现数字化转型、网络化协同、智能化变革。

（3）发展目标：到2025年，规模以上制造业企业大部分实现数字化网络化，重点行业骨干企业初步应用智能化；到2035年，规模以上制造业企业全面普及数字化网络化，重点行业骨干企业基本实现智能化。

（4）重点任务：加快系统创新，增强融合发展新动能；深化推广应用，开拓转型升级新路径；加强自主供给，壮大产业体系新优势；夯实基础支撑，构筑智能制造新保障。

（5）六大行动：智能制造技术攻关行动、智能制造示范工厂建设行动、行业智能化改造升级行动、智能制造装备创新发展行动、工业软件突破提升行动、智能制造标准领航行动。

（6）保障措施：强化统筹协调、加大财政金融支持、提升公共服务能力、深化开放合作。

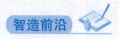

灯塔工厂

"灯塔工厂"项目由达沃斯世界经济论坛与管理咨询公司麦肯锡在2018年合作开展，旨在寻找制造业智能化转型的典范，寻找具有榜样意义的"数字化制造"和"全球化 4.0"示范者，代表当今全球制造业领域智能制造和数字化最高水平。

"灯塔工厂"评选标准包括工厂是否广泛采用自动化、人工智能、工业互联网等新一代信息技术，并实现商业模式、生产模式等全方位变革，促进效率提升、节能减排和经营优化。

在达沃斯世界经济论坛正式发布的最新一批"灯塔工厂"名单中，22 家制造企业加入全球灯塔工厂网络，其中来自中国的工厂占比接近 60%，创下历史新高。其中，17 家为"单一工厂"，侧重提升单一工厂层面的效益；2 家为"端到端灯塔"，主要体现为在价值链上、下游广泛部署技术，规模化实现降本增效；3 家为"可持续灯塔"，代表绿色制造的最新成果。

目前，全球灯塔工厂网络共有 172 家工厂，其中 74 家为中国工厂，中国是世界上拥有灯塔工厂数量最多的国家（图 1-5）。

图 1-5　灯塔工厂——海信日立黄岛工厂

【赛证延伸】　新职业：智能制造工程技术人员

2021 年 2 月 27 日，人力资源社会保障部、工业和信息化部共同制定了智能制造工程技术人员国家职业技术技能标准。智能制造工程技术人员是指从事智能制造相关技术的研究、开发，对智能制造装备、生产线进行设计、安装、调试、管控和应用的工程技术人员。

该职业的主要工作任务包括以下几个部分：①分析、研究、开发智能制造相关技术；②研究、设计、开发智能制造装备、生产线；③研究、开发、应用智能制造虚拟仿真技术；④设计、操作、应用智能检测系统；⑤设计、开发、应用智能生产管控系统；⑥安装、调试、部署智能制造装备、生产线；⑦操作、应用工业软件进行数字化设计与制造；⑧操作、应用智能制造装备、生产线进行智能加工和编程；⑨提供智能制造相关技术咨询和服务。

智能制造工程
技术人员

单元测评

1. "工业 4.0"是德国于 2013 年在汉诺威工业博览会上正式提出的，其核心目的是提高德国工业的竞争力，在新一轮工业革命中占领先机。下面哪一项与"工业 4.0"有关？（　　　）

A. 蒸汽时代　　　　B. 智能化时代　　　　C. 电气时代　　　　D. 互联网时代

2. "中国制造2025"是我国实施制造强国战略第一个十年的行动纲领，其中提出到2035年达到的目标是（　　　）。

A. 迈入制造强国行列　　　　　　　B. 达到世界制造强国阵营中等水平

C. 综合实力进入世界制造强国前列　D. 进行智能制造技术攻关活动

3. "中国制造2025"重点发展的10个领域不包括（　　　）。

A. 航空航天装备　　　　　　　　　B. 新材料

C. 电商零售　　　　　　　　　　　D. 高档数控机床和工业机器人

4. 美国"先进制造业领导力战略"中提到的5个着力点中，关于未来智能制造系统的建设不包含（　　　）。

A. 智能与数字制造　　B. 先进工业机器人　　C. 半导体设计　　　D. 云计算

5. "十四五智能制造发展规划"提出，推进智能制造要立足于制造本质，紧扣智能特征，以（　　　）为核心，以（　　　）为基础，依托制造单元、车间、工厂、供应链等载体，构建智能制造系统。

A. 工艺、装备、数据　　　　　　　B. 能源、技术、装备

C. 工艺、物流、装备　　　　　　　D. 标准、资源、数据

6. （判断）智能制造是在数字制造、数字网络化制造的基础上迭代生产的。（　　　）

 练习思考

1. 智能制造的概念是什么？它有什么特点？

2. 各国对于智能制造有哪些政策文件？

 考核评价

情境一单元1考核评价表见表1-3。

表1-3　情境一单元1考核评价表

环节	项目	标准分值	实际分值
课前（20%）	平台讨论	10	
	平台资源学习	10	
课中（60%）	课堂考勤	10	
	课堂问题参与	10	
	爱国情怀和民族自豪感、国际视野	10	
	单元测评	10	
	小组任务	20	
课后（20%）	练习思考	10	
	"赛证延伸"实施	10	
总评		100	

单元2　智能制造的概念及体系结构

政策引导

　　2021年11月，工业化和信息化部、国家标准化管理委员会再次修订《国家智能制造标准体系建设指南》，提出"智能制造是落实我国制造强国战略的重要举措，也是中国制造2025的主攻方向。加快推进智能制造，是加速我国工业化和信息化深度融合、推动制造业供给侧结构性改革的重要举措，对重塑我国制造业竞争新优势具有重要意义"。本单元主要介绍智能制造的概念和特点、体系结构及发展趋势。

《国家智能制造标准体系建设指南》（文本）

三维目标

■ 知识目标

（1）掌握智能制造的概念及特点。
（2）熟悉智能制造的体系结构及关键技术。

■ 能力目标

（1）能够以三种维度描述智能制造体系结构。
（2）能够分析智能制造关键技术的关系。

■ 素质目标

（1）通过对智能制造概念的更新变化的介绍，培养学生的创新精神。
（2）通过多维度理解智能制造的概念，培养学生的工程思维、辩证分析能力。

知识学习

1.2.1　智能制造的概念及特点

1. 智能制造的概念

智能制造的概念及体系结构（视频）

　　智能制造源于AI的研究。一般认为智能是知识和智力的总和，前者是智能的基础，后者是指获取和运用知识求解的能力。智能制造包含智能制造技术和智能制造系统两个关键组成部分，包含智能设计、智能生产、智能产品、智能管理与服务四大环节。

　　1988年美国学者赖特和伯恩的专著《制造智能》（*Manufacturing Intelligence*）中认为"智能制造"通过集成知识工程、制造软件系统、机器视觉和机器控制，对制造技术人员的技能和专家知识进行建模，使智能机器在没有人工干预的情况下实现小批量生产。

2013 年，德国"工业 4.0"白皮书及后续相关文章较多使用"Smart Manufacturing"来表述先进制造模式，其在多数情况下也被翻译为"智能制造"。通过还原德国"工业4.0"白皮书的语境可以发现，"Smart Manufacturing"可被翻译为"灵智制造"。具有德国特色的灵智制造体系是其"工业 4.0"战略的核心内容，该体系依托智能技术，融合虚拟网络与实体的信息 – 物理系统，降低综合制造成本，连接资源、人员和信息，提供一种从制造端到用户端的生产组织模式。

美国能源部在 2014 年 12 月牵头组织建设第八个创新研究院，即"智能制造创新研究院"，并为智能制造下了一个崭新的定义：智能制造是先进传感、仪器、监测、控制和过程优化的技术和实践的组合，它们将信息和通信技术与制造环境融合在一起，实现工厂和企业中能量、生产率和成本的实时管理。

综上可知，美国和德国对"智能制造"的界定都突出了智能技术与成本控制的平衡，但与德国"灵智制造"相比，美国界定的"智能制造"更强调生产系统的数据采集、处理和分析能力，以及保障系统自主学习、自主决策和优化提升的无人化技术和智慧底座。

我国工业和信息化部发布的《国家智能制造标准体系建设指南》中有官方对智能制造的定义，不同版本对智能制造的定义也有所区别。

其中，2021 年版的《国家智能制造标准体系建设指南》中对智能制造的定义如下：智能制造是基于先进制造技术与新一代信息技术深度融合，贯穿于设计、生产、管理、服务等产品全生命周期，具有自感知、自决策、自执行、自适应、自学习等特征，旨在提高制造业质量、效率、效益和柔性的先进生产方式。

从上述对智能制造的定义可以总结出，从智能制造技术的角度来看，智能制造是新一代信息技术和先进制造技术深度融合产生的新一代制造技术；从智能制造系统的角度来看，智能制造的广义制造过程涵盖了产品的全生命周期，具有一定的智能特征，是一种信息 – 物理融合的新型制造系统。

2. 智能制造的特点

智能制造的典型特征是"状态感知→实时分析→自主学习→自主决策→精准执行→优化调整"，即利用传感系统获取企业、车间和设备的实时运行状态信息和数据，通过高速网络实现数据和信息的实时传输、存储和结构化处理。在制造过程中不断充实知识库，对海量异构信息进行提炼分析，根据分析的结果，按照设定的规则做出判断和决策，再将处理结果反馈到现场以调整执行状态。

（1）状态感知。对制造车间的人员、设备、物料等多类制造要素进行全面感知，完成制造过程中的物与物、物与人及人与人之间的广泛关联，这是实现智能制造的基础。针对要采集的多源异构制造数据，通过配置各类传感器和无线网络实现物理制造资源的互连、互感，从而确保制造过程多源信息的实时、精确和可靠的感知。

（2）实时分析。制造数据是一切决策活动和控制行为的来源和依据。基于制造过程感知技术获得各类制造数据，对制造过程中的海量数据进行实时检测、实时传输与分发、实时处理与融合等，是数据可视化和数据服务的前提。

（3）自主学习。智能制造不仅利用现有的知识库指导制造行为，同时具有自学习功能，能够在制造过程中不断地充实制造相关的知识库，更重要的是它还具有理解制造环境信息和制造系统本身的信息，并自行分析判断和规划自身行为的能力。

（4）自主决策。在传统的制造系统中，人作为决策智能体，具有支配各类"制造资源"的制造行为，制造设备、工装等并不具备分析、推理、判断、构思和决策等高级的行为能力。而智能制造系统是一种由智能机器和人类专家共同组成的人机一体化系统，该系统对"制造资源"具有不同程度的感知、分析与决策能力，能够拥有或扩展人类智能，使人与物共同组成决策主体，共同制定决策。

（5）精准执行。制造过程的精准执行是实现智能制造的最终体现。其中，数字化、自动化、柔性化的智能加工设备、运储设备、测试设备是制造过程精准执行的基础条件和设施，各种传感器获取的实时数据是精准执行的来源和依据，设备运行的监测控制、制造过程的调度优化、生产物料的准确配送、产品质量的实时检测等是制造过程精准执行的表现形式。制造过程的精准执行是使制造过程以及制造系统处于最优效能状态的保障，也是实现智能制造的重要体现。

（6）优化调整。智能制造需要在生产过程中不断进行优化调整，利用信息的交互和制造系统本身的柔性，实现对外界需求、产品自身要求、不可预见故障等多方面变化的及时优化调整。

通过上述特征可以实现三方面的制造智能化。第一，生产过程高度智能。智能制造在生产过程中能够自我感知周围环境，实时采集和监控生产信息。第二，资源配置高度智能。信息网络具有开放性、信息共享性，由信息技术与制造技术融合产生的智能化、网络化的生产制造可以跨地区、跨地域进行资源配置，突破了原有的本地化生产边界。第三，产品高度智能化、个性化。智能制造产品通过内置传感器、控制器、存储器等技术具有自我监测、记录、反馈和远程控制功能。

1.2.2 智能制造系统架构

参考架构是一种系统设计蓝图，用于描述系统各部分（物理或概念对象或实体）的基本排列和连接关系，它在给定的"域"上按相应的规则或约束条件，对构成系统的各组件及组件间的互连、动作或活动等进行描述。

关于智能制造，各国均发布了不同的智能制造架构模型。2015 年，德国"工业 4.0"平台发布了"工业 4.0 参考架构模型"（RAMI 4.0）。2015 年 6 月，美国工业互联网联盟发布了"工业互联网参考架构"（Industrial Internet Reference Architecture，IIRA）。2016 年 12 月，日本"工业价值链促进会"正式提出一种面向智能制造的 IVRA。不同的模型从不同的维度、层次对智能制造的概念、内涵和范围等进行统一、规范的定义和描述。

我国的智能制造系统架构如图 1-6 所示，它从生命周期、系统层级、智能特征三

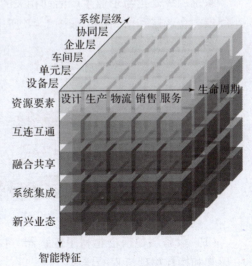

图 1-6 我国的智能制造系统架构

个维度对智能制造所涉及的活动、装备、特征进行描述。

1. 生命周期

生命周期是指从产品原型研发开始到产品回收再制造的各阶段，包括设计、生产、物流、销售、服务等一系列相互联系的价值创造活动，如图1-7所示。产品全生命周期管理（Product Life - cycle Management，PLM）指对产品从需求分析、规划设计（概念设计、详细设计）、产品生产、产品交付、使用维护和回收处理等阶段的全生命周期信息与过程进行管理。

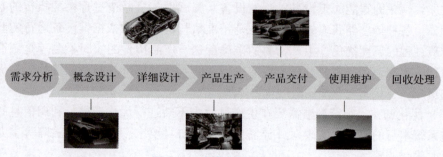

图1-7　汽车产品生命周期

生命周期中的各项活动可以进行迭代优化，具有可持续发展等特点。不同行业的生命周期构成不尽相同。

（1）设计是指根据企业的所有约束条件以及所选择的技术对需求进行实现和优化的过程。

（2）生产是指对物料进行加工、运输、装配、检验等活动以创造产品的过程。

（3）物流是指产品从供应地向接收地的实体流动过程。

（4）销售是指产品或商品等从企业转移到客户的经营活动。

（5）服务是指产品提供者与客户接触过程中所产生的一系列活动的过程及其结果。

2. 系统层级

系统层级是指与企业生产活动相关的组织结构的层级划分，包括设备层、单元层、车间层、企业层和协同层，如图1-8所示。

图1-8　智能制造系统层级

（1）设备层是指企业利用传感器、仪器仪表、机器、装置等，实现实际物理流程并感知和操控物理流程的层级。

（2）单元层是指工厂内处理信息、监测和控制物理流程的层级。

（3）车间层是指面向工厂或车间的生产管理的层级，主要通过 MES 实现。

（4）企业层是指实现面向企业经营管理的层级，包括 ERP、PLM、供应链管理（Supply Chain Management，SCM）、客户关系管理（Customer Relationship Management，CRM）等系统。

（5）协同层是指企业实现其内部和外部信息互连和共享过程的层级，它让不同的企业通过互联网进行互连互通，实现远程交互和协同研发。

3. 智能特征

智能特征是指基于新一代信息技术使制造活动具有自感知、自学习、自决策、自执行、自适应等一个或多个功能的层级划分，包括资源要素、互连互通、融合共享、系统集成和新兴业态 5 个智能化要求。

（1）资源要素是指企业在生产时所需要使用的资源或工具及其数字化模型所在的层级。

（2）互连互通是指通过有线或无线网络、通信协议与接口，实现资源要素之间的数据传递与参数语义交换的层级。

（3）融合共享是指在互连互通的基础上，利用云计算、大数据等新一代信息技术，在保障信息安全的前提下，实现信息协同共享的层级。

（4）系统集成是指企业实现智能制造过程中的装备、生产单元、生产线、数字化车间、智能工厂之间，以及智能制造系统之间的数据交换和功能互连的层级。

（5）新兴业态是指基于物理空间不同层级资源要素和数字空间集成与融合的数据、模型及系统所建立的涵盖认知、诊断、预测及决策等功能，且支持虚实迭代优化的层级。

智能制造的关键是实现贯穿企业设备层、单元层、车间层、工厂层、协同层不同层级的纵向集成，跨资源要素、互连互通、融合共享、系统集成和新兴业态不同级别的横向集成，以及覆盖设计、生产、物流、销售、服务的端到端集成。

1.2.3　智能制造关键技术

智能制造是未来制造业的发展方向，是制造过程智能化、生产模式智能化和经营模式智能化的有机统一。智能制造主要由基础共性技术、关键技术两部分组成，如图 1-9 所示。其中基础共性技术主要用于统一智能制造相关概念，解决智能制造基础共性关键问题，包括通用、安全、可靠性、检测、评价、人员能力六大类，是关键技术的基础和支撑。

智能制造关键技术主要包括智能装备、智能工厂、智慧供应链、智能服务、智能赋能技术和工业网络 6 个模块中的相关技术。按照智能制造实际应用进行划分，具体包含智能设计技术、智能加工技术、智能检测和识别技术、智能控制技术、智能管理技术、智能赋能技术（新一代信息技术）。

1. 智能设计技术

智能设计是指应用智能化设计手段以及先进的数据交互信息化系统（CAX、网络化协同设计、设计知识库）模拟人的思维活动，提高计算机的智能水平，使计算机能够辅助人完成更多复杂的任务，从而满足市场上快速变化的需求，设计多种方案，以期望获得最优的设计成果和效益。对于装备制造行业来说，智能设计技术具体包含如下内容。

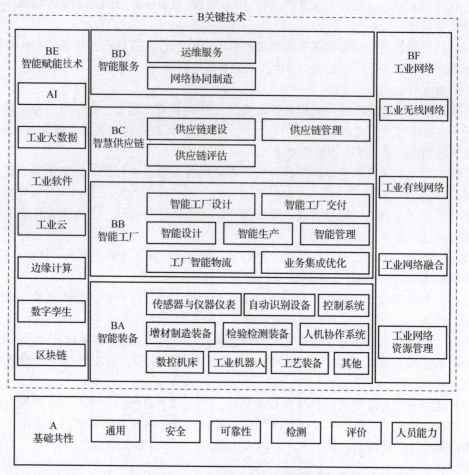

图1-9 智能制造关键技术

（1）CAD。CAD是将计算机应用于产品设计全过程的一门综合技术。CAD主要包括计算机辅助建模、计算机辅助结构分析计算、计算机辅助工程数据管理等内容。CAD软件可用于设计二维空间中的曲线和图形，或者三维空间中的曲线、面和实体。

（2）CAE。CAE是用计算机辅助求解复杂工程和产品结构强度、刚度、屈曲稳定性、动力响应、热传导、三维多体接触、弹塑性等力学性能的分析计算以及结构性能的优化设计等问题的一种近似数值分析方法。CAE把工程（生产）的各环节有机地组织起来，其关键是将有关的信息集成，使其产生并存在于工程（产品）的整个生命周期中。

（3）CAPP。CAPP是通过向计算机输入被加工零件的原始数据、加工条件和加工要求，由计算机自动地进行编码、编程，直至最后输出经过优化的工艺规程卡片的过程。CAPP通常是连接CAD和CAM的桥梁。

（4）CAM。CAM是将计算机应用于制造生产过程的过程或系统，利用计算机进行生产设备管理控制和操作的过程。其输入信息是零件的工艺路线和工序内容，输出信息是刀具加工时的运动轨迹（刀位文件）和数控程序。

智能设计的基础是使用 CAD 完成产品建模和装配，其主题是利用 CAE 完成产品仿真及优化，其关键是 CAE 技术的综合应用，其难点是使用 CAPP 完成产品工艺设计，其核心是使用 CAM 完成数控加工程序设计，为智能加工做好基础。智能设计的整体过程以数字技术作为工具，以 PDM 作为核心管理整个流程产生的数据。

2. 智能加工技术

长期以来，零件和产品的加工过程都是国内外研究的热点。智能加工是智能制造的关键，主要是借助先进的加工设备、3D 打印设备及工业机器人配合完成产品的自动化加工。智能加工技术主要包含工业机器人、数控机床、3D 打印、数字孪生、RE 等技术。

随着装备制造技术的发展，特别在机加工行业，人力成本的不断上涨及技术的飞速进步使机加工行业的自动化程度不断提高。为了最大限度地解放劳动力，提高生产效率和产品质量，使用工业机器人代替人工，使用智能设备替换普通机床，使用 3D 打印实现复杂特征加工，实现高效、高品质、柔性的产品生产。

数字孪生通过构建物理实体的虚拟模型，实现物理世界与数字世界的实时映射和融合，为智能生产线带来生产流程优化与可视化、设备维护与故障预测、产品全生命周期管理等方面的优点。

3. 智能控制技术

智能控制是智能制造的基础之一。智能控制系统是具有一定智能行为的控制系统。对于某问题的激励输入，智能控制系统具备一定的智能行为，能够产生合适的求解问题的响应。

智能控制技术主要包括 PLC 技术、工业人机界面技术、组态监控技术、激光同步定位与建图（Simultaneous Localization and Mapping，SLAM）技术。PLC 是一种应用广泛的新型工业自动控制装置，是工业控制领域的主流控制设备。在工业生产现场，工业人机界面与 PLC 可组合成"最佳拍档"，工业人机界面不仅可以读取 PLC 内的数据进行监控，还可以向 PLC 写入数据以改变设备的运行状态。组态软件提供了一种灵活的组态方式，可以快速构建工业控制系统的监控系统。激光 SLAM 技术是实现高精度定位和环境建模的重要工具之一，将其应用于自动导引运输车（Automated Guided Vehicle，AGV），可以为工厂货物的智能化搬运提供控制基础。

4. 智能识别与检测技术

智能识别与检测技术主要用于数据采集、产品标识与识别等。传感技术在整个检测系统中处于前端，可以对数据进行采集和处理，传感器的性能直接影响整个检测系统的工作状态和质量。主要包括传感技术、射频识别（Radio Frequency Identification，RFID）技术、机器视觉技术、自动化检测技术和无损检测技术。

借助传感技术，人们设计制造出具备获取、存储、分析信息功能的各种传感器和微系统，实现低成本、高精度信息采集，以及对制造过程所需信息的感知和处理。

RFID 技术是一种非接触式自动识别技术，通过识别特定应用的无线电信号，读写相关数据，可以用于物料、工件、设备等的识别和管理。

机器视觉技术是利用机器代替人眼来进行测量和判断，进而根据判断的结果控制相应设备的动作，目前广泛应用于定位识别、在线测量、缺陷检测等工业场景。

自动化检测技术是实现产品质量控制的重要手段，通过三坐标测量机、比对仪等设备实现产品质量的检测和分析，保证生产过程的智能化和生产质量的稳定。

无损检测技术也叫作无损探伤技术，是在不损害或不影响被检测对象使用性能的前提下，采用射线、超声等原理和技术并结合相关仪器对材料、零件、设备进行缺陷、化学/物理参数检测的技术。无损检测在控制和改进产品质量，保证材料、零件和产品的可靠性，保证设备的安全运行以及提高生产效率、降低成本等方面起着重要作用。

5. 新一代信息技术

新一代信息技术是实现制造智能化的关键技术，主要包括 AI 技术、工业互联网与物联网、大数据与云计算等，其应用程度为制造的智能化决策起到重要作用。AI 技术是智能制造的基础，是"智能"特征的重要来源，AI 技术主要用于模拟和理解人的智能及其规律，建立具有智能行为的计算系统。

工业互联网与物联网是实现人与人、物与物、人与物相连的重要技术。通过物联网可以连接企业中的设备，构建设备信息系统，实现生产过程检测、实时参数采集、产品监管控制等功能。云计算利用互联网将庞大且可伸缩的网络运算能力集合起来，作为服务提供给用户，可以为大数据的存储和分析提供平台。

通过使用新一代信息技术，可以使制造由集中向分散转变，进而实现网络化协同的制造方式。智能制造系统主要包括车间层的 MES、企业层的 ERP 系统和 PLM 系统等。通过这些系统打通企业管理和生产控制的数据壁垒，实现企业管理的智能化。

智能制造生态系统模型

美国国家标准技术研究所（National Institute of Standards and Technology，NIST）于 2016 年 2 月发布了"智能制造生态系统"（Smart Manufacturing Ecosystem，SME）。

SME 模型以制造金字塔为核心，从产品、生产、商务 3 个维度进行描述，每个维度可表示成独立的生命周期，3 个生命周期在制造金字塔汇聚和交互；同时，SME 强调在每个维度上制造软件［如 CAD、CAM、CAE、质量管理系统（Quality Management System，QMS）、PLM、SCM 等］的集成和应用，这有助于车间层的先进控制，以及企业层的优化决策和执行（图 1 - 10）。

SME 提出 3 项优先考虑的变革制造技术：①高级传感、控制和制造平台；②虚拟化、信息化和数字化制造技术；③先进材料制造。

SME 给出了 9 种制造范式：精益制造、柔性制造、绿色制造、数字化制造、云制造、分布式制造、智能制造、敏捷制造和网络化协同制造。

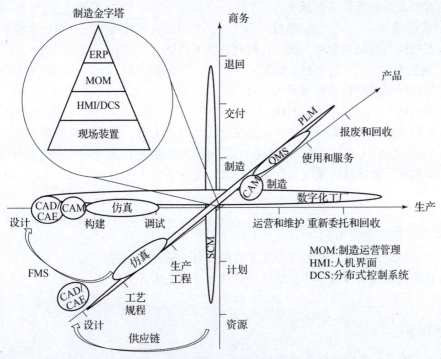

图 1-10 SME 模型

【赛证延伸】 **新职业：智能制造系统运维员**

2024年5月，针对制造业智能化转型中产生的新的人才需求，人力资源和社会保障部会同国家市场监督管理总局、国家统计局向社会正式发布了智能制造系统运维员职业信息。智能制造系统运维员是指从事智能制造系统数据采集、状态监测、故障分析与诊断、预防性维护、保养作业和优化生产的人员。设备智能运维快速应用已成为工业企业智能化转型的突破口，该职业信息的发布对智能制造的快速发展具有重要意义。

该职业的主要工作任务包括以下几个部分：①对智能制造系统软/硬件进行常规性检查和诊断；②对智能制造系统进行参数设定和程序修改；③使用工具和软件，对智能制造系统运行参数、工作状态等数据进行采集和监测；④操作智能制造软件和设备，对智能制造系统生产进行优化；⑤对智能制造系统实施升级改造；⑥对智能制造系统故障进行分析、诊断与排除；⑦编制智能制造系统运行维护、维修报告。

单元测评

1. 智能制造的体系结构从3个维度对智能制造的概念进行了描述。其中，从（　　）维度描述，智能制造包含设计、生产、物流、销售、服务5个阶段。

A. 生命周期 　　　　　　　　　　B. 系统层级

C. 智能特征 　　　　　　　　　　D. 智能活动

2. 智能制造的特征不包括（　　　）。

A. 状态感知　　　　B. 精准分析　　　　C. 人机交互　　　　D. 示教再现

3. 在智能制造的概念中，新一代信息技术不包括（　　　）。

A. 大数据　　　　B. 云计算　　　　C. 物联网　　　　D. 工业机器人

4. 完成产品三维建模和装配的是（　　　）。

A. CAD　　　　B. CAE　　　　C. CAM　　　　D. CAPP

5. 在智能制造的体系结构中，从系统层级的角度来看，设备层不包括（　　　）。

A. 仪器仪表　　　　B. SCADA　　　　C. 数控机床　　　　D. 工业机器人

6.（判断）智能制造的概念是随着技术的发展不断变化的。　　　　　　　（　　　）

 练习思考

1. 智能制造的体系结构包含哪几个方面？分别有哪些内容？

2. 在智能制造关键技术中，智能设计技术主要实现什么内容？

 考核评价

情境一单元 2 考核评价表见表 1-4。

表 1-4　情境一单元 2 考核评价表

环节	项目	标准分值	实际分值
课前（20%）	平台讨论	10	
	平台资源学习	10	
课中（60%）	课堂考勤	10	
	课堂问题参与	10	
	创新精神、工程思维	10	
	单元测评	10	
	小组任务	20	
课后（20%）	练习思考	10	
	"赛证延伸"实施	10	
总评		100	

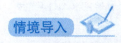
情境二　智能设计技术

情境导入

　　智能设计技术是智能制造的基础。典型产品智能制造流程如图2-0（1）所示。智能制造的主要目的是生产功能先进、符合消费者需求的个性化产品，而如何高效率、高质量地完成产品设计过程是智能设计需要解决的问题。智能设计是在数字化设计的基础上融入信息化及AI技术，赋予计算机人类的思维特征，充分发挥计算机的潜能，使其能够更多、更好地承担产品设计过程中的各种复杂计算和可视化任务，提升智能决策能力和工作效率。

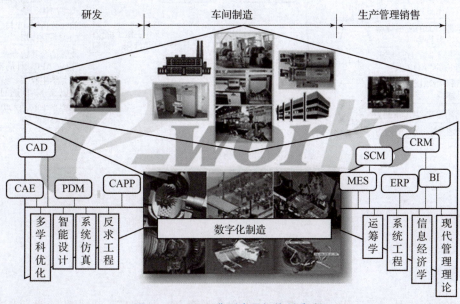

图2-0（1）　典型产品智能制造流程

　　本情境可以帮助学生理解设计与制造的关系、智能设计与数字化设计的关系、数智化设计与传统设计的不同等知识；熟悉数智化设计过程中CAD、CAE、虚拟样机、AI驱动的智能算法等核心技术及基本工作流程，并了解智能设计技术的发展趋势。图2-0（2）所示为本情境思维导图。

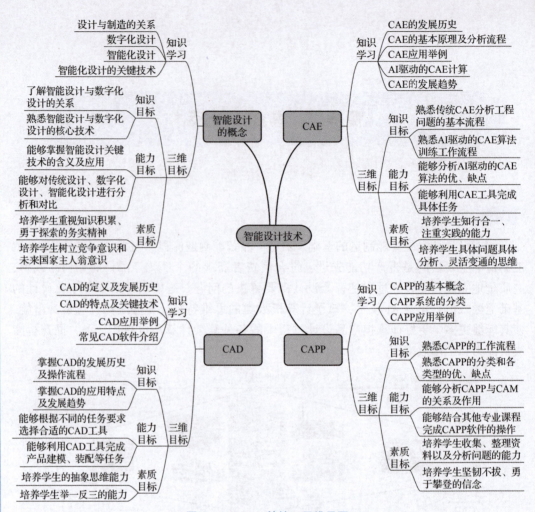

图 2−0（2）　情境二思维导图

单元 1　智能设计的概念

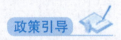政策引导

  2021 年 3 月，国家发展和改革委员会联合教育部、科技部、工业和信息化部等十四部门印发《关于加快推动制造服务业高质量发展的意见》，提出"开展制造业研发设计能力提升行动"，"推动新型研发机构健康有序发展，支持科技企业与高校、科研机构合作建立技术研发中心、产业研究院、中试基地等新型研发机构，盘活并整合创新资源，推动产学研协同创新。大力推进系统设计、绿色设计和创意设计的理念与方法普及，开展高端装备制造业及传统优势产业等领域重点设计突破工程，培育一批国家级和省级工业设计研究平台，突出设计创新创意园区对经济社会发展的综合拉动效应，探索建立以创新为核心的设计赋能机制，推动制造业设计能力全面提升"。本单元主要

介绍智能设计的含义、发展及核心技术。

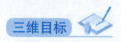
三维目标

■ **知识目标**

（1）了解智能设计与数字化设计的关系。

（2）熟悉智能设计与数字化设计的核心技术。

■ **能力目标**

（1）能够掌握智能设计关键技术的含义及应用。

（2）能够对传统设计、数字化设计、智能化设计进行分析和对比。

■ **素质目标**

（1）通过对工业设计技术的创新发展的介绍，培养学生重视知识积累、勇于探索的务实精神。

（2）通过对比国内外工业设计软件的发展，培养学生树立竞争意识和未来国家主人翁意识。

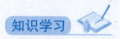
知识学习

2.1.1　设计与制造的关系

图2-1所示为常见的工业产品开发基本流程，可以看到以产品设计和工艺设计为主体的设计环节是生产制造环节的基础。

智能设计的含义及应用（视频）

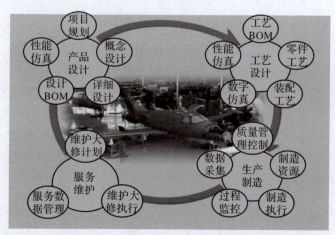

图2-1　常见的工业产品开发基本流程

设计过程始于市场需求分析及对未来市场变化的预测。在根据市场需求进行概念设计后，还需要在了解行业发展和产品演化趋势、竞争对手和技术动态的基础上确定产品的功能、性能、结构、外观、材料、生产成本等参数，在开展可行性论证的基础上制定产品开发目标，拟定产品设计方案及工艺设计方案，进而使用试验、仿真等不同的设计方法进行产品结构、尺寸和性能的分析、评价及优化，提交完整的产品设计文档。

生产制造过程始于产品设计文档，根据产品零部件结构参数和精度要求，制定合理的生产计划，根据不同的制造工艺方案，采购原材料、毛坯或必要的成品零部件，设计、制造或购买相关的工装夹具和加工装备，完成产品的制造和装配。在确保所制造产品性能指标符合设计要求的基础上，对检验合格的产品进行包装。至此，生产制造阶段的任务基本完成。

1. 设计与制造的逻辑关系

图 2-2、图 2-3 所示为产品全生命周期成本的对应关系，产品全生命周期成本主要包括设计成本、制造成本、运行成本和维护成本等。研究表明，设计阶段的实际投入通常只占产品全生命周期成本的 5% 左右，但是决定了产品全生命周期成本的 70%~80%。此外，上游设计极端的失误或变更对产品全生命周期成本的影响会以逐级放大的形式向下游传播。美国波音公司的统计数据显示，这一逐级放大的比例甚至可以达到 1:10（图 2-3）。显然，早期的设计决策是否正确是决定产品研发是否成功的关键因素之一。

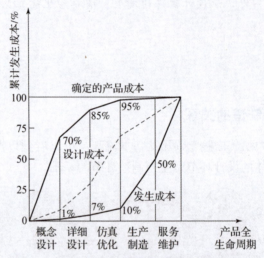

图 2-2 产品全生命周期成本的对应关系（1）

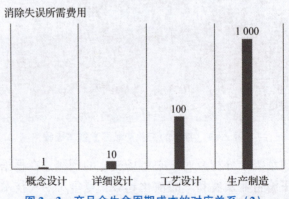

图 2-3 产品全生命周期成本的对应关系（2）

此外，从企业核心竞争力的视角，全球制造业经历了追求生产规模、生产成本、产品质量、响应速度、创新能力等发展阶段（图2-4）。被誉为"竞争战略之父"的美国哈佛大学的迈克尔·波特（Michael E. Porter）教授在《竞争战略》（*Competitive Strategy*）一书中提出竞争优势（Competitive Advantage）理论，并提出"总成本领先""差异化"和"专一化"三种竞争战略。根据波特的竞争理论，处于价值链中游的生产加工环节容易模仿，而处于价值链上、下游的研发、设计、营销、售后服务等环节则不易模仿，能够获得较长时期的差异化竞争优势。

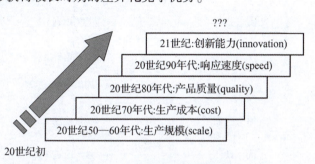

图2-4　全球制造业的发展阶段

中国台湾宏碁集团董事长施振荣在《再造宏碁》一书中提出微笑曲线理论。微笑曲线理论与竞争优势理论的核心思想一致。横轴自左向右表示产业的上、中、下游（设计、制造、营销服务），纵轴表示产品或服务的附加价值。受技术瓶颈、资金投入等因素影响，高附加价值区域主要集中于设计和营销服务两端（图2-5）。

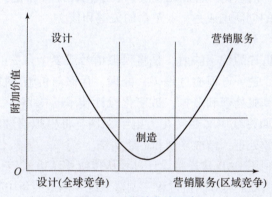

图2-5　微笑曲线示意

可以看出，良好的设计是决定产品的质量、复杂度、研发周期和成本的主要因素，若设计方案不合理使产品的技术性能和经济性存在先天不足，导致在制造过程中通过更换材料、修改制造工艺、加强成本控制等措施加以挽回，则企业将付出相当大的代价。因此，设计阶段是控制和降低产品成本、提升产品性能的最好阶段。

2. 设计与制造的双向影响

随着设计方法的不断革新和进步，设计与制造的关系越来越密切，从产品开发的角度来看，两者的关系由简单串联逐步发展为双向影响的循环闭环（图2-6）。例如，在设计产品时，设计人员需要考虑产品零部件的制造工艺、加工可行性与难易程度、生产成本因素等制造问题；同时，在产品制造过程中也可能发现设计环节存在的缺陷和不合理之处，及时反馈给设计人员以便改进、优化设计方案。显然，只有将设计与制造有机地结合，才能获得最佳的开发效率和经济效益。显然，数字化设计与智能设计技术的发展为设计和制造环节的融合和集成提供了良好条件。一方面，只有与数字化制造技术结合，产品数字化设计模型的信息才能被充分利用；另一方面，只有以产品数字化设计模型为基础，才能有效体现数控加工和数字化制造的高效特征。

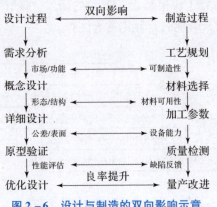

图2-6　设计与制造的双向影响示意

2.1.2　数字化设计

伴随工业革命技术革新及能源动力、生产工具的发展，机械制造对应的设计方式由原始手工向数字化、信息化、智能化发展，数字化设计（制造）与智能化设计（制造）等共性使能技术的创新也成为工业革命的关键和核心。

1. 数字化设计技术的定义

数字化是对物理世界的数字映射，是将模拟信号或复杂多变的信息资料转化为计算机数字信号的过程。这一过程通过编码、处理、存储与传输，使信息以二进制代码的形式存在，便于计算机处理和分析。数字化设计技术的核心在于将物理世界中的事物以数字形式表达，如将纸质文档转化为电子文档、将模拟信号转化为数字信号等。其优势在于信息的高效处理、精准复制和广泛共享。

数字化设计技术利用CAD建模将设计过程从传统手工方式转化为数字方式，并结合CAE仿真分析等CAX工具对制造过程、制造系统和制造装备中复杂的物理现象和信息演变过程进行定量描述、精确计算、可视化模拟及精确控制，高效率地实现对产品结构和功能的设计，并为快速生产符合用户需求的产品做准备。数字化设计方式及核心技术创新带来了一系列变革，是提升制造企业技术含量、促进制造企业转型升级的有效手段。图2-7所示为以汽车生产为例的数字化设计（制造）示意。

2. 数字化设计与传统设计的对比

图2-8所示为数字化设计流程与传统设计流程的对比。按照传统的产品开发设计方法，一般需要经过设计（概念设计、详细设计）、样机制造、试验测试等流程，若产品性能达不到用户要求，则需要进行修改设计、样机再制造、重复试验测试等环节，直到产品性能符合要求为止。传统设计模式存在研发周期长、开发系统分散、反复试验成本高等缺点。随着CAD技术的发展，现代数字化设计方法下产品开发的基本流程

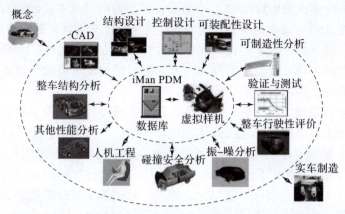

图 2 - 7　数字化设计（制造）示意

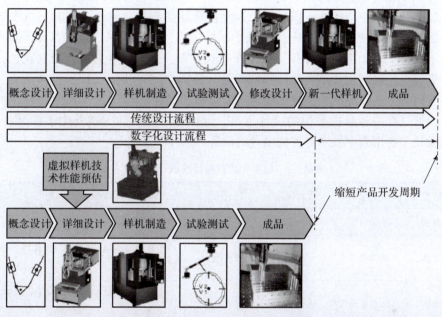

图 2 - 8　数字化设计流程与传统设计流程的对比

为概念设计、详细设计（仿真分析、结果评估、优化设计）、样机制造、试验测试等流程。与传统设计方法相比，数字化设计方法可以快速预估新产品的性能，结合数字化仿真分析可以高效率地进行产品优化改进，达到快速研发设计、提高设计质量和降低研发成本的目的。

在应用实例方面，美国波音公司在 B777/787 飞机的研制中，通过数字化设计制造、并行工程（Concurrent Engineering, CE）、数字化预装配等全数字化设计策略，使飞机的整机设计、部件测试、整机装配均在计算机虚拟环境中完成，在设计阶段就解决了零件间的装配干涉和零件的装配确定等制造中的关键问题，使 B777/787 飞机的开发周期从过去的 8~9 年缩短到 4 年（缩短了 40% 以上），成本降低了 25%，出错返工率降低了 75%，用户满意度也大幅提高。美国通用汽车公司利用数字化设计、虚拟样机等技术，将轿车的开发周期由原来的 48 个月缩短到了现在的 24 个月，将碰撞试验的次数由原来的 100 多次减少到 50 次，有效降低了研发时间成本及经济成本。中航商用飞机有限公司在 ARJ21 飞机的研制过程中使用数字化定义、产品数据管理、数字样机、数字化工艺和虚拟装配等数字化设计技术和并行工程方法，实现了大部段对接一次成功，取得了显著的经济效益。神龙汽车制造有限公司对轿车装配生产线进行了轿车预装数字化系统开发，基本实现了总装柔性生产。

从设计过程的总体结构来看，数字化设计与传统设计的过程和思路大体一致，即两者都是与设计人员思维活动相关的智力活动，是一个分阶段、分层次、逐步逼近解决方案并逐步完善的过程。从表 2-1 可以看出，数字化设计与传统设计的首要区别即去图纸化，使用计算机图形化工具代替手工绘图，这直接影响到设计方式与产品表示方式。传统设计工具为绘图板、丁字尺、圆规、铅笔等，其对应成果为二维工程图纸及各种明细表等；数字化设计工具主要是计算机及各种 CAD/CAE 软件，其成果为三维 CAD 模型及二维电子图纸等。这说明传统设计方法对工程师个人经验及能力依赖性较高，虽存在通用的绘制标准，但图纸绘制精度无法达到统一水平，同时二维图纸比较抽象，翻阅及存储较麻烦；数字化图纸绘制精度高、存储简单、修改容易，同时三维细节展示完整，便于理解。此外，在工作方式方面，传统设计为串行独立设计，各部之间交流较少；数字化设计为并行协同设计，各部之间可协同交流。整体而言，传统设计误差较大，设计周期长，成本高。随着计算机技术、信息技术和网络技术的飞速发展，设计过程中各阶段采用的设计工具、设计理念和设计方式发生了深刻的变化。数字化设计是利用数字技术对传统设计的改造、延伸和发展。

表 2-1 数字化设计与传统设计的对比

对比内容	传统设计	数字化设计
设计方式	手工绘图	计算机绘图
设计工具	绘图板、丁字尺、圆规、铅笔、橡皮等	计算机、网络、CAD/CAE 软件、绘图机、打印机等
产品表示	二维工程图纸、各种明细表等	三维 CAD 模型、二维 CAD 电子图纸、BOM 等
设计方法	经验设计、手工计算、封闭收敛的设计思维	基于三维的虚拟设计、智能设计、可靠性设计、有限元分析、优化设计、动态设计、工业造型设计等现代设计方法
工作方式	串行独立设计	并行协同设计
管理方式	纸质图档、技术文档管理	基于 PDM 的产品数字化管理
仿真方式	物理样机	虚拟样机、物理样机
特点	过早进入物理样机阶段，从设计到物理样机反复迭代修正由个人经验、手工计算带来的设计错误；设计周期长，成本高	形象直观，干涉检查、强度分析、动态模拟、优化设计、外观和色彩设计等采用虚拟样机实现；设计错误少，设计周期短、成本低

2.1.3 智能化设计

1. 智能化设计的定义

如同每次工业革命都是在上一轮工业革命的基础上发展，智能化设计技术也是数字化设计技术发展到一定程度的必然结果。智能化是通过引入先进的算法和 AI 技术，使机器或系统能够自主学习、分析并做出决策的过程。智能化代表着技术的自我演化，是更高层次的应用。智能化设计技术赋予了机器或系统感知能力、记忆和思维能力、学习能力和自适应能力、行为决策能力。智能化设计能够自动优化设计方案，进行生成式设计，或者根据用户需求自动调整参数，减少人工干预。

智能化设计技术的本质是计算机硬件及大数据、云计算等技术深入发展的充分体现，它充分利用了计算机的特点与优势（表 2-2），包括信息存储能力、逻辑推理能力、重复工作能力、快速准确的计算能力、高效的信息处理功能、强大的决策能力、运筹优化能力、科学理解和忠实执行程序的能力等，极大地节省了脑力并提高了产品的开发效率和质量。

表 2-2　人和计算机的比较

对比内容	人	计算机
计算能力	弱	强
推理及逻辑判断能力	以经验、想象和直觉进行推理	进行模拟的、系统的逻辑推理
信息存储能力	差，与时间有关	强，与时间无关
重复工作能力	差	强
分析能力	直觉分析能力强、数值分析能力差	无直觉分析能力、数值分析能力强
智能决策能力	较强，但是信息处理能力受限	较弱，但是发展速度很快
错误率	高	低

2. 智能化设计与数字化设计的对比

表 2-3 所示为智能化设计与数字化设计的对比。数字化设计的初衷是解决设计过程中的重复性计算及存储问题，随着计算机软/硬件条件的提升和 AI 技术的迅速发展，出现了人机智能化的表现形式，即出现了智能化设计，并可以满足制造业的柔性、多样化、低成本及高质量的市场需求。智能化设计与数字化设计均依赖计算机完成，但在数据依赖和人机交互方式等方面存在较大区别。此外，需要强调的是，虽然计算机在计算速度及信息存储方面具有较大优势，但是人仍然是生产力中的决定性力量，在产品数智化设计与制造过程中，人始终具有最终的控制权和决策权，计算机及网络只是重要的辅助工具。只有恰当地处理好人与计算机的相互关系，最大限度地发挥其各自优势，才能获得最大的经济效益。

表 2-3　智能化设计与数字化设计的对比

对比内容	数字化设计	智能化设计
核心目标	提高效率、精确度	实现自动化优化及决策
依赖工具	CAX	AI算法、大数据、云计算
技术重点	几何建模、参数化设计、虚拟仿真、数据可视化	自动化生成设计、多目标优化、自主学习、知识推理
人工依赖	强	弱
创新能力	工具辅助，仍需人类思维	AI突破经验限制
优化能力	手动调整参数	自动优化多目标参数
适应性	需要人工应对	动态学习、自适应环境

2.1.4　数智化设计关键技术

智能化设计技术在数字化设计技术的基础上由能量驱动型变为信息驱动型。通俗地讲，数字化设计是"把笔换成鼠标"，提升效率；智能化设计是"让鼠标自己动"，追求创新；数字化设计回答"怎么做更快"，智能化设计回答"怎样做更好"。在关键技术方面，智能化设计技术是在传统计算机图形学、CAD 和 CAE 等数字化设计技术的基础上融入信息化及 AI 技术形成的交叉化设计技术群。

1. 数字化设计核心技术

（1）CAD 技术：主要任务为基于产品尺寸、材料参数等结构化数据，完成精确建模。

（2）CAE 技术：基于现实世界的规律，结合数值分析方法重现物理过程，辅助进行机理分析。

（3）CAPP 技术：将产品加工工艺过程进行数字化处理，同时对加工过程进行优化，是 CAM 的关键环节。

（4）虚拟样机技术：逐渐发展为融合 CAD，CAE，CAM 等 CAX 工具的综合体现。

2. 智能化设计核心技术

目前，AI、机器学习（Machine Learning，ML）、深度学习（Deep Learning，DL）及大模型（Large Model，LM）的包含关系如图 2-9 所示。

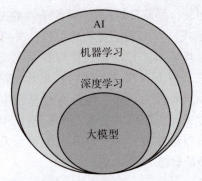

图 2-9　AI、机器学习、深度学习、大模型的包含关系

（1）AI 是计算机科学的一个广泛领域，旨在使机器能够模拟人类的智能行为，如学习、推理、感知和决策。AI 的核心目标是通过算法和数据让机器完成复杂任务，从而减少对人类干预的依赖。机器学习是 AI 的一个重要子领域，专注于通过数据训练模型，使机器能够从经验中学习并改进性能。

（2）深度学习是机器学习的一个分支，其利用多层神经网络处理复杂问题。深度学习的核心是神经网络，其结构模拟人脑的神经元连接，能够自动提取数据中的特征。深度学习在图像识别、语音识别和自然语言处理（Natural Language Processing，NLP）等领域取得了显著成果。

（3）大模型是深度学习中的一种特殊类型，通常指参数量庞大的神经网络模型。大模型需要海量数据和计算资源进行训练，但在复杂任务上表现出色。例如，GPT（Generative Pre - trained Transformer）和 BERT（Bidirectional Encoder Representations from Transformers）是 NLP 领域的代表性大模型。大语言模型（Large Language Model，LLM）如 ChatGPT 和 DeepSeek 进一步推动了 NLP 生成式 AI 的发展，能够生成高质量文本并完成多种语言任务。

总之，AI 是一个广阔的领域，机器学习是其实现智能的核心方法，而深度学习和大模型则是推动 AI 技术进步的关键力量。随着数据量和计算能力的提升，这些技术将继续改变智能制造及人们的生活、工作方式。

智造前沿

黑灯工厂

黑灯工厂（Dark Factory）又名"智慧工厂"。顾名思义，黑灯工厂是在关灯后也可以正常运行的工厂，车间中的机器可以自行运作。黑灯工厂在数字化工厂的基础上，利用物联网技术和监控技术加强信息管理、服务，提高生产过程的可控性，减少生产线人工干预，合理计划排程，具有自主能力，可以进行数据采集、分析、判断、规划，通过整体可视化技术进行推理预测，利用仿真及多媒体技术展示设计与制造过程（图 2 - 10）。系统的各组成部分可以自行组成最佳系统结构，具备协调、重组及扩充特性，以及自我学习、自行维护能力，实现了人与机器的协调合作。

图 2 - 10　吉利汽车黑灯工厂

黑灯工厂的特征如下：①生产设备网络化，实现车间物联网；②生产数据可视化，利用大数据分析进行生产决策；③生产文档无纸化，实现高效、绿色制造；④生产过程透明化；⑤生产现场无人化，真正成为"无人"工厂。

【赛证延伸】 证书：1+X"机械产品三维模型设计"（1）

1. 职业技能等级证书介绍

"机械产品三维模型设计"中级标准主要面向通用设备制造类、专业设备制造类、仪器仪表制造类及其他机械制造类企业或应用技术研究所的产品生产加工、产品质量检验、工艺设计、数控程序编制相关工作岗位（群），涉及机械工程图设计、CAD三维模型设计、产品工艺文件编制、数控加工自动编程与仿真验证等相关工作。

"机械产品三维模型设计"高级标准主要面向通用设备制造类、专业设备制造类、仪器仪表制造类及其他机械制造类企业或应用技术研究所的产品方案设计、机械产品数字化设计、数字化制造、工艺方案设计、产品结构分析验证等相关工作岗位（群），涉及机械产品的设计方案编写、机械产品设计与优化、CAD三维模型设计、多轴数控加工编程与仿真验证、CAE有限元力学分析等相关工作。

机械产品三维模型设计职业技能等级标准（文本）

2. 职业技能等级证书要求（中级）

能够独立完成机械部件的三维模型设计及数字化制造；能够运用几何设计和曲面设计等方法，构建机械零件几何体和曲面模型，完成机械部件的数字化设计，编制机械产品加工工艺方案、工艺规程与工艺定额等工艺文件；能够通过数控自动编程，完成简单零件数控车、铣削编程加工与仿真验证。

单元测评

1. 对产品全生命周期成本影响最大的环节是（ ）。

A. 产品设计   B. 产品加工制造

C. 产品营销   D. 产品售后

2. 随着科技的不断进步，机械产品设计与制造的关系逐步趋向（ ）。

A. 单向影响   B. 串行

C. 双向影响   D. 并列

3. 以下不属于数字化设计核心技术的是（ ）。

A. CAD   B. 绘图板   C. CAM   D. CAE

4. 以下属于智能设计核心技术的是（ ）。

A. 机器学习   B. 智能产线   C. 工业机器人   D. 数控机床

5. 以下不属于CAX工具的是（ ）。

A. CAD   B. CAE   C. CAPP   D. MES

6. （判断）智能设计在数字化设计技术、AI技术的基础上进行迭代生产。（ ）

练习思考

1. 阐述数字化设计与传统设计的异同。
2. 阐述智能设计与数字化设计的发展关系及其各自的核心技术。

考核评价

情境二单元 1 考核评价表见表 2-4。

表 2-4　情境二单元 1 考核评价表

环节	项目	标准分值	实际分值
课前（20%）	平台讨论	10	
	平台资源学习	10	
课中（60%）	课堂考勤	10	
	课堂问题参与	10	
	国家主人翁意识、竞争意识	10	
	单元测评	10	
	小组任务	20	
课后（20%）	练习思考	10	
	"赛证延伸"实施	10	
	总评	100	

单元 2　CAD

政策引导

《中国制造 2025》指出，国产工业软件发展相对滞后，在高端工业软件领域市场份额较小，对国外软件的依赖度较高。同时，制造业企业在工业大数据的采集、存储、分析和应用方面能力不足，难以发挥大数据对生产经营的优化作用。工业软件的发展需要完善的生态系统支持，包括上、下游产业链协同，用户反馈与改进机制等。中国在这方面还不够成熟，尚未形成具有国际竞争力的工业软件生态。《中国制造 2025》提出智能制造为核心发展方向，强调工业软件作为实现制造业数字化转型的基础工具，重点支持研发设计类软件（如 CAD，CAE 等）的自主可控，推动国产

《中国制造 2025》
（文本）

替代进程。本单元主要介绍 CAD 的定义、发展历史、特点、关键技术和应用。

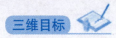 三维目标

■ **知识目标**

(1) 掌握 CAD 的发展历史及操作流程。

(2) 掌握 CAD 的应用特点及发展趋势。

■ **能力目标**

(1) 能够根据不同的任务要求选择合适的 CAD 工具。

(2) 能够利用 CAD 工具完成产品建模、装配等任务。

■ **素质目标**

(1) 通过理解 CAD 建模物理世界映射到虚拟可视化图形的过程，培养学生的抽象思维能力。

(2) 通过多维度理解智能制造的概念，培养学生举一反三的能力。

CAD 软件及其应用
（视频）

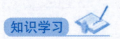 知识学习

2.2.1　CAD 的定义及发展历史

1. CAD 的定义

CAD 是指利用计算机从事工程设计的一类方法和技术的总称。CAD 实质上是将设计意图转化为计算机表示的可视化模型（图 2-11）。其作用是使用计算机代替传统的图板，表达工程产品的外形结构，为产品评估、分析和制造提供依据，充分借助计算机的高速计算、大容量存储和强大的图像处理功能分担人的部分劳动，以使设计者更多地将主要精力集中于创造性工作。

（a）　　　　　　　　　　（b）

图 2-11　螺栓的物理模型与 CAD 建模

（a）物理模型；（b）CAD 建模

随着 CAD 技术与应用的不断发展，目前 CAD 的定义存在广义和狭义之分（图 2-12）。广义上，在产品设计过程中凡是利用计算机完成的工作均可视为 CAD。它主要包括图形表示、工程计算和设计管理三类工作。图形表示描述产品结构（形状和尺寸），是

CAD 的基础和核心。工程计算是对产品性能进行分析，以保证产品的质量和性能。设计管理是对设计过程和数据进行管理，以提高设计效率。

　　随着计算机应用的研究不断深入和应用范围的不断拓宽，人们将工程分析内容纳入 CAE，把设计过程和数据管理纳入 PDM 进行专门研究，因此又将 CAD 的定义缩小到产品结构的图形表示方面。目前狭义的 CAD 主要是指产品的几何建模及其相关技术，即如何在计算机中描述产品的形状和大小。

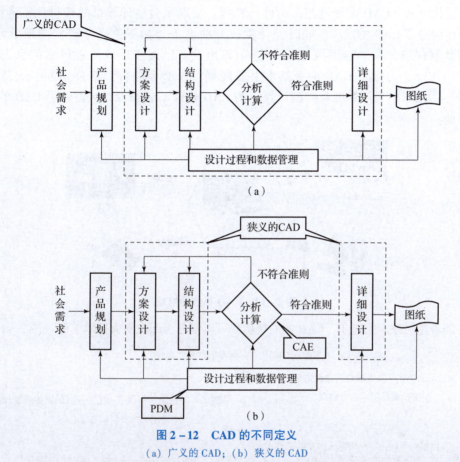

图 2-12　CAD 的不同定义

（a）广义的 CAD；（b）狭义的 CAD

2. CAD 的发展历程

　　CAD 的发展可以追溯到 1950 年，当时美国麻省理工学院在其研制的名为"旋风 1 号"的计算机上采用了阴极射线管做成的图形显示器，可以显示一些简单的图形。20 世纪 50 年代后期相继问世的图形输入装置——光笔、滚筒绘图仪和平板绘图仪，标志着 CAD 的诞生。

　　20 世纪 60 年代是 CAD 发展的起步时期。1963 年，美国学者伊凡·苏泽兰（Ivan Sutherland）在其博士论文中发表了一个革命性的计算机程序—— Sketchpad。它是最早的人机交互式计算机程序，成为之后众多交互式系统的蓝本，是计算机图形学的一大突破，被认为是现代 CAD 的始祖，从此掀起了大规模研究计算机图形学的热潮，并开始出现 CAD 这一术语。随着计算机软/硬件技术的发展，在计算机上绘图变得可行，CAD 开始迅速发展。人们希望借助此项技术来摆脱烦琐、费事、精度低的传统手工绘

学习笔记

图，即“甩图板”。因此，在 CAD 发展初期，CAD 的出发点是利用传统的三视图方法来表达零件，以图纸为媒介进行技术交流，这就是二维计算机绘图技术。其含义仅是图板的替代品，即 Computer Aided Drawing，而不是 Computer Aided Design。CAD 的早期发展以二维绘图为主要目标，这一状况一直持续到 20 世纪 70 年代初期，而此后二维绘图作为 CAD 的一个分支而相对独立、平稳地发展，现在有许多设计工作仍然在二维系统中进行，如机械零件图。从 20 世纪 70 年代后期开始，CAD 在工业领域逐步得到实际应用。

近代以来，CAD 发展迅速。小型计算机，特别是微型计算机的性价比不断提高，极大地促进了 CAD 的发展。同时，计算机外围设备，如彩色高分辨率图形显示器、大型数字化仪、自动绘图机等图形输入/输出设备已逐步形成质量可靠的系列产品（图 2－13），为推动 CAD 向更高水平发展提供了必要条件。在此期间，大量商品化的、适用于小型计算机及微型计算机的 CAD 软件不断涌现，又促进了 CAD 的应用和发展。

工程工作站
CAD系统
软件
PC
外围设备

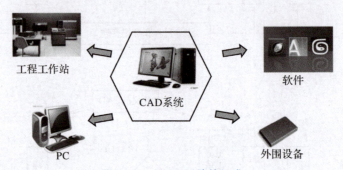

图 2－13　CAD 系统的组成

随着建模技术的进步，CAD 的发展历程可以划分为四次重大技术革命（图 2－14）。

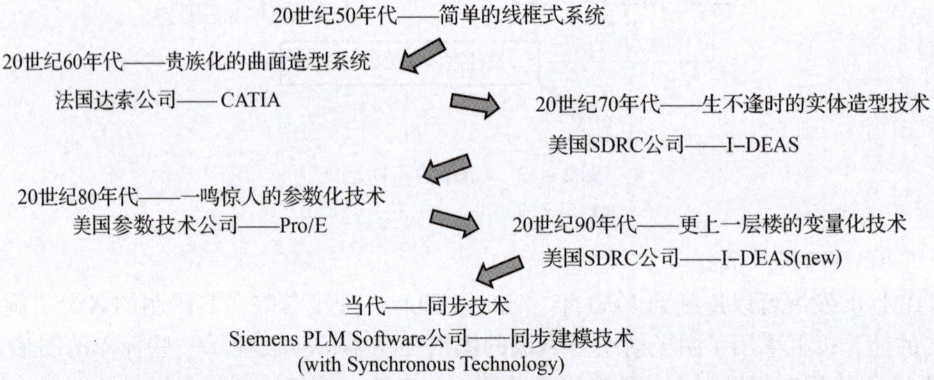

20世纪50年代——简单的线框式系统
20世纪60年代——贵族化的曲面造型系统
法国达索公司——CATIA
20世纪70年代——生不逢时的实体造型技术
美国SDRC公司——I-DEAS
20世纪80年代——一鸣惊人的参数化技术
美国参数技术公司——Pro/E
20世纪90年代——更上一层楼的变量化技术
美国SDRC公司——I-DEAS(new)
当代——同步技术
Siemens PLM Software公司——同步建模技术
(with Synchronous Technology)

图 2－14　CAD 发展的重要节点

1）贵族化的曲面造型系统

出现于 20 世纪 50 年代的三维 CAD 系统只是极为简单的线框式系统。这种初期的线框式系统只能表达基本的几何信息，不能有效表达几何数据间的拓扑关系。由于缺乏形体的表面信息，所以 CAE 及 CAM 均无法实现。

进入 20 世纪 60 年代，法国达索公司推出了三维曲面造型系统 CATIA，标志着 CAD 从单纯模仿工程图纸的三视图模式中解放出来，首次实现以计算机完整描述产品零件的主要信息，同时也使 CAM 的开发有了现实的基础。三维曲面造型系统 CATIA 为人类带来了第一次 CAD 技术革命，改变了以往只能借助油泥模型近似表达曲面的落后工作方式。

三维曲面造型系统带来的技术革新使汽车开发手段有了质的飞跃，新车型开发速度也大幅提高，许多车型的开发周期由原来的 6 年缩短到约 3 年。CAD 给使用者带来了巨大的好处及颇丰的收益。

2）生不逢时的实体造型技术

有了曲面模型，CAM 的问题可以得到基本解决，但曲面模型只能表达形体的表面信息，难以准确表达零件的其他特性，如质量、重心、惯性矩等，这对 CAE 十分不利，最大的问题在于分析的前处理特别困难。基于对 CAD/CAE 一体化技术发展的探索，美国 SDRC 公司于 1979 年发布了世界上第一个完全基于实体造型技术的大型 CAD/CAE 软件 I – DEAS。实体造型技术能够精确表达零件的全部属性，在理论上有助于统一 CAD，CAE，CAM 的模型表达，给设计带来了惊人的方便。它代表着未来 CAD 的发展方向，可以说实体造型技术的普及应用标志着 CAD 发展史上的第二次技术革命。

实体造型技术虽然带来了算法的改进和未来发展的希望，但也带来了数据计算量的极度膨胀。在当时的硬件条件下，实体造型的计算及显示速度很慢，在实际应用中做设计显得比较勉强，因此实体造型技术没能迅速在整个行业全面推广。

3）一鸣惊人的参数化技术

如果说实体造型技术属于无约束自由造型，那么进入 20 世纪 80 年代中期，出现了比无约束自由造型更好的方法——参数化实体造型，其主要的特点是基于特征、全尺寸约束、全数据相关、尺寸驱动设计修改。参数技术公司（Parametric Technology Corp.）研制了名为 Pro/E 的参数化软件，第一次实现了尺寸驱动零件设计修改，使人们看到了它今后将给设计者带来的方便性。可以认为，参数化技术的应用主导了 CAD 发展史上的第三次技术革命。

4）更上一层楼的变量化技术

SDRC 公司的开发人员发现参数化技术尚有许多不足之处。首先，全尺寸约束这一硬性规定干扰和制约了设计者创造力及想象力的发挥。全尺寸约束，即设计者在设计初期及全过程中必须通过尺寸约束来控制形状，通过尺寸的改变来驱动形状的变化。当零件形状过于复杂时，改变尺寸所达到的形状很不直观。其次，如果在设计中关键形体的拓扑关系发生改变，则失去某些约束的几何特征也会造成系统数据混乱。SDRC 公司的开发人员以参数化技术为蓝本，提出了一种比参数化技术更为先进的实体造型技术——变量化技术。变量化技术既保持了参数化技术的优点，又克服了许多不利之处，它的成功应用为 CAD 的发展提供了更大的空间和机遇。无疑，变量化技术驱动了 CAD 发展史上的第四次技术革命。

目前，CAD 的发展趋于成熟，具有开放性、标准化、集成化和智能化特色。为了实现并行工程和协同工作，将 CAD、CAM、CAPP、数控编程和计算机辅助测试（Computer Aided Testing, CAT）集成为一体，为 CAD 的发展和应用提供了更广阔的空间。随着人工智能和专家系统的不断发展及其在 CAD 中的应用，智能 CAD 也得到了重视和发展，智能 CAD 大大提高了设计水平和设计效率。

2.2.2 CAD 的特点及关键技术

1. CAD 的特点

与传统的机械设计相比，无论在提高效率、改善设计质量方面，还是在降低成本和劳动强度方面，CAD 都有着巨大的优越性。CAD 的主要特点如下。

（1）提高设计质量。计算机系统内存储了各种有关专业的综合性的技术知识、信息和资源，为产品设计提供了科学依据。人机交互有利于发挥人机各自的特长，使产品设计更加合理。CAD 所采用的优化设计方法有助于某些工艺参数和产品结构的优化。

此外，由于不同部门可以利用同一数据库中的信息，所以保证了数据一致性。

（2）节省时间，提高设计效率。设计计算和图样绘制的自动化大大缩短了设计时间，CAD 和 CAM 的一体化可以显著缩短从设计到制造的周期，与传统的设计方法相比，其设计效率至少可提高 3 ~ 5 倍。

（3）大幅降低成本。计算机的高速运算和绘图机的自动工作大大节省了劳动力，同时优化设计节省了原材料。CAD 的经济效益有些可以估算，有些则难以估算。

采用 CAD/CAM 技术，生成准备时间缩短，产品更新换代加快，大大增强了产品在市场上的竞争力。

（4）减小设计人员工作量。CAD 将设计人员从烦琐的计算和绘图工作中解放出来，使其可以从事更多创造性劳动。在产品设计中，绘图工作量约占全部工作量的 60%；在 CAD 过程中，这一部分的工作由计算机完成，所产生的效益十分显著。

当前，三维参数化 CAD 技术已成为研究热门。三维参数化 CAD 技术的主要特点是设计直接从三维概念开始，其模型是具有颜色、材料、形状、尺寸、相关零件和制造工艺等相关概念的三维实体，甚至是带有相当复杂的运动关系的三维实体。三维参数化 CAD 技术除了可以将技术人员的设计思想以最真实的模型在计算机上表现出来之外，还可以自动计算出产品的体积、面积、质量和惯性等，以利于对产品进行强度、应力等各类力学性能的分析。其中的参数不只代表设计对象的外观尺寸，而且具有实际的物理意义。可以将体积、表面积等系统参数或密度、厚度等用户自定义参数加入设计构思，表达相应的设计思想。三维参数化 CAD 技术不仅改变了设计的概念，并且将设计的便捷性向前推进了一大步。

2. CAD 的关键技术

CAD 的关键技术主要包括图形图像转换技术、几何造型技术、特征造型技术、数据交换技术、参数化技术以及 CAD 的二次开发等。

1）图形图像转换技术

图形图像转换技术是指利用计算机生成、显示、处理和存储图形图像的技术。计算机可以处理的图形图像不仅包括机械制图等工程图样，还包括照片、图像和绘画等。它们在计算机内部是采用不同方式描述的：一种为矢量图，另一种为点阵图。通常将矢量图称为图形，将点阵图称为图像。

2）几何造型技术

几何造型技术是计算机图形学在三维空间中的具体应用，它利用计算机模拟实际物体的形状，是 CAD 的核心。

离散造型和曲面造型是两种主要的几何造型方法。离散造型是采用离散的平面表示曲面，通过设定离散化精度，可以控制几何造型拟合真实物体的程度。离散造型方法简单，但由于曲面离散化后面数急剧增加，增加了系统的数据量，占用了大量的存储空间，并且特定的体素类型需要特定的离散算法，所以离散造型方法在应用上有一定的局限性。

在几何造型技术中存在线框、表面和实体三种模型。

（1）线框模型。线框模型采用物体上的交线及棱线来反映物体的立体形状。它提供了有关零件表面不连续部位的准确信息，在结构表达方面起着重要作用，但它对零件的描述是不完全的。同时，由于线框模型不包括零件的表面信息，无法区分表面是里面还是外面，所以对它的理解不是唯一的。

（2）表面模型。表面模型采用连接许多曲面的方法来构造立体模型，常见的曲面包括贝塞尔（Bezier）曲面、B样条曲面和非均匀有理B样条曲面等，每种曲面都有其特定算法及模拟真实曲面的功能。

（3）实体模型。实体模型是三维的三角网数据。实体模型是在三角形所确定的三个数据点的基础上，由一组空间位置在不同平面内的线相互连接而成的。实体模型是建立三维模型的基础。实体模型包括完备的几何形状数据，可以计算体积、空间约束及进行逻辑运算等。针对实体模型进行加工编程时，可以将实体模型当作表面模型处理。

3）特征造型技术

几何造型虽然能对物体的几何形状进行描述，产生所需要的零件图形，但不能满足实际工程需要。这是因为作为加工对象，除了要提供几何形状及尺寸外，还必须提供零件的材料、加工精度、表面质量和形状误差等信息，而几何建模系统并未提供这类工艺信息。特征建模系统的出现解决了这一问题，它能提供零件的几何信息及工艺信息。

特征是为了表达产品的完整信息而提出的一个概念，它是对诸如零件形状、工艺和功能等与零件描述相关的信息集的综合描述。特征的特点如下。

（1）特征与零件的几何描述相关。

（2）特征具有一定的工程意义。

（3）在不同的工程活动中，特征的内容不同。

（4）特征可以识别和转换。

（5）在各种工程应用中，各自的特征应覆盖该项应用的全部要求，如制造特征应能表达各种制造活动。

按产品定义数据的性质，特征可分为以下几种。

（1）形状特征：用于描述具有一定工程意义的功能几何形状信息，可分为主要形状特征和辅助形状特征。主要形状特征用于构造零件的基本几何形状，对零件的工艺路线起主要作用。辅助形状特征用于对主要形状特征进行局部修饰，如倒角、键槽和中心孔等。

（2）精度特征：用于描述零件的形状位置、尺寸和表面粗糙度等信息。精度特征可分为尺寸公差特征、形状公差特征、位置公差特征和表面粗糙度特征等。尺寸公差包括长度公差和角度公差。形状公差包括直线度、平面度、圆度、圆柱度、线轮廓度和面轮廓度6项；位置公差包括位置度、同心度、同轴度、对称度、线轮廓度、面轮廓度 6 项；跳动公差包括圆跳动和全跳动 2 项；方向公差包括平行度、垂直度、倾斜度、线轮廓度和面轮廓度 5 项。形状公差和位置公差统称为几何公差，几何公差为制定工件的定位和装夹方法提供了依据，尺寸和尺寸公差是工艺设计的主要线索。

（3）管理特征：用于描述零件的管理信息，如标题栏中的零件名称、图号等。

（4）性能分析特征：用于描述零件的性能参数和技术要求等信息。

（5）材料特征：主要反映有关材料性能、处理方式及要求等材料信息（如材料名称、种类、型号），材料的机械特征及参数，材料的物理属性及参数，热处理工艺说明，硬度参数及参数值。

（6）装配特征：用于描述零件相关方向、相互作用面和配合关系。

各种特征信息构成了零件的特征模型。特征设计是面向整个设计与制造过程的，不但支持 CAD 系统、CAPP 系统和 CAM 系统，而且支持工程图绘制、有限元分析、数控编程及仿真模拟等多个环节。因此，特征设计必须能够完整、全面地描述零件生产过程的各环节以及这些信息之间的关系。形状特征、精度特征、材料特征、管理特征、性能分析特征和装配特征分别对应各自的特征库，从中获取特征描述信息。产品数据库建立在特征库的基础上，产品设计系统与产品数据库之间实现双向交流，造型之后的产品信息被送入产品数据库，并随着造型过程而不断修改，造型过程所需的参数可以从产品数据库中查询。基于特征的产品设计系统必须建立在通用几何造型的平台上，具备线框造型、曲面造型等多种造型能力。

4）数据交换技术

当前市场上存在多款具备不同功能的 CAD，CAM 软件，它们的内部数据记录方式和处理方法不同，开发软件所采用的编程语言也不完全一致，同一个企业在产品开发的不同阶段，甚至同一阶段会涉及不同的 CAD，CAPP 或 CAM 系统。要实现不同系统间的数据交换与共享，就必须建立相应的数据交换标准。

当前常见的数据交换标准有美国的 IGES 标准、法国的 SET 标准、德国的 VDA – FS 标准以及国际标准 STEP。目前，在我国广泛应用的数据交换标准有 DXF，IGES 和 PDES/STEP，以及参考 IGES 6.0 版本制定的国家推荐性标准 GB/T 14213—2008。

要实现在不同的 CAD 系统间或在产品开发各阶段的不同部门间交换产品信息，就必须进行数据的共享与交换。这种在数据交换中起媒介作用的数据文件称为中性数据文件，其数据交换的原理如下：如果数据要从系统 A 传送到系统 B，则必须先由系统 A 的前处理器把这些待传送数据转换成中性的特定数据交换标准格式，然后再由系统 B 的后处理器把数据从数据交换标准格式转换成该系统内部的数据格式，从而实现数据从系统 A 向系统 B 的传送；反之，把系统 B 的数据传送给系统 A 也需要相同的过程。

5）参数化技术

机械产品中存在大量的标准件，如键、销、螺钉、螺母和轴承等，此外还有很多零件的形状是相似的。如果能赋予这些形体一组定义的参数（变量），则当改变这些参数的数值时，形体可随之发生改变，从而大大提高设计的效率，这就是参数化技术。模型的参数化就是给形体施加约束，而模型的参数通常与形体的工程尺寸和工程参数有关。

模型的参数化有三种形式：二维图形参数化、三视图参数化和三维特征参数化。其中，三维特征参数化因为可以提供很完整的工程信息和灵活的建模手段而成为重要的辅助设计手段。

参数化技术的另一个应用是构建约束的设计系统，随着设计的不断深入，可以逐步施加和修改约束，直至最终产生设计形体。

6）CAD 的二次开发

一般的 CAD 软件都是通用的 CAD 平台，具有宽广的覆盖面，但不能完全满足某行业的所有要求。因此，只有针对行业特点建立专业菜单、模块和工程设计库，才能有效提高产品的设计效率，这就是 CAD 的二次开发。

CAD 的二次开发一般包括建立专业的图形库与标准件库、建立符合自己要求的菜单文件、对系列化产品进行参数化以及开发前后处理及功能模块（如特殊产品的功能设计模块、NC 代码生成）等。

2.2.3 CAD 应用举例

本节以 SolidWorks 软件为例介绍凸轮齿轮的建模过程。凸轮齿轮零件图如图 2-15 所示。

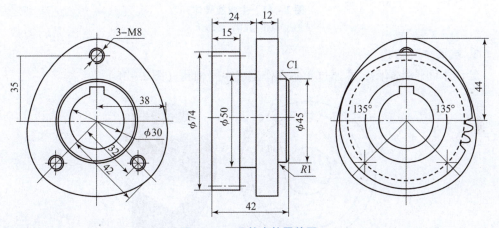

图 2-15 凸轮齿轮零件图

1. 计算齿轮参数

使用软件附带功能计算齿轮齿数、模数等关键参数（图 2-16）。

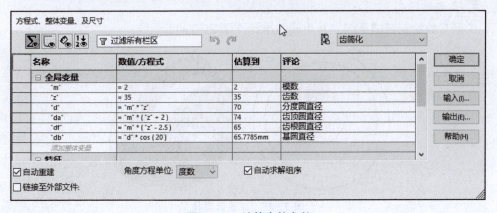

图 2-16 计算齿轮参数

2. 生成旋转体

绘制旋转体草图，并通过绕轴线旋转生成旋转体（图 2-17）。

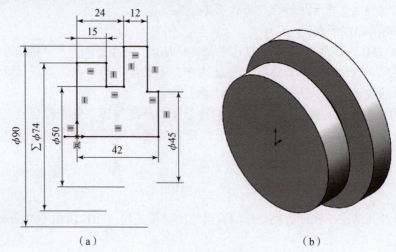

（a）   （b）

图 2-17　生成旋转体

（a）草图；（b）旋转体

3. 生成中间轴孔

绘制中间轴孔草图，并通过布尔操作生成中间轴孔（图 2-18）。

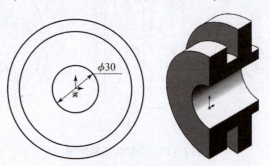

图 2-18　生成中间轴孔

（a）草图；（b）拉伸切除（1）

4. 生成键槽孔

根据参数绘制键槽草图，并生成键槽孔（图 2-19）。

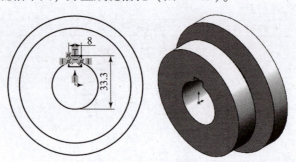

图 2-19　生成键槽孔

（a）草图；（b）拉伸切除（2）

5. 绘制齿形草图

根据齿形参数绘制齿形草图（图2-20）。

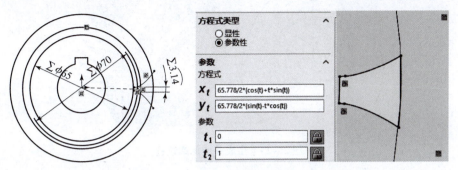

图2-20　绘制齿形草图

6. 生成齿轮

拉伸切除生成齿槽，进行倒圆角处理，通过阵列生成齿轮（图2-21）。

图2-21　生成齿轮

7. 生成凸轮外形

绘制凸轮草图，并生成凸轮外形（图2-22）。

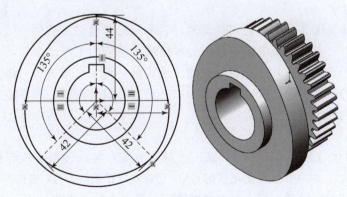

图2-22　生成凸轮外形

8. 生成螺纹孔

绘制螺纹孔草图，生成螺纹孔，并通过阵列增加螺纹孔（图2-23）。

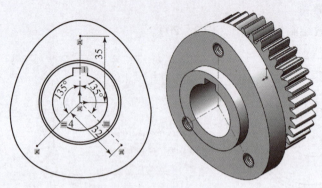

图 2 - 23　生成并增加螺纹孔

9. 生成最终模型

在主体模型完成后，对凸台边缘进行倒圆角操作，生成最终模型（图 2 - 24）。

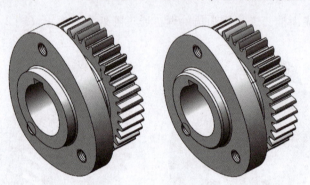

图 2 - 24　生成最终模型

2.2.4　常见 CAD 软件介绍

CAD 经过多年的发展，当前市场上的 CAD 软件很多，下面着重介绍应用较广泛的几款常用 CAD 软件。

1. AutoCAD

AutoCAD 是美国 Autodesk 公司开发的一款通用计算机设计软件，可进行二维制图和基本三维设计，一般用于机械制造、土木建筑、服装加工等多个领域，现已成为国际上流行的绘图工具。该软件具有强大的二维设计环境，可以进行三维实体建模，能进行面向对象的特性管理，可以调用设计中心已有的设计资源，允许定制菜单和工具栏，并能利用内嵌语言进行二次开发。

2. NX

NX 是德国西门子公司研发的产品工程解决方案，可以轻松实现各种复杂实体建构，其功能强大，是一个集成交互式的 CAD/CAE/CAM 系统。NX 支持产品开发中从概念设计到工程和制造的各方面，为用户提供了一套集成的工具集，用于协调不同学科、保持数据完整性和设计意图以及简化整个流程。在我国，它广泛应用于汽车、航空航天、消费家电、模具和计算机零部件等领域。NX 具有很强的工程制图和实体建模能力，还具有特征建模、自由曲面建模以及装配建模功能；具有有限元前、后处理及分析功能，有一定的 CAE 能力；提供切削加工的刀具轨迹编程和机床仿真的 CAM 功能；具有钣金设计、模具设计以及与 PLM/PDM 系统集成等功能。

3. Creo

Creo 是美国参数技术公司推出的一款 CAD/CAE/CAM 一体化三维软件，它是整合了参数技术公司的 3 款软件——Pro/E（参数化技术）、CoCreate（直接建模技术）和 ProductView（三维可视化技术）的新型 CAD 设计软件。它从工程角度出发，以先进的参数化设计和基于特征的造型著称。Creo 的整个系统建立在一个统一的数据库上，具有完整的、一致的模型，能将整个设计和生产过程集成在一起。Creo 能进行参数化特征建模，可以进行虚拟装配，具备钣金件设计、机构设计、塑件设计、结构件和焊缝设计、模具设计等功能；能进行逆向工程，具有结构分析、热分析、运动分析、模具填充分析和疲劳分析等 CAE 功能；具有自动生成 NC 代码并仿真加工过程的 CAM 功能，能进行产品的数据管理。

4. SolidWorks

SolidWorks 是法国达索公司的一款 CAD 软件。SolidWorks 是世界上第一个基于 Windows 开发的三维 CAD 系统。SolidWorks 组件繁多，具有功能强大、易学易用和可进行技术创新三大特点，这使 SolidWorks 成为领先的、主流的三维 CAD 解决方案。SolidWorks 具有较强的特征造型能力，可以进行面向对象的连接和嵌入；可以进行装配设计，具备应力分析、频率（模态）分析、扭曲分析、热分析、优化分析、非线性分析、线性动态分析、掉落测试分析及疲劳分析的能力，支持多轴加工、复杂曲面加工的 NC 编程能力，支持面向目标的 PDM。

5. CATIA

CATIA 是法国达索公司的一款 CAD/CAM/CAE 软件。作为 PLM 协同解决方案的一个重要组成部分，CATIA 可以通过建模帮助制造厂商进行产品设计，并支持从项目前阶段、具体的设计、分析、模拟、组装到维护在内的全部工业设计流程。CATIA 主要应用于汽车、航空航天、船舶制造、厂房设计（主要是钢构厂房）、建筑、电力与电子、消费品和通用机械制造等领域。其具有强大的曲面设计模块，可以进行实体建模和曲面造型、航空钣金件设计与加工、汽车曲面造型、模具设计以及焊接设计等；可以进行零件的结构分析、变形装配公差分析、电气线束设计和安装等；可以进行数控编程、STL 快速成型等；支持面向目标的 PDM。

6. CAXA

CAXA 是一款国产 CAD 软件，拥有二维电子图板、三维实体设计以及 CAE/CAM/PLM/MES 等功能。CAXA 三维实体设计是集创新设计、工程设计、协同设计于一体的新一代三维 CAD 系统解决方案。它提供的三维设计、分析仿真、专业工程图和数据管理等功能可以满足产品开发流程各方面的需求，帮助企业以更低的成本研发出更多新产品，以更快的速度将新产品推向市场。CAXA 集成了三维设计与二维设计（数据兼容），能实施智能装配，可进行零件设计、产品虚拟装配、钣金件设计及动画渲染等。CAXA 三维实体设计 CAE 软件完全继承 CAXA 3D 平台，是特别针对 CAD 用户开发的多物理场分析仿真软件，提供了一系列自动化和智能技术，让设计人员能像专家一样进行分析设计，可以完成力学分析、力学热耦合分析、模态分析、动态分析、接触分析和屈曲分析等多种分析。CAXA CAM 制造工程师软件除了能进行方便的特征实体造型外，还具有高效的数控加工编程能力。

7. ZWSOFT（中望）

ZWSOFT（中望）是一款国产 CAD 软件，有二维功能的中望 CAD、三维功能的中望 3D 以及中望电磁仿真 CAE 软件。中望 3D 是一款三维 CAD/CAM 一体化软件，其特点是兼容各种三维软件格式，提供了多国标准件库，可以进行实体建模和曲面建模，能进行一般零件设计与装配，也能进行塑料模具设计，支持 2 ~ 5 轴数控加工编程与仿真。

8. Gstar（浩辰）

Gstar（浩辰）是一款国产 CAD 软件，有二维设计的浩辰 CAD 软件和三维设计的浩辰 3D 软件。浩辰 CAD 软件除了有通用版本外，还有用于工程建设、建筑、给水排水、暖通、电气、电力、母线槽和机械等的专用版本。浩辰 3D 软件具有智能参数建模技术，可以直接编辑三维模型，加快产品设计；可以进行百万级零件的装配；具有精准先进的钣金件设计、权威顶尖的仿真计算等卓越的设计功能；内置有限元分析工具，可以进行结构仿真分析；能进行逆向工程设计。

总体而言，国外 CAD 软件由于起步早，发展快，在技术上有一定的优势。国产 CAD 软件源于国外 CAD 软件的二次开发，与国外 CAD 软件仍存在一定差距，主要体现在系统不够成熟，缺乏设计方法和设计理论指导；开发创新较少，仿制较多；信息集成技术落后；CAD 数据交换格式和标准化落后等。近年来通过技术积累和不懈努力，逐渐涌现出一批优秀的国产 CAD 工具，并逐步得到推广应用。

在 CAD 的发展趋势方面，随着计算机的普及应用，各学科交叉现象明显，CAD 与多领域相互融合，为工业问题的解决提供了强有力的工具，如 CAD 与数控机床结合，促进了 CAM 的发展，有效提升了高精度制造业的智能化转型升级与加工效率。作为前端处理的重要工作，CAD 建模技术的发展极大地提升了 CAE 仿真技术的适用性及计算精度，也为 3D 打印等智能化加工方式提供了重要的设计工具。在标准化和集成化的基础上，智能化是 CAD 发展的必然趋势。智能 CAD 不仅是简单地将智能技术与 CAD 结合，更重要的是深入研究人类设计的思维模型，并使用计算机技术模拟它。这样必将为 AI 领域提供新的方向和方法，同时也会对信息科学的发展产生重要的影响。需要指出的是，相关领域技术的进步及需求的提升又反过来促进 CAD 的不断革新和进步。

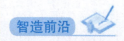

参数化建模技术

作为一种重要的建模方法，参数化建模通过引入可变化的参数，帮助研究者和工程师构建灵活性和适应性较高的模型（图 2-25）。这种技术最初主要应用于机械制造、模具设计等需要精确尺寸辅助设计的工业场景，随后逐渐扩展到计算机科学、建筑设计、数据科学等多个领域。随着信息技术的发展，现代软件工具对参数化模型的支持日益增强，使设计师能够借助先进算法进行优化，促进了设计层次上的创新，并推动了整个行业向智能化的方向发展。

参数化建模设计的优势主要体现在以下几个方面。

（1）灵活性高。设计师可以随时修改参数以适应新的设计要求，无须从头开始构建模型。这种灵活性使设计过程更加高效，能够快速响应设计变更。

（2）易于管理。参数化模型使设计变更更加可控，便于追踪和管理设计历史。这有助于减少设计错误和返工，提高设计质量。

（3）提高效率。通过自动化生成模型，减少了重复劳动，显著提高了设计效率。这种速度和效率可以加快原型设计速度，缩短产品上市时间。

（4）支持复杂设计。参数化建模能够处理复杂的几何形状和结构，适用于高级工程设计。这使设计师能够创建更为复杂且美观的结构，以满足不同需求。

（5）促进创新。参数化建模为创新提供了新的可能性，使设计师可以更自由地探索不同的设计方案。这种创新性不仅体现在设计本身，还体现在设计过程中的算法优化和软件工具演进等方面。

学习笔记

图 2-25　参数化建模示例

【赛证延伸】证书：1＋X"机械产品三维模型设计"（2）

1. 职业技能等级证书中的"机械零部件三维设计"技能等级要求（中级）

能够高质量完成机械零部件三维设计建模任务，具体任务包含：①典型零件三维设计；②零件快速修改；③曲面零件三维设计；④机械部件数字化设计。

2. 职业技能等级证书中的"机械零部件工程图设计"技能等级要求（中级）

能够高精度完成机械零部件工程图绘制任务，具体任务包含：①典型零部件二维工程图设计；②三维零件转二维工程图；③三维部件转二维工程图。

3. 职业技能等级证书中的"模型仿真验证"技能等级要求（中级）

能够高效率完成机械零部件虚拟样机加工流程仿真验证任务，具体任务包含：①工艺规程设计；②工艺准备；③仿真验证；④数据处理。

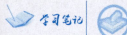
 单元测评

1. 以下不符合 CAD 广义功能的是（　　）。

A. 图形表示 　　　　B. 工程计算 　　　　C. 设计管理 　　　　D. 远程控制

2. 传统 CAD 建模的参数数据来源为（　　）。

A. 实际产品结构及参数 　　　　　　　B. 草图参数

C. 示例参数 　　　　　　　　　　　　D. 对比参数

3. 参数化建模方法首次出现在（　　）中。

A. AutoCAD 　　　　B. ProE 　　　　C. SolidWorks 　　　　D. CATIA

4. （多选）以下属于 CAD 建模特点的是（　　）。

A. 可以提高效率 　　　　　　　　　　B. 可以方便优化

C. 可以进行二次开发 　　　　　　　　D. 可以优化加工工艺

5. （多选）CAD 的发展趋势包括（　　）。

A. 标准化 　　　　B. 集成化 　　　　C. 智能化 　　　　D. 模块化

6. （判断）CAD 功能仅限于实现建模和绘图。（　　）

 练习思考

1. 从广义和狭义的角度分别阐述 CAD 定义是什么？
2. CAD 的关键技术有哪些？

 考核评价

情境二单元 2 考核评价表见表 2-5。

表 2-5　情境二单元 2 考核评价表

环节	项目	标准分值	实际分值
课前（20%）	平台讨论	10	
	平台资源学习	10	
课中（60%）	课堂考勤	10	
	课堂问题参与	10	
	抽象思维、举一反三	10	
	单元测评	10	
	小组任务	20	
课后（20%）	练习思考	10	
	"赛证延伸"实施	10	
	总评	100	

单元 3　CAE

政策引导

2023 年 1 月，工业和信息化部、教育部等六部门印发《关于推动能源电子产业发展的指导意见》，指出"加强面向新能源领域的关键信息技术产品开发和应用，主要包括适应新能源需求的电力电子、柔性电子、传感物联、智慧能源信息系统及有关的先进计算、工业软件、传输通信、工业机器人等适配性技术及产品。加快云计算、量子计算、机器学习与人工智能等技术推广应用。支持研究多域电子电气架构，突破智能设计与仿真及其工具、制造物联与服务、能源大数据处理等高端工业软件核心技术，建立健全能源电子生产运维信息系统"。本单元主要介绍 CAE 的操作流程及技术发展。

三维目标

■ 知识目标

（1）熟悉传统 CAE 分析工程问题的基本流程。

（2）熟悉 AI 驱动的 CAE 算法训练工作流程。

■ 能力目标

（1）能够分析 AI 驱动的 CAE 算法的优、缺点。

（2）能够利用 CAE 工具完成具体任务。

■ 素质目标

（1）通过介绍 CAE 的工作原理和技术构成，培养学生知行合一、注重实践的能力。

（2）通过熟悉 CAE 解决工程问题的流程，培养学生具体问题具体分析、灵活变通的思维。

知识学习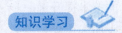

CAE 软件及其应用
（视频）

2.3.1　CAE 的发展历史

CAE 是结合计算机图形学，伴随计算机硬件及数值分析理论发展起来的交叉学科（图 2－26），目前已发展成为与理论分析和试验并列的工程问题分析方法。CAE 通过利用计算机强大的计算能力，对工程和产品进行性能与安全可靠性分析，重现工作状态和运行行为，及早发现设计缺陷，并证实未来工程、产品功能和性能的可用性和可靠性。

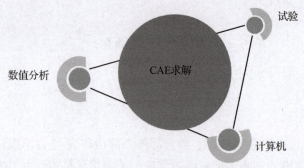

图 2－26　CAE 技术体系

1. 起源与早期发展

CAE 的起源可以追溯到 20 世纪 50 年代中期,当时随着计算机技术的初步发展,人们开始探索利用计算机解决复杂工程问题,有限差分等数值理论在这一时期的发展也为 CAE 的诞生奠定了理论基础。CAE 最早的需求来自美国航空航天局(NASA),当时为了解决宇航工业中的空气动力学及结构分析问题,NASA 投入大量资源开发有限元分析程序。这些早期的努力为 CAE 的发展奠定了基础。

进入 20 世纪 60 年代,CAE 开始在工程上得到初步应用。在这一时期,CAE 主要关注结构强度、刚度、屈曲稳定性等力学性能的分析计算。随着计算机技术的不断进步,CAE 的理论和算法也逐渐成熟,为解决复杂工程问题提供了有力的工具。

2. 商业化与蓬勃发展

20 世纪 70 年代是 CAE 蓬勃发展的时期。在这一时期,世界上几大 CAE 巨头陆续成立,如 MSC、SDRC、Ansys 等,这些公司致力于 CAE 商业化的研究和落地,推动 CAE 从理论走向实践。CAE 软件的功能和算法不断完善,逐步形成了商用的 CAE 软件。同时,一大批新的 CAE 厂商成立,各 CAE 厂商的技术和行业侧重各不相同,呈现百花齐放的状态。

20 世纪 80 年代中期,CAE 已经广泛应用于航空航天、机械、土木工程等领域,成为工程和产品结构分析中必不可少的工具。随着计算机技术的普及和不断提高,CAE 系统的功能和计算精度都有很大提升,各种基于产品数字建模的 CAE 系统应运而生,为工程设计和分析提供了强大的支持。

3. 技术创新与多学科集成

进入 20 世纪 90 年代,CAE 继续快速发展。CAD 的发展为 CAE 的技术提升进一步打下基础,CAE 也开始积极与 CAD 对接,进一步扩展功能。CAE 巨头加大市场拓展力度,持续壮大成熟。同时,CAE 不断吸收和融合新技术、新方法,如边界元法、有限元法、有限体积法等,这些方法在工程分析中发挥着越来越重要的作用。

从 21 世纪开始,CAE 进入了一个新的发展阶段。随着学科交叉性的提高和实用科学的进步,CAE 更多地涉及多物理场耦合、多相多态介质耦合等复杂问题的分析。CAE 软件也朝着更高精度、更高效率、更多样化的方向发展。同时,CAE 与其他学科的仿真模拟更加紧密地集成在一起,如与 CAD、CAM 等集成,逐步实现最佳效率。

2.3.2 CAE 的基本原理及分析流程

1. CAE 的基本原理

CAE 基于真实世界的物理规律，并将数学物理方程编写为数值算法，通过有限节点上物理量的插值和迭代来近似和逼近连续空间位置的场分布，并随时间推进计算。CAE 的任务是实现对工程问题的数值模拟（Numerical Simulation），即"在计算机上通过数值计算和图像显示进行虚拟的物理试验"，因此，数值模拟严格基于现实规律和通识理论，可以真实地反映工程问题演化过程并进行机理分析，同时，与试验相比具有细节完整、参数设置灵活、计算精度高、可显著降低研发成本的优势（图 2 – 27）。

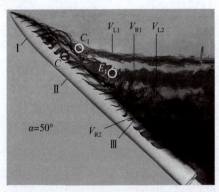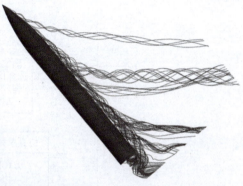

图 2 – 27　CAE 仿真与试验示意
（a）CAE 仿真；（b）试验

2. CAE 的分析流程

完整的 CAE 分析流程一般包括前处理、数值求解及后处理（图 2 – 28）。前处理主要进行狭义的 CAD 建模和空间离散网格划分，与纯粹的 CAD 建模不同的是，CAE 分析流程中的建模可以适当进行简化和抽象，以获得更高的求解稳定性和精度。前处理占整个流程 80% 的工作量。数值求解主要进行材料参数设置、边界条件设置、计算初值设置并根据求解能耗要求选择力学模型，这一部分为商业 CAE 软件的核心。后处理获得最终的有效参考分析结果，通过对求解数据进行可视化及量化处理获得优化设计依据或机理分析参考。

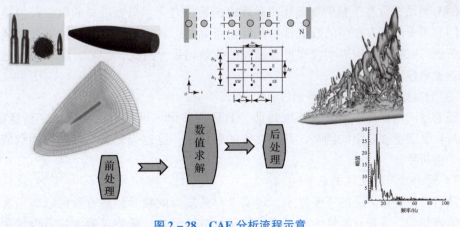

图 2 – 28　CAE 分析流程示意

图2-29所示为使用CAE分析实际工程问题时的工作流程，通过模拟结果指导原型设计，以达到减少样机生产、节约成本的目的。

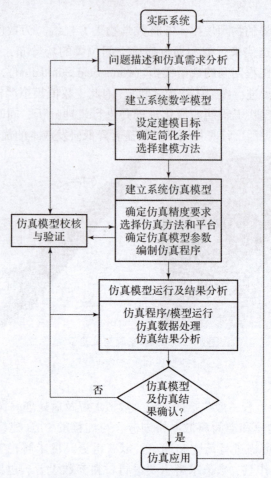

图2-29 CAE仿真设计流程

3. CAE方法的特点

1）对各种物理问题的适用性

CAE方法建立在严格的物理规律和理论的基础之上，只要选择的数学模型是合适的，同时用于求解方程组的数值算法是稳定可靠的，在合适的网格密度条件下随着迭代求解就可以获得对应真实物理世界发展的收敛结果。因此，CAE方法理论上适用于解决各种物理问题。

2）对复杂几何模型的适应性

随着空间网格离散方法的不断进步，自适应多面体网格可以快速填充任意空间，并且可在复杂壁面处生成网格，具有良好的贴体性。这也为复杂工程问题的数值求解提供了可行性。

3）适合计算机实现的高效性

随着数值分析方法的不断进步，现实世界的复杂的数学物理方程可以表示为规范化的矩阵形式，各种非线性方程组可以降阶成线性形式，最终求解方程可以转化为适合计算机批量处理的代数矩阵问题，充分发挥计算机的计算优势，完成工程问题求解和分析任务。

2.3.3 CAE 应用举例

1. 前处理

本节以支架受力变形分析及安全性分析为例进行说明。根据支架实物模型和参数建立 CAD 模型，并划分计算网格，添加受力荷载（图 2 – 30）。

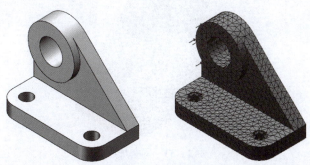

图 2 – 30　前处理

（a）建模；（b）网格划分

2. 数值求解

根据支架材料设置材料弹性模量等本质属性，选择夹具并进行数值求解（图 2 – 31）。

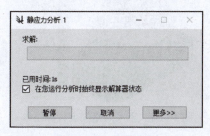

图 2 – 31　数值求解

3. 后处理

对计算结果进行可视化处理（如对变形进行放大显示），分析局部变形量，同时获得局部应力，根据设计要求进行安全性对比，进而指导优化设计（图 2 – 32）。

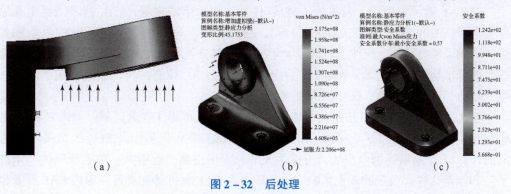

图 2 – 32　后处理

（a）变形放大；（b）获得局部应力；（c）安全性对比

需要指出的是，在进行 CAE 分析时，最终的仿真数据正确性受所选模型精度及分析人员经验等因素影响较大。如图 2-33 和图 2-34 所示，当支架网格密度变化时，仿真结果会相应发生变化，因此在解决实际问题时，需要对数值模型进行有效性标定，分析人员也需要长期锻炼和总结，以更好地发挥 CAE 的优势。

图 2-33　网格加密

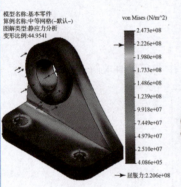 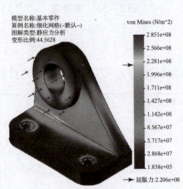 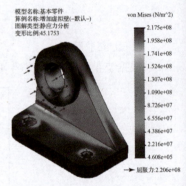

图 2-34　不同网格密度计算结果

经过多年发展，CAE 已经广泛应用于各类工程问题分析和产品设计中，在变形、应力应变、疲劳断裂、损伤分析等静力学分析，交变荷载、爆炸冲击、振动模态分析、屈曲与稳定性分析等动力学分析，热传导、对流、辐射等不同形式的热分析，以及电磁分析，流体分析，噪声分析，多物理场耦合分析等领域逐步发挥不可替代的作用。

表 2-6 所示为市场上常见的 CAE 软件。从国际市场来看，CAE 技术已经由几家巨头垄断，如 Ansys、达索、Altair、MSC、西门子等。这些公司通过不断的收购和扩张，形成了覆盖结构、流体、电磁、光学等多个细分领域的 CAE 产品矩阵，占据了全球大部分市场份额。例如，Ansys 作为全球最大的 CAE 厂商，其产品线覆盖了航天航空、国防、汽车、能源、医疗等各领域。

相比之下，国内 CAE 市场起步较晚，但近年来也取得了显著进展。国内对 CAE 的研究和开发始于 20 世纪 70 年代。然而，在 20 世纪 90 年代后，以 Ansys，MSC 为代表的国外 CAE 产品席卷国内市场，占据了大部分市场份额。近年来，在工业软件"卡脖子"和国产化替代政策的双重影响下，发展自主 CAE 软件势在必行，国内 CAE 行业也进入了快速发展期，涌现出一批具有自主知识产权的专业 CAE 软件，如安世亚太、

TCAE、风雷等，CAE 厂商陆续成立，并逐步开启商业化道路。

表 2 – 6　市场上常见的 CAE 软件

软件名称	公司名称	主要应用领域
Flexsim	美国 Flexsim Sofware Products，Inc.	物流、制造系统仿真
MATLAB	美国 MathWorks，Inc.	数值计算、控制和通信等系统仿真
Simpaek	德国 Intec GmbH	机械系统运动学、动力学系统仿真
TVitness	英国 Lanner Group Corporation	汽车、物流、制造等系统仿真
Deform	美国 MSC. Software Corporation	金属锻造成形仿真
MSC. Nastran	美国 MSC. Software Corporation	结构、噪声、热、机械等系统动力学仿真
MSC. ADAMS	美国 Ansys，Inc.	机构运动学、动力学仿真与虚拟样机分析
Ansys	美国 CGTech Corporation	结构、热、电磁、流体、声学仿真
VERICUT	美国 Algor，Inc.	数控加工编程、仿真优化
Algor	美国 Autodesk，Inc.	通用性工程仿真分析
Moldflow	法国 Dassault System Group	注塑模具成型工艺仿真
CATIA	法国 Dassault System Group	产品数字化设计
SIMULIA	法国 Dassault System Group	产品虚拟分析
DELMLA	法国 ESI Group	产品数字化制造
PAM – STAMP/OPTRIS	法国 ESI Group	中压成型仿真
PAM – CAST/PROCAST	法国 ESI Group	铸造成型仿真
PAM – SAFE	法国 ESI Group	汽车被动安全性仿真
PAM – CRASH	法国 ESI Group	碰撞、冲击仿真
PAM – FORM	法国 ESI Group	塑料、非金属与复合材料热成型仿真
SYSWELD	美国 Visual Solutions，Inc.	热处理、焊接及焊接装配仿真
VisSim	美国 MSC. Software Corporation	控制、通信、运输、动力等系统仿真
WorkingModel	美国 Simul8 Corporation	机构运动学、动力学仿真
Simul8	中国华中科技大学	物流、资源及商务决策仿真
HSCAE，SCFLOWW	美国 Brooks Automation，Inc.	注塑模具仿真分析
Automod	德国 Siemens PLM SoAtware，Inc.	生产和物流系统规划、设计与优化
Teamcenter	德国 Siemens PLM Software，Inc.	PLM 仿真
NX	美国 Parametric Technology Corporation	产品数字化设计、分析与制造
Pro/ E	美国 Solid Works Corporation	产品数字化设计、分析与制造
COSMOS	德国 ITI GmbH	机械结构、流体及运动仿真
ITI – SIM	美国 Engineering Design System Technology	机械、液压、气动、热能、电气等系统仿真
Flow Net	美国 ProModel Corporation	管道流体流动仿真

软件名称	公司名称	主要应用领域
ProModel	美国 ProModel Corporation	制造、物流系统仿真
ServiceModel	英国 OpenCFD Solutions	服务、物流系统仿真
OpenFOAM	美国 MSC. Software Corporation	流体仿真

2.3.4　AI 驱动的 CAE 计算

1. AI 驱动的 CAE 计算的发展

随着计算机技术的迅猛发展，CAE 作为工程设计和优化的重要工具，经历了从传统计算到 AI 驱动的深刻变革。这一变革不仅极大地提高了 CAE 计算的效率和准确性，也为工程领域带来了前所未有的创新和发展机遇。

在传统 CAE 计算中，工程师主要依赖数值计算方法和可视化软件，通过手动设置参数和边界条件来模拟和分析产品的性能。这一时期的 CAE 软件功能相对单一，主要集中在结构分析和流体力学计算等领域。尽管这些 CAE 软件在一定程度上提高了工程设计的效率和准确性，但面对日益复杂的工程问题，传统 CAE 计算方法的局限性逐渐显现。例如，计算速度较慢、参数调整复杂、模型优化困难等问题都限制了 CAE 在工程领域的应用和发展。

进入 21 世纪，计算机技术的不断进步和 AI 技术的兴起，为 CAE 计算提供了全新的解决方案。通过引入机器学习和深度学习算法，AI 驱动的 CAE 计算开始逐渐崭露头角。AI 驱动的 CAE 计算的核心在于利用大量历史数据训练模型，从而实现自动化参数优化和模型修正。在这一过程中，AI 技术可以自动发掘因子之间的相关关系，快速找到最优解，从而显著提高 CAE 计算的效率和准确性。例如，在结构优化领域，AI 模型可以根据输入条件自动调整材料的分布和几何形状，以实现结构强度的最大化；在流体动力学领域，AI 模型可以预测流体流动的行为和特性，为产品设计提供有力支持。

AI 驱动的 CAE 计算的优势不仅在于提高计算效率和准确性，更在于其强大的模型优化能力。在传统 CAE 计算中，模型优化往往依赖工程师的经验和专业知识，需要多次迭代和调整才能达到满意的结果。AI 驱动的 CAE 计算可以通过机器学习算法来自动优化模型参数和结构，提高模型的准确性和泛化能力。这种方式不仅可以减少人工干预，还可以提高模型优化的效率和准确性，为工程设计带来更大的灵活性和创新性。

随着 AI 技术的不断发展和应用，越来越多的 CAE 软件开始集成 AI 模块，实现智能化计算和优化。例如，一些领先的 CAE 软件公司已经推出了基于 AI 的参数优化工具、模型修正工具和仿真加速工具等，这些工具可以大大提高 CAE 计算的速度和准确性，为工程设计提供更加可靠和高效的支持。

同时需要注意的是，AI 驱动的 CAE 计算也面临一些挑战和问题。例如，数据的质量和数量对 AI 模型的性能有至关重要的影响；AI 模型的解释性和可理解性仍然是一个亟待解决的问题；此外，如何确保 AI 驱动的 CAE 计算结果的准确性和可靠性也是一个需要关注的重要方面。

2. 基于深度学习的翼型优化计算

下面以"翼型优化设计"为例来对比传统 CAE 计算和基于深度学习方法的 CAE 计算的差异。图 2-35 所示为基于传统 CAE 方法的翼型优化设计流程，主要包含建模、求解条件设置、求解和后处理等步骤，一组翼型参数对应一个计算结果，通过改变翼型参数来重复计算以获得对应的气动特征，通过对比阻力系数等气动参数来获得翼型优化结果。

图 2-36 所示为基于深度学习方法的翼型优化设计流程，主要包含以下步骤。

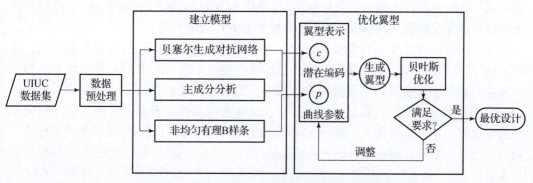

图 2-35　基于传统 CAE 方法的翼型优化设计流程

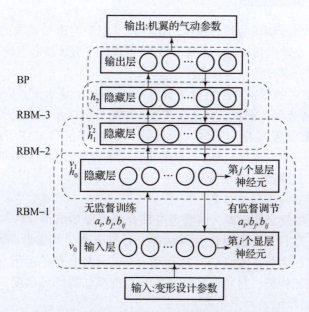

图 2-36　基于深度学习方法的翼型优化设计流程

（1）数据收集与预处理。首先，收集大量机翼外形参数及其对应的气动参数数据。这些数据可能来源于试验测量、数值模拟或历史数据。然后，对数据进行清洗和预处理，包括去除异常值、进行数据归一化等，以确保数据的质量和一致性。这一步骤是 AI 模型训练的基础，对于提高模型的准确性和泛化能力至关重要。

（2）AI 模型训练。基于预处理后的数据，选择合适的机器学习或深度学习方法，通过训练，AI 模型能够学习机翼外形参数与气动参数之间的复杂关系，为后续的参数优化和气动参数预测提供有力支持。

（3）参数优化与气动参数预测。利用训练好的 AI 模型，可以自动调整机翼外形参数，并预测对应的气动参数。这一过程可以大大缩短传统 CAE 计算所需的时间，提高计算效率。同时，AI 模型还能够根据实际需求，自动寻找最优的机翼外形参数组合，以实现气动性能的最大化。这一步骤是 AI 驱动的 CAE 计算的核心。

（4）结果验证与反馈。对 AI 模型预测的气动参数进行验证，确保结果的准确性和可靠性。这可以通过与实际试验结果或高精度数值模拟结果进行对比来实现。如果预测结果与实际情况存在偏差，可以对 AI 模型进行反馈和调整，不断优化 AI 模型的性能。这一步骤是确保 AI 驱动的 CAE 计算持续有效运行的关键。

通过对比可以发现，AI 驱动的 CAE 计算与传统 CAE 计算并不是割裂的关系，传统 CAE 计算的结果是 AI 驱动的 CAE 计算的重要数据来源，传统 CAE 计算数据的精度和效率对智能学习结果产生直接影响。此外，比较计算过程与对应结果可知，在传统 CAE 计算中改变参数时计算过程相对独立，虽然宏观规律具有参考价值，但无法快速获得精确解，重复工作量大，而在 AI 驱动的 CAE 计算中一旦训练形成可靠的神经网络模型，当输入新参数时就可以快速获得有效结果，这也正是 AI 驱动的 CAE 计算的优势所在。

2.3.5　CAE 的发展趋势

CAE 作为工业设计领域的核心技术，正在技术创新与市场需求的双重驱动下加速演进。结合中国及全球市场动态，未来 CAE 将呈现以下五大核心发展趋势。

1. 智能化与云计算重构仿真模式

AI 和大数据技术的深度应用将显著提升 CAE 的自动化水平。未来 CAE 软件可通过 AI 算法优化仿真流程，例如自动生成模型、预测分析结果，甚至实现设计缺陷的实时修正，大幅缩短研发周期。同时，云计算的普及将推动 CAE 向"仿真即服务"（Simulation as a Service）转型，企业可以通过云端平台按需调用高性能计算资源，降低硬件投入成本，并支持多用户协同仿真。

2. 多物理场耦合与高精度仿真

随着工程问题的复杂性提高，多物理场耦合分析（如结构－热－流体耦合）将成为主流需求。CAE 软件需要通过优化算法提升计算效率，并借助高性能计算（HPC）技术处理大规模并行运算，例如 GPU 加速和分布式计算集群的应用。此外，物理模型的精度提升（如湍流模拟、材料非线性分析）将提高仿真的可信度，助力高端制造业实现更精准的预测设计。

3. 应用领域向新兴行业延伸

传统制造业（如航空航天、汽车）仍是 CAE 的主要应用场景，但新兴领域需求激增。例如，电池热管理、风电场优化等新能源领域，植入器械力学分析等生物医疗领域，建筑结构抗震仿真等智能建造领域将成为 CAE 的新增长点。此外，物联网与数字孪生技术的结合将推动 CAE 从单一产品设计扩展至 PLM，实现设备运行状态的实时仿真与优化。

4. 产业链协同与生态体系完善

CAE产业链上、下游的协同效应将更加显著。上游硬件供应商（如高性能服务器厂商）与中游软件开发商需要共同优化算力支持；下游应用企业则通过反馈需求推动技术迭代。同时，开源社区和产学研合作将加速技术扩散，例如高校与研究机构在算法层面的突破可以通过企业快速商业化，形成"技术研发－应用验证－市场推广"的闭环生态。

5. 国产化替代加速，本土企业竞争力增强

中国CAE市场增速显著高于全球平均水平，2025年预计规模突破300亿元，年复合增长率达到18.4%。在政策扶持下，中望软件、索辰科技等本土企业通过自主研发逐步打破国外垄断，尤其在细分领域（如电磁场分析、流体力学）已接近国际水平。未来，国产CAE软件将依托本土化服务优势（如定制化解决方案、低成本订阅模式）进一步扩大市场份额，并积极参与国际标准制定。

在未来，CAE将在智能化、国产化、跨领域应用中迎来爆发式增长，成为推动制造业升级与科技创新的核心引擎。尽管前景广阔，CAE行业仍面临核心技术依赖进口、高端人才短缺等挑战。为此，需要加大基础算法研发投入，强化校企联合培养机制，并通过政策引导（如税收优惠、知识产权保护）构建可持续发展的创新环境。

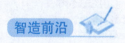

风雷软件

风雷软件是由中国空气动力研究与发展中心（China Aerodynamics Research and Development Center，CARDC）研发，具有自主知识产权，面向流体工程的首个工业级混合计算流体动力学（Computational Fluid Dynamics，CFD）平台。风雷软件已在国内广泛推广使用，作为当前实施的国家数值风洞工程的重要组成部分，正在集成包括飞机结冰、风工程、化学反应、结构高精度等模型。

风雷软件自2013年发布工业软件版本以来，经历了多个版本的更新和升级。2020年7月，风雷软件代码面向国家数值风洞（National Numerical Windtunnel，NNW）参研单位开源，在2020年12月面向全国开源，并被托管至红山开源平台（osredm.com）。风雷软件成为全球唯一同时具备结构/非结构算法的开源CFD软件，同时具有扩展能力强、开发难度低、计算效率高等特点。

此外，风雷软件还支持二阶/高阶"精度混合"计算，推动高精度方法在工程中的实用化。在硬件适配方面，风雷软件能够柔性适配国产硬件，实现大规模并行计算。在网格处理方面，风雷软件支持亿级网格加密，重叠网格、动网格计算，面向网格前沿研究。

总的来说，风雷软件以其开源，无知识产权限制，具有工业级应用能力，能够进行多种网格和精度混合计算、大规模并行计算以及持续的功能升级等特点，在CFD领域具有显著优势，为流体工程领域的研究和应用提供了有力支持。使用风雷软件进行风力发电桨叶旋转仿真示例如图2－37所示。

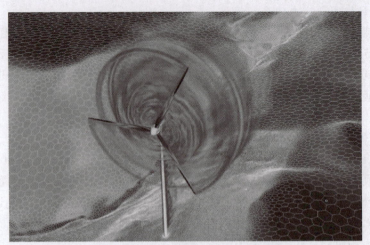

图 2 - 37　使用风雷软件进行风力发电桨叶旋转仿真示例

【赛证延伸】　竞赛：全国职业院校技能大赛"数字化设计与制造"（1）

1. "数字化设计与制造"赛项介绍

"数字化设计与制造"赛项（GZ013）紧密对接装备制造大类专业的核心技能与核心知识，针对工业产品及零部件进行数字化建模、创新设计和数字化制造。全国职业院校技能大赛以"引领教学、丰富教学内容、展示教学成果"为宗旨，贴近装备制造大类专业知识与技能特点，旨在展示高职院校数字化

"数字化设计与制造"
赛项赛程（文本）

设计与制造专业教育的面貌，搭建教育成果与经验的交流、展示平台，促进产教深度融合、校企协同创新。

2. "数字化设计与制造"赛项内容

"数字化设计与制造"赛项共有 2 个模块，分为 6 个任务，总分为 100 分，总时长为 7 小时。模块一为"数字化设计"，分为逆向建模与实物测量、创新设计与 CAE 分析、工程图绘制与产品展示 3 个竞赛任务，共计 4 个小时；模块二为"数字化制造"，分为协同设计与质量控制、数控编程与仿真加工、数控加工与产品验证 3 个竞赛任务，共计 3 个小时。结合竞赛过程，考核文明生产、规范操作、绿色环保、循环利用等职业素养。本赛项的两个模块各阶段的所有电子图档均通过 PLM 系统进行提交，考核参赛选手的信息化管理应用能力。参赛选手登录 PLM 系统，根据提供的账号和密码下载资料，进行流程确立、设计管理，输出产品样机、虚拟装配仿真动画、图纸以及物料清单（Bill of Materials，BOM）信息。

单元测评

1. CAE 的含义是（　　）。

A. 计算机辅助设计　　　　　　　　　B. 计算机辅助工程

C. 计算机辅助制造　　　　　　　　　D. 计算机辅助工艺设计

2. 以下综合性最高的商用 CAE 软件为（　　　）。

A. AutoCAD　　　　　　　　　　　　B. SolidWorks

C. UG　　　　　　　　　　　　　　　D. Ansys

3. 以下不属于传统 CAE 仿真流程的是（　　　）。

A. 前处理　　　　　　　　　　　　　B. 求解

C. 后处理　　　　　　　　　　　　　D. 模型训练

4. （多选）以下属于 AI 驱动的 CAE 计算过程的是（　　　）。

A. 数据采集　　　　　　　　　　　　B. 模型训练

C. 预测验证　　　　　　　　　　　　D. 模型求解

5. （多选）以下属于 AI 驱动的 CAE 关键技术的是（　　　）。

A. AI　　　　　　　　　　　　　　　B. 大数据分析

C. 云计算　　　　　　　　　　　　　D. 物理建模

6. （判断）AI 驱动的 CAE 技术是没有任何缺点的。（　　　）

练习思考

1. 阐述 AI 驱动的 CAE 计算与传统 CAE 计算的差别和优、缺点。
2. 阐述 CAE 技术的发展趋势。

考核评价

情境二单元 3 考核评价表见表 2 –7。

表 2 –7　情境二单元 3 考核评价表

环节	项目	标准分值	实际分值
课前（20%）	平台讨论	10	
	平台资源学习	10	
课中（60%）	课堂考勤	10	
	课堂问题参与	10	
	知行合一、注重实践	10	
	单元测评	10	
	小组任务	20	
课后（20%）	练习思考	10	
	"赛证延伸"实施	10	
	总评	100	

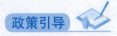

单元4　CAPP

 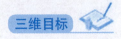

2021年12月，工业和信息化部、国家发展和改革委员会等八部门印发《"十四五"智能制造发展规划》，指出"到2025年，智能制造装备和工业软件技术水平和市场竞争力显著提升，市场满足率分别超过70%和50%。聚力研发工业软件产品。推动装备制造商、高校科研院所、用户企业、软件企业强化协同，联合开发面向产品全生命周期和制造全过程的核心软件，研发嵌入式工业软件及集成开发环境，研制面向细分行业的集成化工业软件平台"。本单元主要介绍CAPP的概念、分类、发展和应用。

三维目标

■ 知识目标

（1）熟悉CAPP的工作流程。

（2）熟悉CAPP的分类和各类型的优、缺点。

■ 能力目标

（1）能够分析CAPP与CAM的关系及作用。

（2）能够结合其他专业课程完成CAPP软件的操作。

■ 素质目标

（1）通过对CAPP数据库建立过程的了解，培养学生收集、整理资料以及分析问题的能力。

（2）通过熟悉CAPP的发展历史及现状，培养学生坚韧不拔、勇于攀登的信念。

CAPP的含义及应用（视频）

知识学习

2.4.1　CAPP的基本概念

1. 工艺规划

工艺规划（Process Planning）主要包括零件机械加工工艺设计和产品装配工艺设计两方面内容。其中，机械加工工艺设计是根据零部件的功能要求、生产批量、加工成本、加工装备类型和企业技术人员素质等因素确定机械加工过程中的方法和加工量的过程，即工艺规程。工艺规划是机械制造过程中重要的技术准备工作，是产品设计与制造之间的桥梁和纽带。通过工艺规划所形成的工艺文档是指导生产的基本文件，同时也是制定生产计划和组织生产的重要依据。

通常，机械加工工艺设计应遵循以下步骤。

（1）分析产品零件图、装配图和数字化模型，分析和审查生产工艺。

（2）确定毛坯的形状、尺寸，或按照材料标准确定型材的规格、尺寸。

（3）拟定工艺路线，包括确定加工方法，安排加工顺序，确定零件的定位和夹紧方法，以及安排热处理工序、检验工序和其他辅助工序。拟定工艺路线是工艺设计的关键步骤，通常需要开展多方案对比分析，以便选择最佳方案。

（4）确定各工序所需的工艺装备、刀具、夹具、量具和辅助工具等。在加工过程中，如果用到专用的工装，还需要提出工装设计任务书和工装制造申请。

（5）确定各工序的加工尺寸、技术要求和检验方法。

（6）确定切削用量、切削工艺参数设置等。

（7）通过试验等方法，测量和确定工时定额，为制定生产计划、测算制造成本、确定制造设施规模等提供基础数据。

（8）编写零件制造的工艺文件。

（9）编制零件的数控加工程序等。

传统工艺设计方式无法共享 CAD 图形及数据，大部分工作仍需要手工完成，工作烦琐，效率低下，对技术人员要求较高。

2. CAPP 的定义

计算机和信息技术的发展使利用计算机辅助编制工艺规划成为可能，由此产生了CAPP。CAPP 是指利用计算机来制定零件加工工艺的方法和过程，通过向计算机输入被加工零件的几何信息（如形状、尺寸、精度等）、工艺信息（如材料、热处理方式、生产批量等）、加工条件和加工要求等，由计算机自动输出经过优化的工艺路线和工序内容等。计算机在工艺规划中的辅助作用主要体现在交互处理、数值计算、图形处理、逻辑决策、数据存储与管理、流程优化等方面。CAPP 的主要功能如图 2－38 所示，采用 CAPP 代替传统的工艺设计方法具有重要意义，主要表现如下。

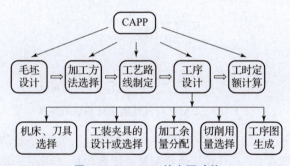

图 2－38　CAPP 的主要功能

（1）CAPP 将工艺设计人员从烦琐的、重复性的劳动中解放出来，使其能够将更多精力放在新工艺的开发和工艺优化上，从根本上改变了工艺设计依赖个人经验的状况，有利于提高工艺设计的质量。

（2）CAPP 有助于缩短工艺设计周期，加快产品开发速度。

（3）CAPP 有利于总结和传承工艺设计人员的经验，逐步形成典型零件的标准工艺库，实现工艺设计的优化和标准化。

（4）CAPP 是产品数字化造型和数控加工之间的桥梁，有助于将产品数字化设计的结果快速应用于生产制造，发挥数控编程和数控加工的优势，实现数字化设计与数字化制造环节的信息集成。

CAPP 的概念最早可以追溯至 20 世纪 60 年代，当时计算机技术刚刚兴起，制造业开始探索如何利用这一新技术来改进传统的工艺设计方法。1965 年，挪威学者 Niebel 首次提出了 CAPP 的概念，标志着这一领域的正式诞生。在随后的几年里，以检索式 CAPP 系统为代表的初代产品开始出现，如挪威的 AUTOPROS 系统，其基于成组技术，通过预先存储的标准工艺过程来快速生成新零件的工艺规程，极大地提高了工艺设计的效率。1976 年，设在美国的国际性组织 CAM-I 开发出 CAPP 系统。20 世纪 80 年代初，同济大学、西北工业大学等国内高校先后开发出 TOJICAP，CAOS 等 CAPP 系统。在后续的几十年中，CAPP 的研究和应用取得了较大进展。

随着数字化设计与制造技术不断向系统化、集成化、智能化的方向发展，CAPP 的内涵不断扩展，先后出现了狭义的 CAPP 和广义的 CAPP。狭义的 CAPP 是指利用计算机辅助编制工艺规划的过程，是 CAM 的重要基础；广义的 CAPP 是指在数字化设计与制造集成系统中，利用计算机实现生产计划和作业计划的优化，它是产品制造过程、制造资源计划（Manufacturing Resource Planning，MRP Ⅱ）和 ERP 的重要组成部分。CAPP 与其他数字化系统的关系如图 2-39 所示。

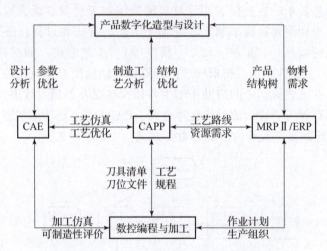

图 2-39　CAPP 与其他数字化系统的关系

随着产品数字化技术的发展，CAPP 在产品数字化开发和企业信息化中的作用越来越显著。在集成化环境中，CAPP 与企业信息系统各模块之间存在如下信息交互。

（1）CAPP 从数字化设计系统中获取零件的几何信息、材料信息和工艺信息等，作为 CAPP 系统的原始输入，同时向数字化设计系统反馈产品结构工艺性的评价信息。

（2）CAPP 向数控加工系统提供零件加工所需的设备、工装、切削参数、装夹参数以及反映零件切削过程的刀具轨迹文件，并接收数控加工系统反馈的工艺修改意见。

（3）CAPP 向工装设计系统提供工艺规程文件和工装设计任务书。

（4）CAPP 向制造自动化系统（Manufacturing Automation System，MAS）提供各种

工艺规程文件和夹具、刀具等信息，并接受由 MAS 反馈的刀具使用报告和工艺修改意见。

（5）CAPP 向 CAE 系统提供工序、设备、工装、检测等工艺数据，并接收 CAE 系统的分析和反馈信息，用以修改工艺规程。

（6）CAPP 向管理信息系统（Management Information System，MIS）、MRPⅡ系统和 ERP 系统提供工艺路线、设备、工装、工时、材料定额等信息，接收 MIS、MRPⅡ系统和 ERP 系统发出的技术准备计划、原材料库存、刀/夹/量具状况、设备变更等信息，还能与 PDM 系统、PLM 系统无缝集成。

随着信息技术的发展，各种先进制造模式不断出现，CAPP 系统开始向集成化、智能化、网络化和可视化的方向发展，研究热点如下。

（1）集成化、智能化、网络化和可视化的 CAPP 体系结构。随着互联网的普及，要求 CAPP 系统具有基于网络的分布式体系结构，支持动态工艺设计的数据模型，支持开发工具的功能和信息抽象方法，提供单一数据库结构和协同决策机制等。

（2）CAPP 与企业生产作业计划、调度和控制系统的集成。研究的目标是能够在并行环境下根据企业资源的动态变化，寻找满足当前资源、时间、质量、成本、服务和环境约束条件的最佳工艺规划决策及其评价标准。

（3）AI 技术在工艺规划各环节中的应用。例如，将基于思维逻辑的专家系统和基于形象思维的人工神经网络（Artificial Neural Network，ANN）有机结合，提高 CAPP 系统的智能化水平。

（4）开发面向不同类型企业的 CAPP 系统，为高速、高效和高质量的产品开发提供技术保障。

2.4.2 CAPP 系统的分类

自从第一个 CAPP 系统诞生以来，各国对使用计算机进行工艺辅助设计进行了大量研究，并取得了一定的成果。目前，按照生成方式，CAPP 系统可分为以下三类。

1. 派生式 CAPP 系统

派生式 CAPP 系统建立在成组技术（Group Technology，GT）的基础上。它的基本原理是利用零件的相似性，即相似的零件有相似的工艺规程。一个新零件的工艺规程是通过检索系统中已有的相似零件的工艺规程并加以筛选或编辑而成的。计算机内存储的是一些标准工艺过程和标准工序。从设计的角度看，与常规工艺设计的类比设计相同，也就是用计算机模拟人工设计的方式，其继承和应用的是标准工艺。派生式 CAPP 系统必须有一定量的样板（标准）工艺文件，在已有工艺文件的基础上修改编制生成新的工艺文件。派生式 CAPP 系统流程如图 2-40 所示。

2. 创成式 CAPP 系统

创成式 CAPP 系统不需要派生式 CAPP 系统的样板工艺文件，新零件工艺规程的产生是基于模拟工艺设计人员的决策过程。其工艺规程是根据程序所反映的决策逻辑和制造工程数据信息生成的，这些信息主要是有关各种加工方法的加工能力和对象、各种设备及刀具的适用范围等一系列的基本知识。工艺决策中的各种决策逻辑存入相对独立的工艺知识库，供主程序调用。向创成式 CAPP 系统输入待加工零件的信息后，创成式 CAPP 系统能自动生成各种工艺规程文件，用户不需要或略加修改即可。创成式 CAPP 系统流程如图 2-41 所示。

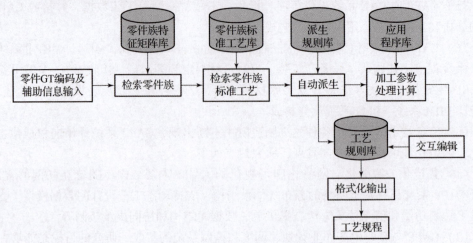

图 2-40 派生式 CAPP 系统流程

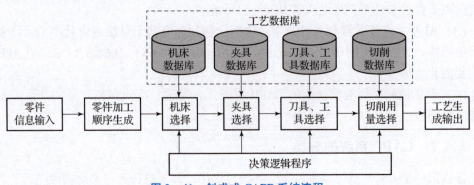

图 2-41 创成式 CAPP 系统流程

3. 综合式 CAPP 系统

综合式 CAPP 系统是派生式 CAPP 系统、创成式 CAPP 系统的混合应用，其流程如图 2-42 所示。它集成了派生式与创成式 CAPP 系统的优点，基本过程是通过派生加快决策逻辑的过程，通过查询确定新零件所属零件族的样板工艺，并加以修改，完成新零件的工艺设计，再运用决策逻辑与规则完成工序设计。

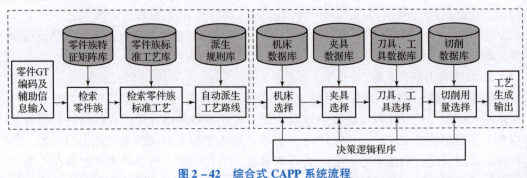

图 2-42 综合式 CAPP 系统流程

4. 智能式 CAPP 系统

智能式 CAPP 系统运用了 AI 技术，成为 CAPP 的专家系统。它利用推理加知识的原理自动生成新零件的工艺规程。智能式 CAPP 系统流程如图 2-43 所示。

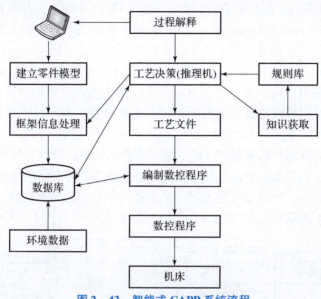

图 2-43 智能式 CAPP 系统流程

从以上 4 种 CAPP 系统工艺文件产生的方式可以看出，派生式 CAPP 系统必须有样板工艺文件，因此它的适用范围局限性很大，只能针对某些具有相似性的零件产生样板工艺文件。在一个企业中，如果这种零件只是一部分，那么派生式 CAPP 系统就无法产生其他零件的样板工艺文件。创成式 CAPP 系统和智能式 CAPP 系统虽然基于专家系统，可以自动生成工艺文件，但需要输入全面的零件信息，包括工艺加工信息，信息需求量极大。CAPP 系统需要确定零件的加工路线、定位基准和装夹方式等，从工艺设计的特殊性及个性化分析，这些知识的表达和推理无法很好地实现。正是由于知识表达的"瓶颈"与理论推理的"匹配冲突"，至今仍无法很好地实现自优化和自我完善功能，因此目前市场上的 CAPP 系统主要为派生式 CAPP 系统，基于专家系统的创成式及智能式 CAPP 系统仍停留在理论研究和简单应用的阶段。

2.4.3 CAPP 应用举例

1. 案例背景

目前国内飞机制造过程中处于重要地位的飞机装配过程基本沿袭了数字量传递与模拟量传递相结合的工作模式，装配工艺的设计主要采用 CAPP 系统，但仍然停留在二维产品设计的基础上，与 CAD 系统没有建立紧密的联系，更谈不上与设计的协同工作，无法将装配工艺过程、装配零件及与装配工艺过程有关的制造资源紧密结合在一起来实现装配工艺过程的仿真，无法在工艺设计环境中进行三维虚拟工艺验证。零部件能否准确安装，在实际安装过程中是否发生干涉，工艺流程、装配顺序是否合理，装配工艺装备是否满足需要，装配人员及装配工具是否可达，装配操作空间是否具有开放性等一系列问题无法在装配设计阶段得到有效验证。上述任一环节在实际生产中出现问题都将影响飞机的研制周期，造成严重损失。

2. 解决方案

应用 DELMIA 软件系统可解决上述问题，该软件系统为法国达索公司针对数字化设计与制造设计开发的，包括两个相互关联的独立软件：DPE（Digital Process Engineer）和 DPM（Digital Process Manufacture）。DPE 为数字化工艺规划平台，是产品工艺和资源规划应用的平台。它利用在产品设计初步阶段产生的数字样机或工程材料表（Engineering Bill of Materials，EBOM；包括零件、装配件、外购件及其对应信息——图样、文件、材料等）进行产品分析、工艺流程定义、总工艺设计计划、工艺细节规划、工艺路线制订；同时还可以实现工艺方案评估、工时分析、车间设施布局和车间物流仿真等功能。DPM 为工艺细节规划和验证应用的环境。它是按照 DPE 中设计好的各种工艺并结合各种制造资源，以实际产品的三维（或数字样机）模型，构造三维工艺过程，进行数字化装配过程仿真与验证。利用验证的结果可以分析产品的可制造性、可达性、可拆卸性和可维护性。PDM 真正实现了产品数据和三维工艺数据的同步。DPE 与 DPM的关系如图 2-44 所示。

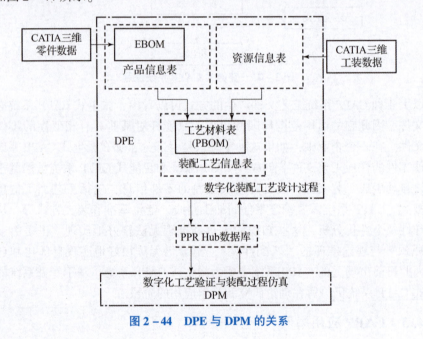

图 2-44 DPE 与 DPM 的关系

具体项目实施内容如下。

（1）在 CATIA 中读入已经设计好的飞机的装配产品数据，并通过脚本文件生成该产品的 EBOM。

（2）在 DPE 中，将 EBOM 导入特别定义的工艺设计模板，形成 DPE 的产品信息表。将已定义好的相关资源（如厂房、工装、人等）加入 DPE 环境，形成资源信息表。根据实际装配工艺，在 DPE 中构建详细装配工艺信息表，同时将与该工艺有关的产品和资源加入该工艺。最后将规划好的装配工艺存入 PPR Hub 数据库。DPE 可以根据各装配工艺模型和装配型架、夹具、工厂等制造资源创建三维模型，按照确定的装配流程进行全面的工艺布局设计和三维数字化装配工厂仿真，进行生产能力的平衡分析，并不断对工艺布局和装配流程进行调整、优化。

（3）通过 PPR Hub 数据库，将 DPE 中设计好的工艺过程导入 DPM，进行详细的三维工艺验证和仿真。在 DPM 中完成的主要工作如下。

①进行装配顺序仿真。利用已有的装配工艺流程信息、产品信息和资源信息，在定义好每个零件的装配路径的基础上，实现产品装配过程和拆卸过程的三维动态仿真，从而发现工艺设计过程中装配顺序设计的错误。

②进行装配干涉仿真。在装配顺序仿真过程中对每个零件进行干涉检查。当系统发现它们之间存在干涉情况时予以报警，并显示干涉区域和干涉量，帮助工艺设计人员查找和分析干涉原因。

③进行产品和制造资源仿真。在装配顺序仿真的基础上，引入工装等制造资源的三维实体模型，对产品和制造资源进行三维动态仿真，以便发现产品与制造资源发生干涉的问题。

④进行人机工程仿真。在产品和制造资源仿真的基础上，将定义好的三维人体模型放入环境，进行人体和其所制造、安装、操作与维护的产品之间互动关系的动态仿真，以分析操作人员在该环境中工作的姿态、负荷等，进而修改和优化工艺流程和制造资源。

⑤记录装配过程。利用以上装配过程的三维数字化仿真功能，将整个装配过程记录下来，形成可以播放的影片，指导现场操作人员进行装配，实现可视化装配，同时也可以对操作人员进行上岗培训，帮助操作人员直观地了解操作全过程。

⑥生成相关文档。整个装配仿真过程经验证无误后，可以按照需要定制生成相关文档。

智造前沿

工业设计软件 Ansys 介绍

在当今高度数字化的工业设计领域，仿真技术已成为产品开发的核心工具。作为全球工程仿真软件的领军者，Ansys 凭借其强大的多物理场耦合分析能力、高精度算法和广泛的应用场景，成为航空航天、汽车制造、电子电气、能源等行业的首选工具。

Ansys 并非单一软件，而是一个覆盖多学科领域的仿真平台，其功能模块可分为四大核心方向。

1. 结构力学仿真（Mechanical）

通过有限元分析技术，Ansys Mechanical 能够模拟材料在静态、动态载荷下的应力、应变、振动及疲劳行为。例如，在汽车碰撞测试中，工程师可以通过仿真预测车身结构的变形程度，优化安全设计；在航空航天领域，Ansys Mechanical 用于验证复合材料机翼的耐压性能；其非线性分析功能还能处理橡胶、泡沫等超弹性材料的复杂形变问题。

2. 流体动力学仿真（Fluent/CFX）

Ansys Fluent/CFX 专注于 CFD，可以模拟气体流动、液体流动、传热、化学反应等多尺度现象。其典型应用包括飞机气动外形优化、发动机燃烧室效率分析，甚至医疗领域的人工心脏瓣膜血流模拟。其独有的湍流模型和并行计算技术可以在数小时内完成传统风洞试验数周的工作量。

3. 电磁场仿真（Maxwell/HFSS）

针对电磁兼容性（Electromagnetic Compatibility，EMC）、天线设计、电动机效率等问题，Ansys 提供 Maxwell（低频电磁场）和 HFSS（高频电磁场）两大工具。例如，5G 基站天线的辐射模式优化、电动汽车无线充电系统的电磁干扰分析均依赖其精确的场分布计算能力。

4. 多物理场耦合分析

Ansys 的独到之处在于支持跨学科耦合仿真。例如，在芯片设计中需要同时考虑电流产生的焦耳热（电热耦合），而高功率电子设备散热则涉及流体与结构的相互作用（流固耦合）。通过 Workbench 平台，用户可以无缝集成不同模块，实现真实物理场景的数字化映射。

随着工业 4.0 的推进，Ansys 正深度融合 AI 与数字孪生技术。其最新版本引入 AI 加速求解器，可以基于历史数据预测仿真结果，减少重复计算。此外，Ansys Twin Builder 支持构建实时数字孪生体，例如对风力发电机进行健康状态监控，通过实时数据与仿真模型联动，实现预测性维护。

【赛证延伸】 竞赛：全国职业院校技能大赛"数字化设计与制造"（2）

"数字化制造"模块的技能要求如下。

1. 协同设计与质量控制

依托模块一的成果文件进行产品 BOM 设计、图档管理和流程审批，输出图档（含产品样机）和 BOM。依据产品中某个零件的数字化生产线制造质量控制要求，开展统计过程控制（Statistical Process Control，SPC）分析，形成质量控制分析报告。考核参赛选手的图档管理、数据分析和质量控制意识。

2. 数控编程与仿真加工

根据给定的刀具、毛坯等加工条件，编制指定零件的 CAPP 设计加工工艺过程卡和工序卡。利用 CAM 软件编制数控加工程序，并进行程序仿真验证。考核参赛选手的数字化加工工艺设计、数控编程和仿真加工能力。

3. 数控加工与产品验证

使用数控设备、相关的工装夹具，根据工艺要求对给定的毛坯进行数控加工，将加工的零件与给定的零件进行实物装配，验证产品的功能和创新设计效果。考核参赛选手的数控设备操作和数控加工精度控制能力、装配调试能力。

 单元测评

1. CAPP 最早出现在（　　　）。

A. 美国   B. 德国   C. 挪威   D. 英国

2. CAPP 是（　　　）系统的先导基础。

A. CAE   B. CAM   C. CAD   D. CAX

3. 以下不属于狭义的 CAPP 流程技术的是（　　　）。

A. CAD　　　　　　B. CAM　　　　　　C. CAE　　　　　　D. MES

4. （多选）目前的 CAPP 系统种类包括（　　　）。

A. 派生式　　　　　B. 创成式　　　　　C. 综合式　　　　　D. 框架式

5. （多选）CAPP 与传统手工工艺设计方法相比所具有的优势为（　　　）。

A. 数据精确　　　　B. 效率提升　　　　C. 节省人力　　　　D. 便于保存

6. （判断）目前创成式 CAPP 系统已大面积推广应用。　　　　　　　　（　　　）

 练习思考

1. 阐述 CAPP 系统的分类及优、缺点。

2. 阐述 CAPP 与 CAD，CAE 等数字化设计技术的关系。

 考核评价

情境二单元 4 考核评价表见表 2 - 8。

表 2 - 8　情境二单元 4 考核评价表

环节	项目	标准分值	实际分值
课前（20%）	平台讨论	10	
	平台资源学习	10	
课中（60%）	课堂考勤	10	
	课堂问题参与	10	
	坚韧不拔、勇于攀登	10	
	单元测评	10	
	小组任务	20	
课后（20%）	练习思考	10	
	"赛证延伸"实施	10	
	总评	100	

情境三　智能加工技术

　　智能加工作为智能制造的核心环节，借助先进的加工设备、3D打印设备及工业机器人配合完成产品的自动化加工过程。智能加工正在推动制造业向高效、绿色、智能化的方向发展，成为现代制造业不可或缺的重要技术手段。

　　数控机床是智能生产线中的核心加工设备，用于完成复杂多样的加工任务，具有精度高、效率高和自动化程度高的特点。工业机器人在智能生产线中应用于多个环节，完成搬运、装配、检测等多项任务，提升生产线的效率、柔性和安全性。3D打印设备在智能生产线中逐渐成为重要组成部分，其主要作用是进行快速原型制造和复杂结构制造，实现定制化生产。数字孪生技术通过构建智能生产线的虚拟模型，实现生产流程优化与可视化。逆向工程通过快速获取数字模型，加速产品开发和质量优化。图3-0（1）所示为智能加工典型场景。

图3-0（1）　智能加工典型场景

　　通过本情境的学习，学生能够了解数控机床的基本概念和发展现状，熟悉数控技术的特点及发展趋势；了解工业机器人的发展历程、基本概念和基本组成；熟悉工业机器人的技术参数、编程方法和应用领域；了解3D打印的发展历程、概念及技术原理；掌握3D打印的常用方法及应用；了解数字孪生的起源、应用；掌握数字孪生的概念及特点、关键技术；掌握逆向工程的概念、工作流程和关键技术；了解逆向工程的常用软件和应用案例。图3-0（2）所示为本情境的思维导图。

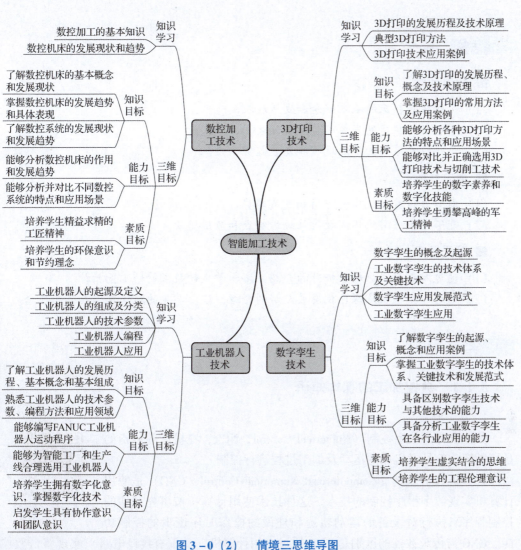

图 3 - 0 （2） 情境三思维导图

单元1 数控加工技术

 政策引导

2016 年工业和信息化部印发的《高端装备创新工程实施指南》提出重点发展高档数控机床，"围绕航空航天、汽车、海洋工程和高技术船舶、轨道交通等重点产业发展的需要，开发专用的高中档数控机床、先进成型装备及成组工艺生产线。突破高档数控系统、高性能功能部件和用户工艺研究，提升产品的稳定性和可靠性，提高高中档数控机床的国际竞争力"。本单元主要介绍数控加工技术和数控机床的基本概念、发展现状和发展趋势。

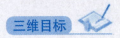 三维目标

■ 知识目标

(1) 了解数控机床的基本概念和发展现状。

(2) 掌握数控机床的发展趋势和具体表现。

(3) 了解数控系统的发展现状和发展趋势。

■ 能力目标

(1) 能够分析数控机床的作用和发展趋势。

(2) 能够分析并对比不同数控系统的特点和应用场景。

■ 素质目标

(1) 通过对数控机床精度提升的介绍，培养学生精益求精的工匠精神。

(2) 通过对数控机床绿色化发展趋势的介绍，培养学生的环保意识和节约理念。

 知识学习

3.1.1 数控加工的基本知识

1. 基本概念

数控全称为数字控制（Numerical Control，NC），在机床领域指的是用数字化信号对机床的运动及加工过程进行控制。

计算机数字控制（Computerized Numerical Control，CNC）是使用计算机实现数字程序控制的技术。这种技术使用计算机按事先存储的控制程序来执行对设备的运动轨迹和外设的操作时序逻辑的控制功

数控机床（视频）

能。CNC 与传统数控的区别是 CNC 通过专用计算机（并配有接口电路）实现多台数控设备动作的控制，而传统数控是由硬件电路构成的，称为硬件数控（Hard NC）。

数控系统是数字控制系统（Numerical Control System，NCS）的简称，是根据计算机存储器中存储的控制程序，执行部分或全部数值控制功能，并配有接口电路和伺服驱动装置的专用计算机系统。与数控技术一样，数控系统有两种类型：一是完全由硬件逻辑电路的专用硬件组成的数控系统；二是由计算机硬件和软件组成的 CNC 系统。由于计算机技术不断发展，尤其是微处理器和微型计算机应用于数控装置，现在数控系统已逐步被 CNC 系统取代。

CNC 系统主要由硬件和软件两大部分组成。其核心是 CNC 装置。它通过系统控制软件配合系统硬件，合理地组织、管理输入、数据处理、插补和输出，控制执行部件，使数控机床按照操作者的要求进行自动加工。

CNC 系统有多种类型，如车床、铣床、加工中心等。各种数控机床的 CNC 系统一般都包括图 3-1 所示的各部分：中央处理单元（CPU）、输入/输出（I/O）装置、PLC 等。

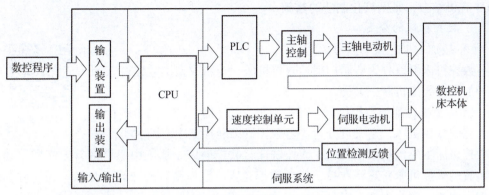

图 3-1　CNC 系统的一般组成

2. 数控加工的特点

1）加工对象的适应性高

数控机床的加工零件主要取决于加工程序，当加工对象变化时，只需要调整相应的刀具和工装夹具，并编写和输入新零件的加工程序，不需要对数控机床进行其他复杂调整。因为数控机床一般可以实现多坐标联动，工序集中，可以加工普通机床无法加工的形状复杂的工件，所以数控机床在生产类型上可以满足单件小批量产品生产及新产品开发的要求，在零件特征上可以满足复杂零件的制造要求。

2）加工精度高、加工质量稳定

数控机床加工的尺寸精度一般可达 0.005~0.1 mm，目前最高的尺寸精度可以达到 ±0.0015 mm，相比普通机床，精度提升明显。另外，数控机床按照预定的加工程序自动加工工件，在加工过程中消除了操作者人为的操作误差，提高了同批零件尺寸的一致性，保证产品加工质量的一致性。

3）生产效率高

数控机床可以有效地缩短零件加工的基本时间和辅助时间，大幅提升生产效率。数控机床的主轴转速和进给量的范围大，允许进行大切削量的强力切削，缩短基本时间，提高生产效率。另外，数控机床与机器人结合可以缩短装夹时间，与刀库配合使用可以实现在一台数控机床上进行多道工序的连续加工，减少了工序间周转时间和辅助时间，提高生产效率。

4）降低劳动强度、改善劳动条件

数控机床调整好后，输入程序并启动，就能自动连续地进行加工，直至加工结束。操作者要做的只是程序的输入、编辑、零件装卸、刀具准备、加工状态的观测、零件的检验等工作，相比于普通机床操作，数控加工的操作劳动强度大大降低，操作者的劳动趋于智力型工作。此外，数控机床一般都具有较好的安全防护、自动排屑、自动冷却等装置，操作者的劳动条件也大为改善。

5）利用生产管理现代化

数控机床可以接入网络并连接个人计算机（PC）等设备，作为某智能制造系统的基础单元和信息节点。数控机床的加工可以预先精确估计加工时间，对所使用的刀具、夹具进行规范化和现代化管理，易于实现加工信息的标准化。CNC 系统可以与 CAD 和

CAM 有机结合，是网络化制造的基础。

3. 数控机床的分类

1）按加工工艺及用途分类

CAM 技术

数控机床可以分为金属切削类数控机床、金属成型类数控机床和特种加工类数控机床三大类。

（1）金属切削类数控机床，指采用车、铣、磨、刨、钻等各种切削工艺的数控机床，它又可分为普通数控机床和加工中心两大类。普通数控机床主要包括数控车床、数控铣床、数控磨床。加工中心是带有刀库和自动换刀装置的数控机床，它将数控铣床、数控镗床、数控钻床的功能组合在一起（称为镗铣加工中心，简称为加工中心）。

（2）金属成型类数控机床，指采用挤、冲、压、拉、剪、弯等成型工艺的数控机床，常用的有数控压力机、数控剪板机、数控折弯机等。

（3）特种加工类数控机床，指利用电能、电化学能、光能及声能等进行加工的数控机床，如数控电火花线切割机、数控电火花成型机、数控激光切割机等。

2）按伺服系统的控制方式分类

按伺服系统的控制方式，数控机床可分为开环控制数控机床、半闭环控制数控机床和闭环控制数控机床三大类。

（1）开环控制数控机床的控制系统没有位置检测元件，其信息流是单向的，即进给脉冲发出后，实际移动值不反馈回来。开环控制数控机床的精度相比闭环控制数控机床来说不高，其精度主要取决于伺服系统和机械传动机构的性能和精度。

开环控制数控机床的优点是结构简单、工作稳定、调试和维修方便、价格低廉；缺点是难以实现运动部件的快速控制。开环控制数控机床应用于对精度和速度要求不高、驱动力不大的场合，一般属于经济型数控机床。

（2）半闭环控制数控机床在伺服电动机的轴或传动丝杠上装有角位移检测装置，通过检测传动丝杠的转角间接地检测移动部件的实际位移，然后反馈到数控装置，并对误差进行修正。由于工作台没有被包括在控制回路中，所以称为半闭环控制。其精度较闭环控制数控机床低，较开环控制数控机床高。

半闭环控制数控机床的优点是调试方便、有良好的稳定性、精度较高；缺点是传动链的误差无法消除。开环控制数控机床可以满足大部分使用要求，被广泛采用。

（3）闭环控制数控机床将直线位移检测装置安装在工作台上，直接测量工作台的实际位移值，与输入指令比较后，用差值控制运动部件。闭环控制数控机床在位置环内还有一个速度环，其目的是减小负载等因素所引起的进给速度的波动，改善位置环的控制品质。

由于机械传动部分全部被包括在闭环之内，所以从理论上讲，闭环控制数控机床的精度取决于检测装置的精度，而与机械传动的误差无关。闭环控制数控机床的优点是定位精度高、速度快；缺点是技术要求高、成本较高、调试和维修比较复杂。此外，闭环控制数控机床的结构、传动装置及传动间隙等非线性因素都会影响其控制精度，严重时系统会产生振荡，降低系统的稳定性。闭环控制数控机床一般用于精度要求较高的场合，如数控精密镗铣床、超精车床、精密加工中心等。

3）按运动的控制轨迹分类

按运动的控制轨迹，数控机床可以分为点位控制数控机床、直线控制数控机床和轮廓控制数控机床。

（1）点位控制数控机床：数控系统只控制移动部件从一点到另一点的准确位置，而不控制点与点之间运动轨迹，在移动过程中不对工件进行加工。图 3 – 2 所示为点位控制钻孔加工。为了实现既快又精确的定位，在两点间一般先快速移动，然后慢速趋近定位点，以保证定位精度。

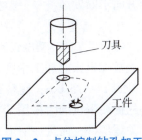

图 3 – 2　点位控制钻孔加工

这类数控机床主要有数控钻床、数控坐标镗床、数控冲床等。随着数控技术的发展和数控系统价格的降低，单纯用于点位控制的数控机床已不多见。

（2）直线控制数控机床：数控系统除了控制点与点之间的准确位置外，还要保证两点间的运动轨迹为直线，其运动轨迹只是与机床坐标轴平行，也就是说同时控制的坐标轴只有一个，数控系统不必具有插补运算功能。在位移的过程中刀具能以指定的进给速度进行切削，一般只能加工矩形、台阶形零件。图 3 – 3 所示为直线控制车削加工。这类数控机床主要有比较简单的数控车床、数控铣床、数控磨床等。单纯用于直线控制的数控机床已不多见。

（3）轮廓控制数控机床：轮廓控制的特点是能够对两个或两个以上运动坐标的位移和速度同时进行连续相关的控制，使合成的平面或空间的运动轨迹能满足零件轮廓的要求。它不仅要控制运动部件的起点与终点坐标，而且要控制整个加工过程中每点的速度、方向和位移，也称为连续控制数控机床。轮廓控制铣削加工如图 3 – 4 所示。

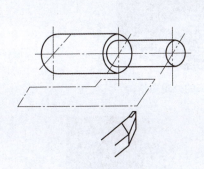

图 3 – 3　直线控制车削加工

图 3 – 4　轮廓控制铣削加工

轮廓控制数控机床要求数控系统具有插补运算功能，控制各坐标轴的联动位移量与要求的轮廓符合，在运动过程中刀具对工件表面进行连续切削，可以进行各种直线、圆曲线、螺旋线的加工。轮廓控制数控机床主要有数控车床、数控铣床、数控线切割机床、加工中心等。

4）按数控机床的功能水平分类

按数控机床的功能水平，通常把数控机床分为经济型、普通型和精密型三种。它们在 CPU、分辨率、进给速度、联动轴数、显示功能、通信功能等方面的配置都有差别。

3.1.2 数控机床的发展现状和趋势

数控机床正在朝着高精度、高效率、复合化、网络化与开放性、智能化、绿色化的方向不断发展。

1. 高精度

数控机床的高精度是指表面粗糙度、几何精度、尺寸精度间的相互协调。近10年来，普通数控机床的加工精度已经可以达到5 μm，精密加工中心的加工精度则从3~5 μm提升到1~1.5 μm，超精密加工中心的加工精度已经达到纳米级（0.001 μm）。加工精度的提高不仅因为采用了精密的主轴部件、先进导轨及进给驱动装置、微量进给装置等关键部件，而且在隔振、隔热等方面做出优化，采用先进刀具材料来减小加工误差，采用高分辨率位置检测装置和各种误差补偿技术提升加工检测精度。

1）案例1：瑞士DIXI公司DHP80Ⅱ机床

（1）结构特点。DHP80Ⅱ机床采用箱中箱左右对称结构，如图3-5所示。截面较大的立柱和封闭的箱中箱框架、X轴向大跨度线性导轨以及双电动机重心驱动，保证了该机床的高刚度、高精度和平稳的运动。结构的左右对称性将热变形造成的刀具中心点与工作台的相对偏移最小化。主轴部件采用同步电动机驱动，并配有位移传感器和冷却装置，如图3-6所示。

图3-5　DHP80Ⅱ机床的外观和结构

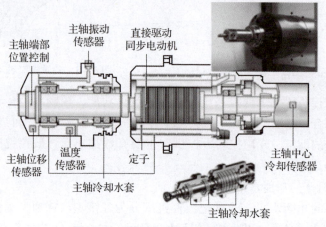

图3-6　DHP80Ⅱ机床的主轴部件

（2）刚度。DHP80Ⅱ机床的床身材料为球墨铸铁，床身和立柱框架采用小间距密布的固定螺栓，用于保证紧固力均匀分布，减小局部应力，提高连接刚度，如图3-7所示。DHP80Ⅱ机床的床身采用3点支撑，并将刀库、电气柜、托盘交换装置等周边系统与床身分离，该设置除了可以简化机床安装外，还有提高机床稳定性、减小热变形的影响和减小床身振动的作用。

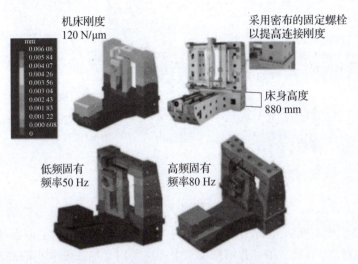

图3-7　DHP80Ⅱ机床刚度和固有频率

（3）精度。DHP80Ⅱ机床各移动轴的双向定位精度可达到0.90 μm，重复定位精度可达到0.90 μm（皆为未经补偿的实际测量值），且精度稳定性和保持性非常高，承诺精度10年不变。DHP80Ⅱ机床的工作精度如图3-8所示。

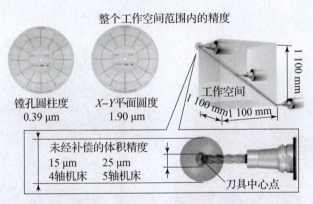

图3-8　DHP80Ⅱ机床的工作精度

（4）热管理。为了控制热变形，DHP80Ⅱ机床在7处热源设置了温度控制点进行热管理，同时在各热源都设计了独立的冷却循环回路并计算好各处热源的发热量。DHP80Ⅱ机床的热管理如图3-9所示。在工作期间，冷却液循环系统根据各热源的发热量供应比室温低2℃的冷却液，确保每个循环回路都提供稍大于热源发热量的冷却量，以保持热变形在允许范围内。

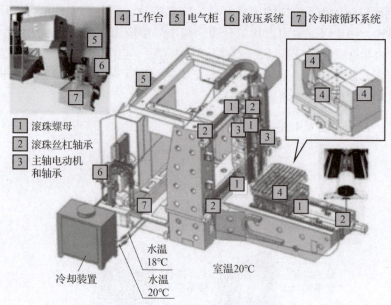

4 工作台　5 电气柜　6 液压系统　7 冷却液循环系统

1 滚珠螺母
2 滚珠丝杠轴承
3 主轴电动机和轴承

冷却装置

水温18℃
水温20℃
室温20℃

图 3 – 9　DHP80 Ⅱ 机床的热管理

2）案例 2：日本安田（YASDA）公司的 YMC430 – Ⅱ 精密加工中心（图 3 – 10）

（1）结构特点。YMC430 – Ⅱ 精密加工中心主要用于加工细微小的高精度零件，在结构设计上特别注意提高刚度和减小热变形的影响。横截面呈 H 形，左、右、前、后都对称的整体双立柱保证了机床的高刚度，结构对称的主轴部件显著减小热变形所引起的刀具中心点相对工作台的偏移量。立柱具有鲁棒结构和内部冷却装置，机床床身采用 4 点支撑，以保证机床的稳定性。YMC430 – Ⅱ 精密加工中心的结构如图 3 – 11 所示。

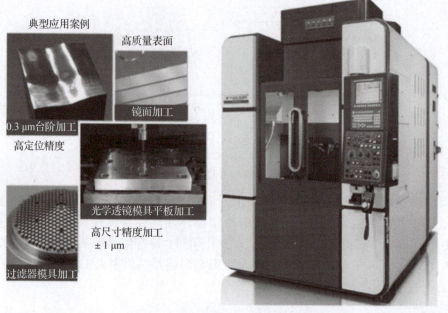

典型应用案例

高质量表面

镜面加工

0.3 μm台阶加工
高定位精度

光学透镜模具平板加工
高尺寸精度加工
± 1 μm

过滤器模具加工

图 3 – 10　YMC430 – Ⅱ 精密加工中心

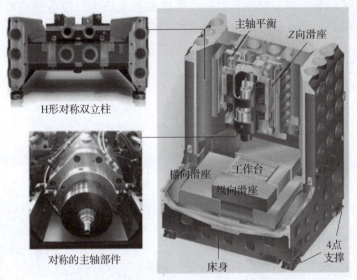

图3-11　YMC430-Ⅱ精密加工中心的结构

（2）关键部件。YMC430-Ⅱ精密加工中心的X，Y，Z直线移动轴和B，C回转轴皆采用直接电动机驱动，简化了机械结构，彻底避免了反向运动的间隙，提高了机床的性能。采用直线电动机驱动的工作台结构如图3-12所示，它配置了直线电动机的高效冷却系统。各轴都采用高刚度和高精度的线性导轨。

（3）热管理。机床在6个部位配置冷却液循环系统，如图3-13所示。制冷装置输出温度较低的冷却液进入各冷却部位，将温度较高的冷却液带回热交换器再度进行制冷。

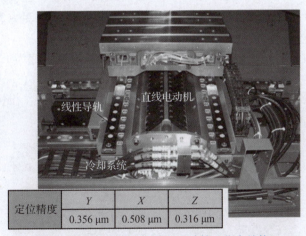

定位精度	Y	X	Z
	0.356 μm	0.508 μm	0.316 μm

图3-12　采用直线电动机驱动的工作台结构

2. 高效率

随着汽车、国防、航空航天等工业的高速发展以及铝合金等新材料的应用，对数控机床加工的高速化要求越来越高。零件的加工时间包括基本时间和辅助时间两部分。基本时间的缩短可以通过高速切削加工、多主轴、多刀、多工位实现。辅助时间的缩短可以通过以下方式实现：将机床与工业机器人结合以缩短装夹时间、采用自动换刀装置和测量系统以缩短换刀和测量时间、采用监控系统进行设备监控与维护以缩短意外停机时间。提高加工效率可以通过以下方式实现。

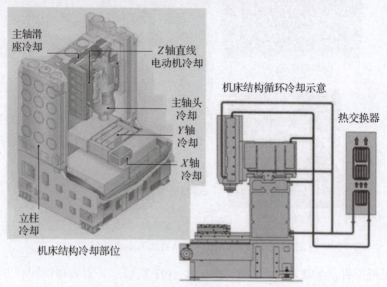

图 3 – 13　YMC430 – Ⅱ精密加工中心的热管理

（1）主轴转速：采用电主轴（内装式主轴电动机），主轴最高转速达到 200 000 r/min。

（2）进给率：在分辨率为 0.01 μm 时，最大进给率可以达到 240 m/min，且可获得复杂型面的精确加工。

（3）运算速度：微处理器的迅速发展为数控系统向高速、高精度方向发展提供了保障，CPU 已发展到 32 位以及 64 位，频率提高到几百兆赫、上千兆赫。运算速度的极大提高使得当分辨率为 0.1 μm，0.01 μm 时仍能获得高达 24～240 m/min 的进给速度。

（4）换刀速度：目前国外先进加工中心的刀具交换时间普遍为 1 s 左右，短的已达到 0.5 s。

1）案例 1：多主轴、多刀、多工位机床——德马吉森精机（DMG MORI）MULTI-SPRINT 机床（图 3 – 14）

图 3 – 14　德马吉森精机 MULTISPRINT 机床

德马吉森精机 MULTISPRINT 机床有多达 56 个数控轴和大量可选的加工技术，共设置有 6 个主轴工位，可以满足复杂工件的加工要求。正面主轴提供 ISO，HSK 和 CAPTO 刀柄并已预设，最大限度地缩短了设置和换装时间。可以直接在加工区安装多达 2 台工业机器人，自动对盘类件进行装配、卸载和翻转操作。该机床既可以缩短基本时间，又可以缩短装夹、换刀等辅助时间。

2）案例 2：工业机器人与数控机床的配合

一台发那科（FANUC）工业机器人与数控车床、立式加工中心、上下料接驳料架结合构成柔性制造单元，通过 PLC 主控系统实现自动化生产，如图 3 – 15 所示。上料、装夹、下料完全由工业机器人完成，减少中间环节，缩短辅助时间，同时工业机器人的生产节拍稳定，避免了由于人为因素而对生产节拍产生影响，大大提高了生产效率。

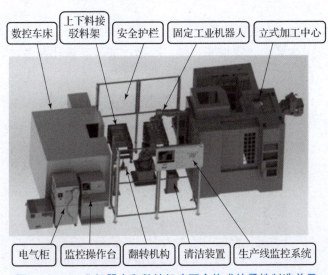

图 3 – 15　工业机器人和数控机床配合构成的柔性制造单元

3）案例 3：数控机床使用动态监控技术

利用先进的动态监控技术可以缩短辅助时间，提升加工效率。大隈（OKUMA）公司的 5 轴数控机床倾斜加工轴加工多个表面时，会产生旋转轴的轴心偏移等多种几何误差。一直以来只能通过手工作业花费大量时间对 4 种几何误差进行补偿。大隈公司开发的"五轴自动调整技术"（5 – Axis Auto Tuning System）仅需 10 min 即可实现高达 11 种几何误差测量及自动补偿，如图 3 – 16 所示。

（a）

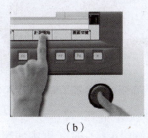
（b）

（c）

图 3 – 16　大隈机床几何误差的测量、补偿

（a）将基准球固定在工作台上，使测头接触基准球的最上方；（b）按测量开始键和启动按钮；

（c）自动测量，且自动设置补偿参数

3. 复合化

复合数控机床是指在原有基础上集成其他加工工艺，在一台数控机床上尽可能完成从毛坯至成品的多种要素加工。目前应用最多的是以车削、铣削为基础的复合数控机床，除此之外还有以磨削为基础的复合数控机床以及由激光加工、热处理等工艺复合而成的数控机床。工序集中复合，适应了市场上一机多能、多品种、小批量、一次装夹完成全部加工内容的市场需求。复合加工又叫作完全加工、多功能加工。

1）案例 1：车铣复合加工

数控车铣机床是复合数控机床的一种主要机型，通常在数控车床上实现平面铣削、钻孔攻丝、铣槽等铣削加工工序，具有车削、铣削以及镗削等复合功能，能够实现一次装夹，完成大部分或者全部工序加工。

车铣复合加工

WFL M120 MILLTURN 铣车复合加工中心如图 3-17 所示，它将所有加工和测量操作深度集成，可以一次装夹，完成车、铣、滚齿、插齿、镗孔等多种加工，大大提升制造效率。

图 3-17　WFL M120 MILLTURN 铣车复合加工中心

德玛吉（DMG）公司生产的车铣复合加工中心 GMX 250 S Linear 如图 3-18 所示，它除了具有此系列机床的特征外，还集成了西门子公司带 Shop Turn 功能的 Solution Line 和海德汉公司带 Turn Plus 功能的 HEIDENHAIN Plus IT，具有图形化编程及双通道车间编程功能。

图 3-18　德玛吉车铣复合加工中心 GMX 250 S Linear

2）案例 2：切削和增材制造复合加工

德玛吉森精机 LASERTEC 3000 DED hybrid 机床如图 3-19 所示，它可以进行增材制造和车削复合加工，也可以在车削加工产品上进行 3D 打印、涂层，还可以进行双金属材料的加工。复合加工技术可以扩大车削加工工艺范围，成形全新的几何特征，并可以通过全新的材质组合提升工件性能。

马扎克（MAZAK）INTEGREX i-400 AM 五轴增/减材复合加工中心如图 3-20 所示，它提供高速成型和高精度成型两种类型的熔覆头，可以根据造型形状、加工条件及金属粉末材料的种类等分别使用不同的熔覆头。熔覆头平时装在刀库中，可以自动安装在主轴上，并与其他刀具一样通过自动换刀装置（Automatic Tool Changer, ATC）调用。增/减材复合加工中心特别适用于小批量生产的难加工材料，如航空航天零部件耐热合金的加工、能源领域工具和零部件的高硬度材料的加工、医疗设备制造中的高精度特种合金的加工。

图 3-19　德玛吉森精机 LASERTEC 3000 DED hybrid 机床

图 3-20　马扎克 INTEGREX i-400 AM 五轴增/减材复合加工中心

3）案例 3：切削、激光和超声复合加工

德玛吉 DMG L60 HSC 是铣削与激光复合加工的数控机床，该机床装有一个功率为100 W 的激光器。工件（主要是模具）在该机床上一次装夹后，先用高速铣头完成大部分表面加工，再用激光头以层切方式进行精细加工，包括雕刻花纹和图案。

西门子 ULTRASONIC 50 机床集成了超声加工技术，具有更全面的加工能力。该机床通过 HSK 接口进行整合，可以充分使用传统机床的铣/车功能，是加工硬脆性高级材料（如陶瓷、玻璃、刚玉、硬质合金，甚至复合材料）中复杂部件几何形状的理想选择。该机床由于采用了超声波，加工应力最多可减小 50%，表面损伤最多可减小 40%，具有更高的进给速度和更高的表面质量。

4）案例 4：车削和磨削复合加工

车削和磨削复合加工是指对淬硬的回转体进行车削和磨削。德国埃马克（EMAG）VLC250 DS 是专为中大型系列生产设计的立式车磨复合加工中心，具有很高的精确度和过程可靠性，尤其适用于加工 VLC 250 DS 典型工件，包括齿轮箱齿轮、链轮、滑动套筒、连杆、摇杆臂、轴承环和活塞环等。

大隈 MULTUS U3000 LASER EX 新一代复合加工中心超越了一般切削加工机床的范畴，集成了金属加工的切削、磨削、金属激光成型、激光淬火等工序，无须更换工装即可完成因热处理工序而被分开的切削和磨削工序，采用高输出稳定激光，可以在旋转的同时进行等幅淬火，且可以均匀淬火外圆面，实现应变小的局部淬火。

4. 网络化与开放性

数控机床的网络化是实现虚拟制造、敏捷制造、全球制造等新制造模式的基础，也是满足制造企业对信息集成需求的技术途径。

目前先进的数控系统已为用户提供了强大的联网能力，除了具有 RS-232 接口外，还带有远程缓冲功能的 DNC 接口，可以实现多台数控机床间的数据通信和直接对多台数控机床进行控制。有的数控系统已具有与工业局域网通信功能以及网络接口，可以实现远程在线编程、远程仿真、远程操作、远程监控及远程故障诊断等。

开放性是指数控系统制造商可通过对数控系统的功能进行重新组合、修改、添加或删减，快速构建不同品种和档次的数控系统，并且可以针对不同厂家、用户和行业需求，将其特殊应用和技术经验集成到数控系统中，形成定制型数控系统。未来的数控系统能够被用户重新配置、修改、扩充和改装，并允许模块化地集成传感器、监视加工过程、实现网络通信和远程诊断等，而不必重新设计软/硬件。

西门子 SINUMERIK 840D sl 是具有高灵活性、开放性的数控系统，其面板如图 3-21 所示。它具有高端数控性能，适用于几乎所有机床方案。西门子 SINUMERIK 840D sl 通过 PROFINET 完美嵌入西门子自动化环境。全集成自动化确保了自动化解决方案中所有组件的最佳互操作性。该数控系统可根据数控机床的工艺要求进行定制调整，例如可以对控制系统进行补充和扩展，甚至可以集成机械手和搬运系统。

图 3-21　西门子 SINUMERIK 840D sl 数控系统面板

5. 智能化

智能化是数字化和网络化发展的高级形态，是将 AI 技术应用到数控系统中，使数控系统具有一定的适应和决策能力，具体如下。

（1）能够感知其自身的状态和加工能力并能够进行自我标定。这些信息将以标准协议的形式存储在不同的数据库中，以便数控机床内部的信息流动、更新和供操作者查询。这主要用于预测数控机床在不同的状态下所能达到的加工精度。

（2）能够监视和优化自身的加工行为。数控系统能够发现误差并补偿误差（自校准、自诊断、自修复和自调整），使数控机床在最佳加工状态下完成加工。更进一步，数控系统所具有的智能组件能够预测即将出现的故障，以提示数控机床需要维护和进行远程诊断。

（3）能够对所加工工件的质量进行评估。数控系统可以根据在加工过程中获得的数据或在线测量的数据估计最终产品的精度。

（4）具有自学习的能力。数控系统能够根据在加工中和加工后获得的数据（如从测量机获得的数据）更新数控机床的应用模型。

2003年在米兰举办的 EMO 展览会上，瑞士米克朗公司提出智能机床的概念。智能机床通过各种功能模块（软件和硬件）协同交互实现。

在 IMTS 2006 上，日本马扎克公司展出了智能机床，其具有如下四大智能模块。

（1）主动振动控制（Active Vibration Control，AVC）：将振动减至最小。在进行切削加工时，各坐标轴运动的加速度产生的振动会影响加工精度、表面粗糙度、刀具磨损和加工效率，智能机床可以使振动减至最小。例如，在进给量为 3 000 mm/min，加速度为 0.43 g 时，最大振幅由 4 μm 减至 1 μm。

（2）智能热屏障（Intelligent Thermal Shield，ITS）：控制热位移。数控机床部件的运动或动作产生的热量及室内温度的变化会产生定位误差，智能机床可以对这些误差进行自动补偿，使其值最小。

（3）智能安全屏障（Intelligent Safety Shield，ISS）：防止部件碰撞。当操作工人为了调整、测量、更换刀具而手动操作数控机床时，一旦将发生碰撞（即在发生碰撞前的一瞬间），数控机床立即停机。

（4）马扎克语音提示（Mazak Voice Adviser，MVA）：语音信息系统。当操作工人进行手动操作和调整时，用语音进行提示，以减少失误造成的问题。

6. 绿色化

数控机床面向未来可持续发展的需求，具有生态友好的设计、轻量化的结构、节能环保的制造、最优化能效管理、清洁切削技术、宜人化人机接口和产品全生命周期绿色化服务等。从近10年的世界机床展览会中，可以发现各大数控机床生产商都在努力践行"节约资源、减少排放、延伸回收"的理念，将"绿色化"贯穿于数控机床产品的设计、制造、运用、回收处理等各环节，所推出的数控加工设备表现出如下特征。

（1）通过采用新结构、新材料，实现数控机床结构件、运动部件的轻量化，从而大幅降低数控机床制造、使用过程中的能耗。

（2）降低数控机床使用能耗主要包括以各种形式降低待机、空载及加工能耗。

（3）采用"绿色"加工工艺通过采用"干切削"或者"硬切削"方式尽可能地减少或不使用切削液。

（4）改进润滑方式，选用新型功能部件，减少润滑油用量，减小润滑油对环境的污染。

（5）采用全封闭数控机床防护罩壳、切屑回收处理装置，避免切屑、切削液外溅，减小噪声对车间造成的污染。

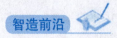

并联机床

并联机床（Parallel Machine Tools）又称为并联结构机床、虚拟轴机床。并联机床是基于空间并联机构平台原理开发的，是一种新概念机床，它是并联机器人机构与机床结合的产物。它克服了传统机床串联机构刀具只能沿固定导轨进给、刀具作业自由度偏低、设备加工灵活性和机动性不够等固有缺陷，可以实现多坐标联动数控加工、装配和测量等多种功能，能满足复杂特种零件的加工需求。

德国 Metrom 公司是并联机床领域的创新者，其并联机床产品如图 3-22 所示。Metrom 公司的 Pentapod 系列 5 杆并联运动机床在钢板焊接的多菱体床身上的 5 个面上安装有滚珠丝杆的万向铰链支点，5 根丝杠的另一端通过铰链与主轴部件的 5 个可转动同心外环连接。这种设计使主轴部件偏转角可以大于 90°，能够真正进行 5 面加工。并联机床继承了并联运动范式的结构简单、刚度高、动态性能好等优点。并联机床采用封闭框架结构和对称配置，工作时产生的力能相互抵消，从而保证高动态性能。

图 3-22　德国 Metrom 公司的并联机床产品

【赛证延伸】证书：1+X "智能制造生产管理与控制"

1. 职业技能等级证书介绍

"智能制造生产管理与控制"职业技能等级标准主要面向智能制造、系统集成、生产应用、技术服务等各类企业和机构，涉及智能制造单元操作编程、安装调试、运行维护、系统集成、CAD/CAM、MES 生产管控以及营销与服务等岗位，取得该证书后可以从事数控机床操作、工业机器人编程与操作、智能制造单元系统集成与维护、CAD/CAM、MES 生产管控、售前/售后支持

"智能制造生产管理与控制"职业技能等级标准（文本）

等工作，也可以从事智能制造技术推广、实验实训和智能制造技术科普等工作。智能制造加工与检测单元如图 3-23 所示。

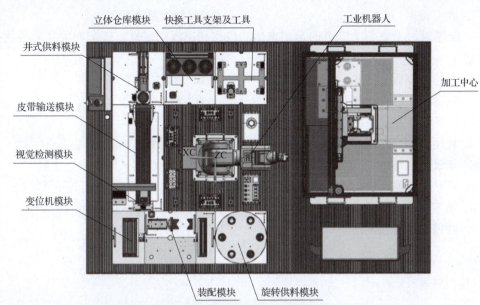

立体仓库模块　快换工具支架及工具　　工业机器人

井式供料模块

皮带输送模块

视觉检测模块

变位机模块

加工中心

XC　ZC

装配模块　旋转供料模块

图 3 - 23　智能制造加工与检测单元

2. 职业技能等级证书中的"数控加工"技能等级要求（中级）

能够完成数控设备操作与编程，具体见表 3 - 1。

表 3 - 1　职业技能等级证书中的"数控机床"技能等级要求（中级）

2.2 数控设备操作与编程	2.2.1 能够根据工作任务要求，完成数控机床相关参数的检查和确认并上传加工程序进行程序的验证
	2.2.2 能够根据工作任务要求，对数控机床等数控设备的加工程序进行优化

3. 赛题中的"数控机床"考核要求（中级）

在实际的考核中，将中级实操考核分为两个模块，其中模块一的任务 3 "零件试制"主要对应数控机床的操作任务。具体的技能点包括数控机床的手动操作和手动输入、数控程序上传、换刀、对刀、数控加工中心程序运行。

单元测评

1. 与普通机床相比，数控机床的特点不包括（　　）。

A. 适应性高　　　　　　　　　　　B. 生产效率低

C. 产品一致性高　　　　　　　　　D. 生产环境好

2. 数控机床按照加工工艺及用途分类，有一类为金属切削机床，以下属于金属切削机床的是（　　）。

A. 数控折弯机　　　　　　　　　　B. 数控电火花线切割机

C. 数控铣床　　　　　　　　　　　　D. 数控折弯机

3. 能够对两个或两个以上的运动坐标的位移和速度同时进行连续相关控制的数控机床是（　　　）。

A. 点位控制数控机床　　　　　　　B. 直线控制数控机床

C. 轮廓控制数控机床　　　　　　　D. 多轴联动控制机床

4. 以下设计方案中可以提升机床精度的是（　　　）。

A. 使用高精度主轴　　　　　　　　B. 采用多主轴加工

C. 车铣复合加工　　　　　　　　　D. 工业机器人辅助上、下料

5. 以下属于数控机床智能化体现的是（　　　）。

A. 加工参数自动优化和选择　　　　B. 数控机床故障诊断

C. 数控系统连接网络　　　　　　　D. 参数监控与预测

练习思考

1. 数控机床相比普通机床有哪些优点？数控机床适用于什么加工场合？

2. 数控机床的发展趋势之一为智能化，查阅资料，列举智能化数控机床的案例。

考核评价

情境三单元 1 考核评价表见表 3 – 2。

表 3 – 2　情境三单元 1 考核评价表

环节	项目	标准分值	实际分值
课前（20%）	平台讨论	10	
	平台资源学习	10	
课中（60%）	课堂考勤	10	
	课堂问题参与	10	
	精益求精的工匠精神、环保意识、节约理念	10	
	单元测评	10	
	小组任务	20	
课后（20%）	练习思考	10	
	"赛证延伸"实施	10	
总评		100	

单元2 工业机器人技术

2021年12月，工业和信息化部等十五部门联合印发《"十四五"机器人产业发展规划》，指出"到2025年，我国成为全球机器人技术创新策源地、高端制造集聚地和集成应用新高地。一批机器人核心技术和高端产品取得突破，整机综合指标达到国际先进水平，关键零部件性能和可靠性达到国际同类产品水平。到2035年，我国机器人产业综合实力达到国际领先水平，机器人成为经济发展、人民生活、社会治理的重要组成"。本单元主要介绍工业机器人的发展历程、定义和特点、分类、关键技术和应用。

三维目标

■ 知识目标

（1）了解工业机器人的发展历程、基本概念和基本组成。

（2）熟悉工业机器人的技术参数、编程方法和应用领域。

■ 能力目标

（1）能够编写FANUC工业机器人运动程序。

（2）能够为智能工厂和生产线合理选用工业机器人。

■ 素质目标

（1）通过仿真软件的使用，培养学生拥有数字化意识，掌握数字化技术。

（2）通过工业机器人与人的关系分析，启发学生具有协作意识和团队意识。

《"十四五"机器人
产业发展规划》
（文本）

工业机器人
技术（视频）

知识学习

3.2.1 工业机器人的起源及定义

工业机器人被誉为"制造业皇冠顶端的明珠"，其研发、制造、应用是衡量一个国家科技创新和高端制造业水平的重要标志。当前，工业机器人呈现人机共融、虚实融合、智能驱动、泛在交互等发展特征，工业机器人产业逐步逼近变革跃升的临界点。

1. 国内外工业机器人的发展历程

1920年，捷克作家卡雷尔·查培克在其剧本《罗萨姆的万能机器人》中最早使用

"机器人"一词。剧中的"Robot"这个词的本意是苦力，即剧作家笔下的一个具有人的外表、特征和功能的机器，是一种人造的劳力。它是最早的关于机器人的设想。

机器人的研究始于20世纪中期。在第二次世界大战之后，美国阿贡国家能源实验室为了解决核污染机械操作问题，首先研制出遥控操作机械手用于处理放射性物质。紧接着又开发出一种电气驱动的主从式机械手臂。20世纪50年代中期，美国的一位多产的发明家乔治·德沃尔开发出世界上第一台装有可编程控制器的极坐标式机械手臂。1959年，乔治·德沃尔与美国发明家约瑟夫·英格伯格联手制造出第一台工业机器人样机Unimate（意为"万能自动"）并定型生产，由此成立了世界上第一家工业机器人制造工厂"Unimation公司"。之后于1962年，美国通用汽车公司安装了Unimation公司的第一台尤尼梅特（Unimate）工业机器人，这标志着第一代示教再现型工业机器人的诞生。美国麻省理工学院率先开始研究感知机器人技术，并于1965年开发出可以感知识别方块、自动堆积方块，不需要人干预的早期第二代工业机器人。20世纪80年代初，美国通用公司为汽车装配生产线上的工业机器人装备了视觉系统，于是具有基本感知功能的第二代工业机器人诞生了。此后从20世纪60年代后期到20世纪70年代，工业机器人的商品化程度逐步提高，并逐渐走向产业化，继而在以汽车制造业为代表的规模化生产中的各工艺环节推广使用（如搬运、喷漆、弧焊等机器人的开发应用）。1978年，Unimation公司推出一种全电动驱动、关节式结构的通用工业机器人PUMA系列，次年，适用于装配作业中的平面关节型SCARA机器人出现在人们的视野中。

20世纪60年代末，日本从美国引进工业机器人技术，此后，研究和制造工业机器人的热潮席卷日本全国。虽然日本研制工业机器人的起步比美国晚，但由于日本国内青壮年劳力极其匮乏，所以日本政府为了解决这一尖锐的社会问题，对工业机器人在日本的发展采取积极的扶植政策，例如对工业机器人一类的新制造设备实行财政补贴政策等，为社会提供低息资金或者鼓励民间集资成立工业机器人租赁公司。到20世纪80年代中期，日本拥有完整的工业机器人产业链，且规模庞大，一跃成为世界上应用和生产工业机器人最多的国家。发那科、安川电机（YASKAWA）均为日本企业，在国际工业机器人市场上占有很大比重。

欧洲采用为用户单位提供一揽子的系统集成解决方案的模式，工业机器人制造商承担和完成工业机器人的生产、应用工艺的系统设计与集成调试。欧洲是国际工业机器人市场的主角之一，已实现传感器、控制器、精密减速机等核心零部件完全自主化，在工业机器人领域已居于领先地位。瑞典的ABB公司、德国的KUKA公司、意大利的COMAU公司、英国的Auto Tech Robotics公司都是世界顶级工业机器人制造公司，这些公司已经成为其所在地区的支柱企业。

2. 我国的工业机器人发展概况

我国的工业机器人研究工作开始于20世纪70年代初，前10年由于受到经济体制等因素的影响，发展比较缓慢。从"七五"科技攻关计划开始，在国家相关政策的支持下，我国的工业机器人技术迅速发展，经过"七五""八五""九五"科技攻关计划以及"863"国家高技术研究发展计划，我国的工业机器人技术取得了较大进展，并已应用于各行各业。

1999 年，我国建立了包括沈阳自动化研究所的新松机器人公司、哈尔滨博实自动化设备有限责任公司、北京机械工业自动化研究所机器人开发中心、海尔机器人公司在内的 9 个工业机器人产业化基地和 7 个科研基地，从建设产业化基地开始，我国的工业机器人产业化发展迅速。

2015 年 5 月 19 日，《中国制造 2025》出台，明确强调推动高端数控机床及工业机器人等创新产业的发展。我国的工业机器人产业规模快速增长，工业机器人应用覆盖国民经济的 60 个行业大类、168 个行业中类。据有关机构统计，2021 年我国工业机器人密度达到每万人超 300 台，比 2012 年增长约 13 倍。2021 年工业机器人产量达 36.6 万台，比 2015 年增长了 10 倍。我国连续 11 年稳居全球第一大工业机器人市场。

当前，工业机器人产业蓬勃发展，正极大地改变着人类的生产和生活方式，为经济社会发展注入强劲动能。

3. 工业机器人的定义及特点

工业机器人在各国的定义不完全相同，但其含义基本一致。国际标准化组织（ISO）对工业机器人的定义得到广泛认可，其定义如下：工业机器人是一种能自动控制，可重复编程，多功能、多自由度的操作机器，能够完成搬运材料等各种作业。

我国对工业机器人的定义如下：工业机器人是一种具备一些与人或生物相似的智能，例如感知能力、规划能力和协同能力，具有高度灵活性的自动化机器。

工业机器人最显著的特点如下。

（1）可编程。生产自动化的进一步发展是柔性自动化。工业机器人可随其工作环境变化的需要而再编程，因此它在小批量多品种产品制造，特别是具有均衡高效率的柔性制造过程中能发挥很好的作用，是柔性制造系统的一个重要组成部分。

（2）拟人化。工业机器人在机械结构上有类似人的大臂、小臂、手腕、手爪等部分，此外，智能化工业机器人还有许多类似人的"生物传感器"，如皮肤型接触传感器、力传感器、负载传感器、视觉传感器、声觉传感器等。传感器提高了工业机器人对环境的适应能力。

（3）通用性。除了专门设计的专用工业机器人外，一般工业机器人在执行不同的作业任务时具有较高的通用性。例如，更换工业机器人手部末端操作器（手爪、工具等）便可使其执行不同的作业任务。

（4）技术先进。工业机器人集精密化、柔性化、智能化、网络化等先进制造技术于一体，通过对过程实施检测、控制、优化、调度、管理和决策，实现增加产量、提高质量、降低成本、降低资源消耗和减小环境污染，是工业自动化水平的最高体现。

（5）技术综合性高。工业机器人集中并融合了众多学科，涉及多项技术，包括微电子、计算机、机电一体化、工业机器人控制、工业机器人动力学及仿真、工业机器人构件有限元分析、激光加工、模块化程序设计、智能测量、建模加工一体化、工厂自动化及精细物流等先进制造技术。第三代智能工业机器人不仅具有获取外部环境信息的各种传感器，而且具有记忆能力、语言理解能力、图像识别能力、推理判断能力等，这些都是微电子技术的应用，因此工业机器人的技术综合性高。

3.2.2　工业机器人的组成及分类

1. 工业机器人的组成

一个完整的工业机器人由以下几个部分组成：操作机（工业机器人本体）、驱动系统、控制系统和末端执行器（图3-24）。

工业机器人关节运动及结构

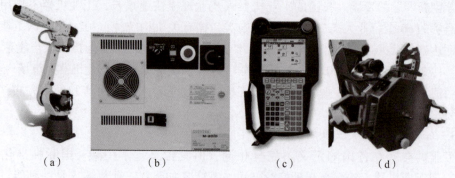

　（a）　　　　　　　（b）　　　　　　　（c）　　　　　　　（d）

图3-24　发那科M-20i D25工业机器人的整体结构

（a）操作机；（b）控制柜；（c）示教器；（d）末端执行器

1）操作机

操作机是工业机器人本体，是用于完成各种作业的执行机构，一般由一系列连杆和关节或其他形式的运动副组成，可以进行各方向的运动。以串联关节机器人为例，其一般包括基座、腰部、臂部、腕部、手部等仿生结构。大部分工业机器人有3~6个自由度，其中腕部通常有1~3个自由度。

2）驱动系统

工业机器人的驱动系统是指驱动操作机运动部件动作的装置，也就是工业机器人的动力装置。工业机器人的驱动系统所使用的动力源包括压缩空气、液压油和电能，对应的驱动方式为气压驱动方式、液压驱动方式和电气驱动方式。工业机器人绝大多数采用电气驱动，其中交流伺服电动机的应用最为广泛。驱动系统一般安装在操作机的执行部件上，对执行机构的一般要求是结构小巧紧凑、动作平稳、惯性小。

当驱动系统不能与机械结构直接相连时，需要借助中间传动装置进行间接驱动，常用的中间传动装置有减速器、同步带和线性模组。

3）控制系统

工业机器人的控制系统是工业机器人的"大脑"。它通过各种硬件和软件的组合来操纵工业机器人，并协调工业机器人与生产系统中其他设备的关系。一个完整的工业机器人控制系统除了作业控制器和运动控制器外，还包括控制驱动系统的伺服控制器以及检测工业机器人自身状态的传感器反馈部分。现代工业机器人的控制系统由PLC、数控控制器或计算机构成，一般集成在控制柜内。控制系统是决定工业机器人功能和水平的关键部分，也是工业机器人系统中更新和发展最快的部分。

4）末端执行器

工业机器人的末端执行器是指连接在工业机器人腕部，直接用于作业的机构。末端执行器的结构与工作对象的要求有关，可能是用于抓取、搬运的手爪，也可能是用于喷漆的喷枪，还可能是砂轮以及用于检查的测量工具等。工业机器人的腕部上有用于连接各种末端执行器的机械连接口，按作业内容选择不同的手爪或工具装在其上，这进一步提高了工业机器人作业的柔性。

图3-24所示为发那科 M-20i D25 工业机器人的整体结构。

2. 工业机器人的分类

工业机器人的种类很多，其功能、特征、驱动方式和应用场合等各不相同。以下介绍几种常用的工业机器人分类方法。

1）按操作机的运动形态分类

按工业机器人操作机运动部件的运动坐标可以把工业机器人分为直角坐标机器人、圆柱坐标机器人、球面坐标机器人和关节机器人。

（1）直角坐标机器人。直角坐标机器人是指在空间中具有相互垂直关系的3个独立自由度的工业机器人，如图3-25所示。直角坐标机器人在空间坐标系中有3个相互垂直的移动关节，每个关节都可以在独立的方向上移动。直角坐标机器人的特点是直线运动控制简单；缺点是灵活性较低、自身占据空间较大。

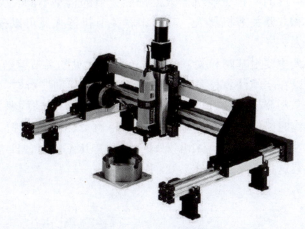

图3-25　直角坐标机器人

目前，直角坐标机器人可以非常方便地用于各种自动化生产线中，可用于零部件移送、简单插入、旋拧等作业，广泛运用于节能灯装配、电子类产品装配和液晶屏装配等场合。

（2）圆柱坐标机器人。圆柱坐标机器人是指能够形成圆柱坐标系的工业机器人，如图3-26所示。其结构主要由一个旋转机座形成的转动关节和垂直、水平移动的两个移动关节构成。柱面坐标机器人末端执行器的姿态由参数 θ，r，x 决定。

圆柱坐标机器人具有空间结构小、工作空间大、末端执行器速度高、控制简单以及运动灵活等优点；缺点是工作时必须有沿 r 轴线前后移动，空间利用率低。目前，柱面坐标机器人主要用于重物的装卸、搬运等工作。

（3）球面坐标机器人。球面坐标机器人一般由2个回转关节和1个移动关节构成，如图3-27所示。其轴线按照极坐标配置，R 为移动坐标，β 是手臂在垂直面内的摆动角，θ 是绕手臂支承底座垂直轴的转动角。球面坐标机器人运动所形成的轨迹表面是半球面。

球面坐标机器人的优点是占用空间小、结构紧凑、操作灵活且工作空间大；缺点是避障性能较差，存在平衡问题。

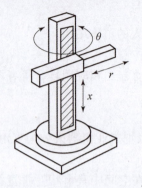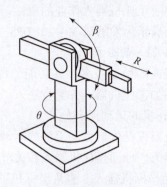

图 3－26　圆柱坐标机器人　　　　　　　图 3－27　球面坐标机器人

（4）关节机器人。关节机器人也称为关节手臂机器人或关节机械手臂，是当今工业领域中应用最为广泛的一种工业机器人。按照关节的构型不同，关节机器人可以分为串联关节机器人和并联关节机器人，其中串联关节机器人又可以分为垂直关节机器人和水平关节机器人。

垂直关节机器人主要由基座和关节臂组成，目前常见的关节臂数是 3～6 个，一般有 6 个自由度，可以在空间任意位置确定任意位姿，多面向三维空间的任意位置和姿势的作业。垂直关节机器人由多个旋转和摆动关节组成，其结构紧凑，工作范围大，动作接近人类，工作时能绕过机座周围的一些障碍物，对装配、喷涂和焊接等多种作业都有良好的适应性。目前，瑞士 ABB 公司、德国 KUKA 公司、日本发那科公司以及国内的一些公司都有这类产品，如图 3－28 所示。

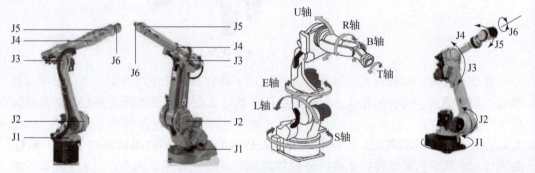

图 3－28　垂直关节机器人

水平关节机器人是一种建立在圆柱坐标上的特殊工业机器人结构形式，也称为选择性装配机器人手臂（Selective Compliance Assembly Robot Arm，SCARA）。水平关节机器人有 3 个旋转关节，其轴线相互平行，在平面内进行定位和定向。另一个关节是移动关节，用于完成末端件在垂直平面内的运动。

水平关节机器人的特点是作业空间与占地面积比很大，使用方便，SCARA 系统在 X，Y 方向上具有顺从性，而在 Z 方向上具有较高的刚度，此特性特别适用于各领域的装配工作，如图 3－29 所示。

　　并联关节机器人亦称为拳头机器人、蜘蛛机器人或 Delta 机器人，是一种由固定基座和具有若干自由度的末端执行器，以不少于两条独立运动链连接形成的新型工业机器人。图 3 – 30 所示为 6 自由度并联关节机器人。与串联关节机器人相比，并联关节机器人具有以下特点：无累积误差，精度较高；驱动装置可置于定平台上或接近定平台的位置；运动部件质量小，速度高，动态响应好；结构紧凑，刚度高，承载能力强；具有较好的各向同性；工作空间较小。

　　并联关节机器人广泛应用于装配、搬运、上下料分拣、打磨和雕刻等需要高刚度、高精度或者大载荷而无须很大工作空间的场合。

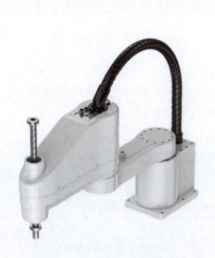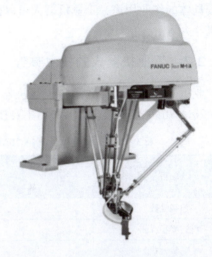

图 3 – 29　水平关节机器人　　　　　图 3 – 30　6 自由度并联关节机器人

　　2）按工业机器人的发展阶段分类

　　（1）示教再现型机器人。示教再现型机器人是一种可重复再现通过示教编程存储的作业程序的工业机器人。这种工业机器人通过操作者事先编写的程序进行工作，无论外界环境如何改变，其动作都不会改变。由于此类工业机器人的编程通过实时在线示教程序实现，而工业机器人本身凭记忆操作，故能不断重复再现。这种工业机器人的特点是它们不具备对外界环境的感知能力，因此被称为第一代工业机器人。

　　（2）感知机器人。感知机器人具有类似人的感知功能，具有环境感知装置，称为第二代工业机器人。以焊接机器人为例，其焊接过程一般是通过示教方式给出焊接机器人的运动曲线，焊接机器人携带焊枪沿着该曲线进行焊接。这就要求工件的一致性高，即工件焊接位置十分准确。否则，焊接机器人携带的焊枪所走的曲线和工件的实际焊接位置会有偏差。为解决这个问题，第二代工业机器人（应用于焊接作业时）采用焊缝跟踪技术，通过传感器感知焊缝的位置，再通过反馈控制自动跟踪焊缝，从而对示教的位置进行修正，即使实际焊缝的位置相对于原始设定的位置有变化，仍然可以很好地完成焊接工作。类似的技术正越来越多地应用于工业机器人。

　　（3）智能机器人。智能机器人也称为第三代工业机器人，具有发现问题，并且自主解决问题的能力，目前尚处于试验研究阶段。智能机器人具有多种传感器，不仅可以感知自身的状态，例如所处的位置、自身的故障等，而且能够感知外部环境的状态，如自动发现路况、测量协作工业机器人的相对位置和相互作用的力等。智能机器人不但具有感觉能力，而且具有独立判断、行动、记忆、推理和决策的能力，能与外部对象、环境协调地工作，能完成更加复杂的动作，还具备故障诊断及排除能力。

3）按工业机器人的承载能力和工作空间分类

（1）大型机器人：承载能力为 1000 ~ 10 000 N，工作空间在 10 m³ 以上。

（2）中型机器人：承载能力为 100 ~ 1 000 N，工作空间为 1 ~ 10 m³。

（3）小型机器人：承载能力为 1 ~ 100 N，工作空间为 0.1 ~ 1 m³。

（4）超小型机器人：承载能力小于 1 N，工作空间小于 0.1 m³。

4）按工业机器人的作业用途分类

按具体的作业用途，工业机器人可以分为焊接机器人、搬运机器人、装配机器人、喷涂机器人等。

3.2.3　工业机器人的技术参数

工业机器人的技术参数是各工业机器人制造商在供货时所提供的技术数据，发那科 M – 20iA 20M/35M 工业机器人的主要技术参数见表 3 – 3。

表 3 – 3　发那科 M – 20iA 20M/35M 工业机器人的主要技术参数

项目		规格	
		M – 20iA/20M	M – 20iA/35M
控制轴数		6 轴（J1，J2，J3，J4，J5，J6）	
可达半径/mm		1 813	
安装方式		地面安装、顶吊安装、倾斜角安装	
工作空间 （最高工作速度）	J1 旋转	340°/370°（选项） （195°/s） 5.93 rad /6.45 rad（选项） （3.40 rad/s）	340°/370°（选项） （180°/s） 5.93 rad/6.45 rad（选项） （3.14 rad/s）
	J2 旋转	260°（175°/s） 4.54 rad（3.05 rad/s）	260°（180°/s） 4.54 rad（3.14 rad/s）
	J3 旋转	458°（180°/s） 8.00 rad（3.14 rad/s）	458°（200°/s） 8.00 rad（3.49 rad/s）
	J4 手腕旋转	400°（405°/s） 6.98 rad（7.07 rad/s）	400°（350°/s） 6.98 rad（6.11 rad/s）
	J5 手腕摆动	280°（405°/s） 4.89 rad（7.07 rad/s）	280°（350°/s） 4.89 rad（6.11 rad/s）
	J6 手腕旋转	900°（615°/s） 15.71 rad（10.73 rad/s）	900°（400°/s） 15.71 rad（6.98 rad/s）
手腕部可搬运质量/kg		20	35
手腕允许负载 转矩/（N·m）	J4	45.1	110
	J5	45.1	110
	J6	30.0	60

项目		规格	
		M - 20iA/20M	M - 20iA/35M
手腕允许负载转动惯量/（kg·m⁻²）	J4	2.01	4.00
	J5	2.01	4.00
	J6	1.01	1.50
重复定位精度/mm		±0.03	
工业机器人质量/kg		250	252
安装条件		环境温度：0~45 ℃ 环境湿度：通常在75%RH以下（无结露现象），短期在95%RH以下（1个月内） 振动加速度：4.9 m/s² （0.5 g） 以下	

  虽然各厂商提供的技术参数不完全相同，工业机器人的用途以及用户的要求也不尽相同，但是工业机器人的技术参数一般都应包括自由度、工作精度、工作空间、最高工作速度和负载能力等。

1. 自由度

  自由度是指工业机器人操作机在空间中运动所需的变量数，用于表示工业机器人的动作灵活程度，一般是以沿轴线移动和绕轴线转动的独立运动的数目表示。

  描述一个物体在空间中的位姿需要 6 个自由度（3 个转动自由度和 3 个移动自由度）。但是，工业机器人一般为开式连杆系，每个关节运动副只有 1 个自由度，因此一般工业机器人的自由度数目就等于其关节数目。工业机器人的自由度越多，其功能就越强。目前工业机器人通常具有 4~6 个自由度。当工业机器人的关节数（自由度）增加到对末端执行器的定向和定位不再起作用时就出现了冗余自由度。冗余自由度的出现提高了工业机器人工作的灵活性，但也使控制变得更加复杂。工业机器人的 6 个关节如图 3-31 所示。

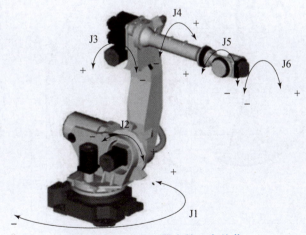

图 3-31　工业机器人的 6 个关节

2. 工作精度

工业机器人的工作精度主要指定位精度和重复定位精度。定位精度是指工业机器人末端执行器的实际到达位置与目标位置之间的差异，如图3-32（a）所示。重复定位精度是指工业机器人重复定位其末端执行器于同一目标位置的能力，可以用标准偏差这个统计量表示，它用于衡量误差值的密集度（即重复度），如图3-32（b）所示。

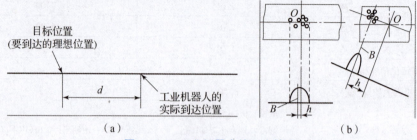

图3-32 工业机器人的工作精度
（a）定位精度；（b）重复定位精度

3. 工作空间

工作空间是指工业机器人手臂末端或手腕中心所能到达的所有点的集合，也称为工作区域。因为末端执行器的形状和尺寸是多种多样的，所以为了真实反映工业机器人的特征参数，工作空间是指不安装末端执行器时的工作区域。工作空间的形状和大小是十分重要的，工业机器人在执行某种作业时可能由于存在手部不能到达的作业死区而不能完成任务。发那科 M-710iC 工业机器人的工作空间如图3-33所示。

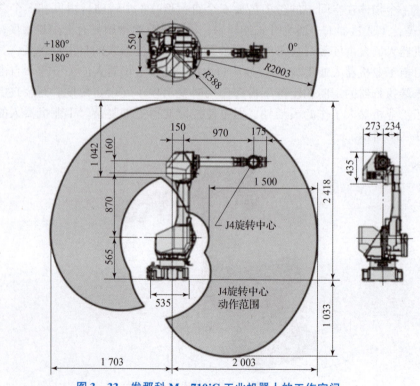

图3-33 发那科 M-710iC 工业机器人的工作空间

4. 最高工作速度

对于最高工作速度，有的厂家指主要自由度上最高的稳定速度，有的厂家指手臂末端最高的合成速度，通常都在技术参数中加以说明。工作速度越高，工作效率越高。但是，工作速度越高，就要花费越长的时间去升速或降速，或者对工业机器人最大加速度的要求越高。

5. 负载能力

负载能力是指工业机器人在工作空间内的任何位姿所能承受的最大质量。负载能力不仅取决于负载的质量，而且与工业机器人运动的速度和加速度的大小和方向有关。为了安全起见，负载能力这一技术参数是指高速运行时工业机器人的负载能力。通常，负载能力不仅包括负载的质量，还包括工业机器人末端执行器的质量。

3.2.4　工业机器人编程

工业机器人要实现一定的动作和功能，除了依靠硬件支撑外，主要靠编程完成。随着工业机器人技术的发展，工业机器人编程技术也得到不断完善，现已成为工业机器人技术的一个重要组成部分。

编程者使用某种特定语言来描述工业机器人的动作轨迹，它通过对工业机器人动作的描述使工业机器人按照既定运动和作业指令完成各种操作。常用的工业机器人编程方法有示教编程和离线编程两种。

1. 示教编程

示教编程一般用于示教再现型机器人。目前，大部分工业机器人的编程方式都是示教编程。示教编程一般由工业机器人的示教器控制完成。示教编程分为如下三个步骤。

（1）示教：操作者根据工业机器人的作业任务把末端执行器送到目标位置。

（2）存储：在示教过程中，工业机器人控制系统将运动过程和各关节位姿参数存储到工业机器人的内部存储器中。

（3）再现：当需要工业机器人工作时，工业机器人控制系统调用存储器中的相应数据，驱动关节运动，再现操作者的手动操作过程，从而完成工业机器人作业的不断重复和再现。

示教编程的优点是不需要操作者掌握复杂的专业知识，也无须复杂的设备，操作简单，易于掌握。示教编程目前常用于一些任务简单、轨迹重复、定位精度要求不高的场合，如焊接码垛、喷涂以及搬运作业。示教编程的缺点是很难示教一些复杂的运动轨迹，重复性低，无法与其他工业机器人配合操作。

2. 离线编程

离线编程是示教编程的扩展。离线编程利用计算机图形学的成果，在专门的软件环境中建立工业机器人工作环境的几何模型，然后利用一些规划算法，通过对图形的控制和操作，在离线的情况下进行工业机器人的轨迹规划编程。

以发那科工业机器人为例，可以在 PC 上安装工业机器人编程软件 ROBOGUIDE，实现离线编程任务，并可以将离线编辑的程序导入工业现场的示教器。

离线编程相较于示教编程具有以下优点。

（1）可以缩短工业机器人停机时间。当对工业机器人进行下一个任务编程时，工业机器人仍可以在生产线上工作，不占用工业机器人的工作时间。

（2）操作者可以远离危险的工作环境。

（3）使用范围广。离线编程系统可以对各种型号的工业机器人、各种工作任务进行编程。

（4）便于 CAD/CAM/工业机器人编程一体化。

当然，离线编程也存在商业化软件成本较高、使用复杂的缺点。离线编程目前广泛应用于打磨、去毛刺、焊接、激光切割、数控加工等工业机器人新兴应用领域。

3.2.5　工业机器人应用

1. 物料搬运

1）移动机器人

移动机器人是工业机器人的一种类型，其主要特征是可以自主导航并移动到特定位置并实现物料搬运。移动机器人具有多种导航形式，例如电磁感应式、激光感应式、RFID 感应式、视觉感应式等。移动机器人可以广泛用于机械、电子、纺织、医疗、食品等行业，也可以用于自动化立体仓库、柔性制造系统，还可以用于车站、机场、快递中心等地点的物料分拣后的移动运输工具。

2）码垛机器人

码垛机器人能将不同外形尺寸的包装货物，整齐、自动地码（或拆）在托盘上（或生产线上）。为了充分利用托盘的面积和码垛物料的稳定性，码垛机器人具有物料码垛顺序、排列设定器，可以满足从低速到高速，从包装袋到纸箱，从码垛一种产品到码垛多种不同产品的需求。码垛机器人广泛用于汽车、物流、家电、医药、食品饮料等不同领域。

图 3-34 所示为 ABB 工业机器人应用在药房中完成药箱定位和码垛、药物拣选任务。当新处方产生时，工业机器人 IRB 2600 就会使用尽可能短的路径快速找到所需的药箱，将其取出并交给另一台工业机器人 IRB 1200。IRB 1200 由三维视觉装置提供支持，根据处方从药箱中取出药物，并将它们放入位于设备另一侧的篮子中。传送带将篮子送到人类药剂师手中，人类药剂师在将其送出之前进行最后检查。IRB 1200 能够根据药箱的形状自动切换夹具。IRB 1200 使用两种类型的真空抓手：一种用于拾取药箱，另一种用于处理更精致的药瓶。

与当前的手动流程相比，码垛机器人可以更快地完成 50% 的重复性任务，而且可以全天 24 小时工作。系统为每种药物提供了 100% 的可追溯性，提高了整个制药过程的准确性。

图 3-34　码垛机器人

3）洁净机器人

洁净机器人的主要功能是进行洁净物品的搬运，是一种在洁净环境中使用的工业机器人。对于洁净机器人，除了要求它具有很高的运动精度，对其所搬运物品的位置也有同样的精度要求。洁净机器人在产品开发、制造工艺、出厂检测和适应环境等各方面都有更高的要求。洁净机器人一般应用于 IC 行业，尤其是晶圆的加工制造与搬运。晶圆传输洁净机器人是在洁净环境中各制造装备之间传递晶圆的核心部件，其性能直接影响整个生产线的可靠程度和自动化水平。图 3 – 35 所示是沈阳新松机器人公司生产的大气机械手 Blade – DD250，其广泛用于晶圆以及 LED 蓝宝石基片的搬运。

图 3 – 35　大气机械手 Blade – DD250

2. 产品加工及装配

1）焊接机器人

焊接机器人主要分为点焊机器人和弧焊机器人两种。焊接加工对点焊机器人的要求不是很高，因为点焊只需要进行点位控制，而对焊钳在点与点之间的运动轨迹没有严格要求。弧焊机器人焊丝端头的运动轨迹、焊枪姿态、焊接参数都要求精确控制。焊接机器人主要包括工业机器人和焊接设备两部分。使用焊接机器人可以稳定和提高焊接质量、提高劳动生产率、降低工人劳动强度和改善劳动环境。焊接机器人目前已广泛用于汽车制造、工程机械、医疗医药、3C 电子、石油化工等行业，其中汽车制造行业是目前焊接机器人使用最成熟的行业之一。图 3 – 36 所示为使用了新松焊接机器人的汽车生产线，车身焊点合格率超过 99%，焊点重复精度被严格控制在 0.1 mm 以内。

2）喷涂机器人

喷涂加工对精度控制有较高要求，同时可能存在一定的工作风险。在使用喷涂机器人进行喷涂加工的情况下，能够通过性能参数的调整、喷涂角度等方面的设计来保障喷涂的均匀度。相较于人工操作方式，以喷涂机器人为基础的喷涂加工更灵活，具有省时、省力的优势，在工作效率得以提升的同时喷涂精准度的优势同样明显。汽车上的几乎每个塑料部件都经过喷漆，以满足其外观要求，并且喷漆时间有限。

发那科公司的喷涂机器人具有工艺控制系统及 Paint TOOL 软件，可以快速进行工艺控制的响应。图 3 – 37 所示为发那科公司的喷涂机器人 Robot P – 250iB，它是可搬运质量为 15 kg 的大型喷涂机器人，可以对车用大型工件进行高效喷涂。

图3-36 使用了新松焊接机器人的汽车生产线

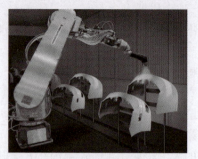

图3-37 发那科公司的喷涂机器人 Robot P-250iB

3）材料加工机器人

材料加工机器人可以完成切割、打磨、去毛刺、清洗、抛光、水切割等加工。材料加工机器人可以更加安全、高效、精准地完成加工任务。可以选用各种类型的材料加工机器人，只需要配备对应的末端执行器和控制系统即可。

图3-38所示为发那科公司的打磨机器人，其推出了针对不同的工件材料的打磨工艺解决方案。打磨机器人可以装载力控装置，在打磨过程中对打磨压力进行调整，减少打磨表面突变造成的打磨工具跳动，获得更好的表面加工效果。图3-39所示为发那科公司的抛光机器人，它具有自适应的浮动抛光工艺，配合离线编程、加工路径规划等软件，可以快速生成打磨轨迹，缩短调试时间。

图3-38 发那科公司的打磨机器人

图3-39 发那科公司的抛光机器人

 智造前沿

协作机器人

协作机器人是一种与人类在共同空间中一起工作、近距离互动的工业机器人，如图3-40所示。协作机器人具有质量小、易于控制、安全性高、友好、编程方便等特点。协作机器人的机械臂可以灵活安装和多元运用，应用十分广泛，包括拾取和放置、设备看护、包装码垛、加工作业、精密加工、质量检测等。除了制造行业，协作机器人也能应用于教育、医疗、餐饮等多个领域。

图3-40 协作机器人

在安全性方面，协作机器人小型轻量，具备碰撞检测功能；协作机器人与人并肩工作，适用于多样的生产线布局，共享工作空间，提高空间利用率；协作机器人具有高防护功能，无须使用安全围栏，在遇到撞击或阻力后会暂停，待障碍解除后可以快速恢复工作，无须复杂重置。

在易用性方面，协作机器人可以被轻松手提，便于运输，拆装简单；可以实现拖拽示教，轨迹复现，通过拖拽示教可以轻松编辑协作机器人的运行路点；协作机器人可以配置触屏式示教器或者平板屏幕，使编程简单易操作。

【赛证延伸】 证书：1+X "智能制造生产管理与控制"（2）

1. 职业技能等级证书中的"工业机器人"技能等级要求（中级）

能够完成工业机器人操作与编程，具体见表3-4。

表3-4　职业技能等级证书中的"工业机器人"技能等级要求（中级）

2.1 工业机器人操作与编程	2.1.1 能够根据工作任务要求，对工业机器人进行数控机床上下料应用的操作与编程
	2.1.2 能够根据工作任务要求，对工业机器人进行立体仓库上下料应用的操作与编程
	2.1.3 能够根据工作任务要求，对工业机器人进行快换工具的操作与编程

2. 赛题中的"工业机器人"考核要求（中级）

模块二的任务2"工业机器人编程与调试"任务要求如下：采用示教编程的方式操作工业机器人，进行工业机器人取放快换工具编程与调试，进行工业机器人与立体仓库、数控加工中心、视觉检测模块之间的上下料编程与调试，完成基于智能制造单元的基座零件加工与检测。

具体任务内容如下。

（1）工业机器人取放快换工具编程与调试，如图3-41所示。

（2）工业机器人与立体仓库之间的上下料编程与调试，如图3-42所示。

（3）工业机器人与数控加工中心之间的上下料编程与调试。

（4）工业机器人与视觉检测模块之间的上下料编程与调试。

（5）工业机器人主程序编程与调试。

图3-41　工业机器人取放快换工具
编程与调试

图3-42　工业机器人与立体仓库
之间的上下料编程与调试

单元测评

1. 具有不少于两条独立运动链连接形式的是（　　　）。

A. 直角坐标机器人 　　　　　　　　　　　　B. 圆柱坐标机器人

C. 并联关节机器人 　　　　　　　　　　　　D. 串联关节机器人

2. 在工业机器人的组成中，用于完成手动编程、人机交互的是（　　　）。

A. 示教器　　　　　　B. 机械本体　　　　　C. 驱动系统　　　　　D. 末端执行器

3. 在选用工业机器人时，需要根据抓取空间的大小确定的参数是（　　　）。

A. 定位精度　　　　　B. 动作范围　　　　　C. 最高速度　　　　　D. 自由度

4. 以下不属于离线编程的优点的是（　　　）。

A. 操作简单 　　　　　　　　　　　　　　　B. 使用范围广

C. 操作者可以远离危险环境 　　　　　　　　D. 设备停机时间短

5. 洁净机器人的应用场景是（　　　）。

A. 晶圆搬运　　　　　B. 汽车部件焊接　　　　C. 汽车涂胶　　　　　D. 激光切割

6. （判断）工业机器人的发展仅限于提高速度和精度。　　　　　　　　　（　　　）

7. （判断）工业机器人可以完全替代人工进行所有类型的工作。　　　　　（　　　）

 练习思考

1. 工业机器人的一般组成有哪些？

2. 工业机器人的发展趋势有哪些？

 考核评价

情境三单元2考核评价表见表3-5。

表3-5　情境三单元2考核评价表

环节	项目	标准分值	实际分值
课前（20%）	平台讨论	10	
	平台资源学习	10	
课中（60%）	课堂考勤	10	
	课堂问题参与	10	
	数字化意识、团队意识	10	
	单元测评	10	
	小组任务	20	
课后（20%）	练习思考	10	
	"赛证延伸"实施	10	
总评		100	

单元3 3D 打印技术

2017 年，工业和信息化部等多部门印发了《增材制造产业发展行动计划（2017—2020)》，强调"要营造良好的发展环境，促进增材制造产业做强做大。具体要突破增材制造关键共性技术，健全设计、材料、装备、工艺、应用等环节的核心技术体系，推动技术成果转化和推广应用。深入推进增材制造在航空航天、船舶、汽车等领域的创新应用，积极促进其在生物医疗、教育培训和创意消费等领域的推广应用。大力推动增材制造技术在军工领域的创新应用，加强军民资源共享，促进军民两用技术的加速发展"。增材制造对传统的工艺流程、生产线、工厂模式、产业链组合产生深刻影响，是制造业有代表性的颠覆性技术。本单元主要介绍 3D 打印技术的发展历程、概念、典型 3D 打印方法及典型应用。

三维目标

■ **知识目标**

（1）了解 3D 打印的发展历程、概念及技术原理。

（2）掌握 3D 打印的常用方法及应用案例。

■ **能力目标**

（1）能够分析各种 3D 打印方法的特点和应用场景。

（2）能够对比并正确选用 3D 打印技术与切削加工技术。

■ **素质目标**

（1）通过 3D 打印数字化建模流程的学习，培养学生的数字素养和数字化技能。

（2）通过对 3D 打印在工业制造、军工航天领域的应用的介绍，培养学生勇攀高峰的军工精神。

《增材制造产业
发展行动计划
（2017—2020）》
（文本）

3D 打印技术
（视频）

知识学习

3.3.1 3D 打印的发展历程及技术原理

1. 3D 打印技术的发展历程

3D 打印（Three‑Dimension Printing）又称为增材制造，是以数字模型为基础，将材料逐层堆积制造出实体物品的新兴制造技术，它对传统的工艺流程、生产线、工厂模式、产业链组合产生深刻影响，是制造业中具有代表性的颠覆性技术。

3D 打印的思想最早出现于 19 世纪末，已经有超过 30 年的发展历程。3D 打印主要经历了以下几个阶段。

1984 年，查克·赫尔（Chuck Hull）发明了立体光固化成型（Stereolithography Apparatus，SLA）技术，在 1986 年成立了 3D System 公司，之后该公司研发了著名的 STL 文件格式，将 CAD 模型进行三角化处理，成为 CAD/CAM 系统接口文件格式的工业标准之一。1988 年，3D System 公司研制成功世界首台基于 SLA 技术平台的商用 3D 打印机 SLA－250。

1986 年，Helisys 公司研发出分层实体制造（Laminated Object Manufacturing，LOM）技术，其工作原理是把片材切割并黏合成型。1991 年，该公司推出第一台叠层法快速成型设备。

1988 年，斯科特·克鲁姆（Scott Crump）发明了熔融沉积成型（Fused Deposition Modeling，FDM）技术，申请注册专利之后成了 Stratasys 公司。之后在 1992 年，Stratasys 公司推出了第一台基于 FDM 技术的 3D 打印机——"3D 造型者"（3D Modeler），这标志着 FDM 技术正式进入商业化阶段。

1989 年，美国得克萨斯大学奥斯汀分校的 C. R. Dechard 发明了选择性激光烧结（Selective Laser Sintering，SLS）技术。1992 年，DTM 公司推出第一台商用 SLS 打印机 Sinterstation 2000。

1993 年，美国麻省理工学院的教授伊曼纽尔·赛琪（Emanual Saches）发明了 3DP（Three－Dimensional Printing）技术，其工作原理是利用黏结剂将金属、陶瓷等粉末黏结在一起成型。麻省理工学院在两年后把这项技术授权给 Z 公司（Z Corporation）进行商业应用，后来开发出全球第一台彩色 3D 打印机。

1994 年，成立于 1989 年的德国公司 Electro Optical Systems（EOS）发布了第一台商用金属 3D 打印机 EOSINT M160。同年，美国 ARCAM 公司发明了电子束熔融（Electron Beam Melting，EBM）技术。

1995 年，德国 Fraunhofer 激光技术研究所（ILT）推出选择性激光熔融（Selective Laser Melting，SLM）技术，美国 Z 公司获得麻省理工学院的许可，并开始开发基于 3DP 技术的打印机。西安交通大学的卢秉恒教授在经过艰苦的研发后，其样机于 1995 年 9 月 18 日在国家科委论证会上获得很高的评价，并争取到"九五"国家重点科技攻关项目资助。

1996 年，美国 3D Systems，Stratasys，Z 等公司各自推出了新一代的快速成型设备，此后快速成型便有了更加通俗的称呼——3D 打印。

2005 年，Z 公司发布了世界上首台高精度彩色 3D 打印机 Spectrum Z510，至此 3D 打印进入彩色时代。2005 年，开源的 RepRap 项目启动，旨在创建能够打印自身部件的自我复制 3D 打印机。

2010 年，Jim Kor 团队推出世界上第一辆从表面到零部件都由 3D 打印制造的汽车 Urbee，其在城市中的时速可达 100 km，如图 3－43 所示。

2011 年 7 月，英国研究人员开发出世界上第一台

图 3－43　3D 打印汽车 Urbee

3D 巧克力打印机，如图 3-44 所示。

2011 年 8 月，英国南安普敦大学的工程师通过 3D 打印技术制造出世界上首架无人机，如图 3-45 所示，其造价为 5 000 英镑。

图 3-44　3D 巧克力打印机　　　　　　　图 3-45　3D 打印无人机

2011 年 11 月，苏格兰科学家利用人体细胞首次用 3D 打印机打印人造肝脏组织，3D 打印技术在细胞组织领域的应用也是其在医学领域的重要应用之一。

2013 年，耐克公司设计出第一款 3D 打印运动鞋，如图 3-46 所示。同年 11 月，美国得克萨斯州的一家公司宣布用金属粉末成功制造并测试了世界上第一支 3D 打印手枪，如图 3-47 所示。专家使用该枪试射 50 发子弹，射击距离超过 27 m，且多次击中靶心。这款产品的问世改变了人们对 3D 打印产品精度或强度不高的固有印象。

图 3-46　3D 打印运动鞋　　　　　　　图 3-47　3D 打印手枪

2014 年，Materialise 公司开始为空客 A340 XWB 飞机供应 3D 打印部件；3D 打印心脏植入的医疗器械出现；澳大利亚首个 3D 打印喷气式飞机引擎通过试验；SpaceX 成功发射猎鹰 9 号火箭，其火箭推进器通过 3D 打印制造。

3D 打印在其发展过程中，受制于技术条件和成本价格等原因，起初主要应用于专业化、重量级的产品原型设计和生产。目前，随着 3D 打印机的商业化、市场化、家庭化应用的出现，其已经能够广泛应用于珠宝、建筑、教育等多个领域，并能满足家庭使用的需求。

2. 3D 打印的技术原理

3D 打印的技术原理类似建筑房屋的过程，其加工过程是首先把材料按照一定厚度进行分层，再逐层将成型材料堆积起来，最终制造成具有一定结构形状的分层式立体物件。整个制造过程体现了分层-叠加形式的成型原理，即将三维 CAD 模型文件导入 3D 打印机的软件并对模型进行离散化，然后对模型进行分层处理，再控制 3D 打印机将成型材料逐层堆积，最终制造出三维实物。

3D 打印过程一般可以分为 4 个步骤：①得到三维数字化模型；②将该模型离散化

并分成多个截面薄层；③使用3D打印机按照顺序逐层打印，得到原型实体；④进行后处理得到三维实物。

1）数字化建模

获得三维数字化模型的方式一般有两种：一种方式是通过三维建模软件得到三维数字化模型，常用的三维建模软件有 AutoCAD，UG，Creo（Pro/E），SolidWorks，CATIA 等；另一种方式是通过点云扫描的方法扫描真实的物体，得到可以用于3D打印的三维数字化模型。

用于3D打印的三维数字化模型的文件格式是STL，它是三维建模软件和3D打印机协同工作的标准文件格式。STL文件使用三角面片来近似模拟物体的表面，三角面片越小、数量越多，则生成的表面分辨率越高。

2）模型分层处理

将STL文件导入3D打印机，使用3D打印机软件对三维数字化模型进行分层切片，获得离散化的截面薄层，并对每层切片进行处理以用于3D打印。

3）实施制造

3D打印机会根据层厚等数据信息，使用成型材料截面薄层按照顺序逐层进行打印，控制成型材料精准迅速地堆积成型，将各截面薄层用各种方式黏结起来，从而制造出三维实物。

4）后处理

在加工某些零件时，3D打印过程会用到支撑物，支撑物并不是零件的一部分，在零件加工完成后是需要去除的，这种去除多余支撑物的过程即零件的后处理过程。有的后处理是去除废料、支撑物，有的后处理是对零件进行修补、打磨和表面强化处理等。为了提高精度，使表面光整，可以使用修补、打磨、抛光等后处理方式进行处理。为了提高强度、刚度，可以使用表面涂覆等后处理方式进行处理。为了美观，可以使用不同颜色的颜料进行着色等后处理方式进行处理。刚加工完的零件不能直接使用，一般都要经过后处理才能最终得到需要的零件。

综上所述，3D打印流程如图3-48所示。

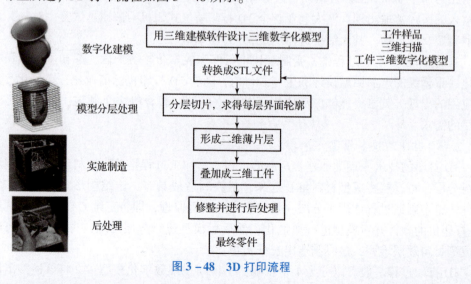

图3-48　3D打印流程

3.3.2　典型3D打印方法

根据所使用材料的形态及成型方法的不同，3D打印技术可以分为多种类型，见表3-6。目前商品化应用较好的是SLA，SLS和FDM。

表3-6　3D打印技术的分类

类型	累积技术	基本材料
挤压	FDM	热塑性塑料、共晶系统金属、可食用材料
线	电子束自由成型制造（Electron Beam Freedom Fabrication，EBF）	几乎任何合金
粒状	直接金属激光烧结（Direct Metal Laser Sintering，DMLS）	几乎任何合金
	电子束焊接（Electron Beam Welding，EBW）	钛合金
	SLM	钛合金、钴铬合金、不锈钢、铝合金
	选择性热烧结（Selective Heat Sintering，SHS）	热塑性粉末
	SLS	热塑性塑料、金属粉末、陶瓷粉末
	石膏3D打印	石膏
粉末层喷头3D打印	LOM	纸、金属膜、塑料薄膜
层压	SLA	光硬化树脂
光聚合	数字光处理（Digital Light Processing，DLP）	光硬化树脂

1. SLA

SLA也称为立体光刻、光固化立体成型或立体平板印刷，是最常见的3D打印技术。

SLA以光敏树脂为原料，其原理如图3-49所示。3D打印机上有一个盛满液态光敏树脂的液槽，激光器发出的激光束在控制设备的控制下，按工件的各分层截面信息在

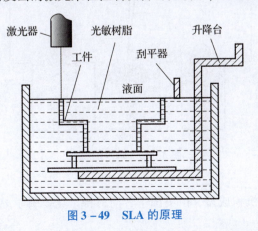

图3-49　SLA的原理

光敏树脂表面进行逐点扫描，使被扫描区域的光敏树脂薄层吸收能量，产生光聚合反应而固化，形成工件的一个薄层截面。当一层固化完毕后，升降台下降一个层厚的高度，以使在原先固化好的光敏树脂表面再敷上一层新的液态光敏树脂，刮平器将黏度较高的光敏树脂液面刮平，然后进行下一层的扫描加工，新固化的层牢固地黏结在前一层上，如此反复，直到整个实体原型制造完成。

实体原型制造完成后，首先将实体原型取出，并将多余的光敏树脂去除，然后去掉支撑物，进行清洗，完成成型原型件后处理，从而获得成型原型件。在一般情况下，SLA 的后处理工序主要固化、清理、去除支撑物和打磨等。

2. SLS

SLS 利用粉末材料在激光照射下烧结的原理，在计算机控制下层层堆积成型。SLS 技术由美国得克萨斯大学在 1989 年提出，并由 DTM 公司将其推向市场。SLS 的材料有各类粉末，包括金属、陶瓷、石蜡以及聚合物的粉末，理论上任何可熔粉末都可以用于制造真实的原型制件。

SLS 依据工件的三维 CAD 模型，经过格式转换后对其分层切片，得到各层的截面形状，然后用激光束选择性地烧结每层的粉末材料，形成截面的轮廓形状，再逐步制成三维立体工件。

SLS 的原理如图 3-50 所示。该工艺采用 CO^2 激光器作为能源，目前使用的成型材料多为各种粉末（如塑料粉末、陶瓷与黏结剂的混合粉末以及金属与黏结剂的混合粉末）。成型时采用铺粉刮刀将一层粉末平铺在已成型工件的上表面，并加热至恰好低于该粉末烧结点的某温度，控制系统控制激光束按照该层的截面轮廓在粉层上扫描，使粉末的温度上升至熔点进行烧结，并与下面已成型的部分黏结。当一层截面烧结完成后，工作台下降一层的高度，铺粉刮刀又铺上新的一层粉末，选择性地烧结下一层截面。如此循环，直至完成整个模型。全部烧结完成后去掉多余的粉末，再进行打磨、烘干等处理，便可获得工件。在成型过程中，未经烧结的粉末对截面的烧结型空腔和悬臂部分起支撑作用，不必像 SLA 和 FDM 那样另行生成支撑结构。

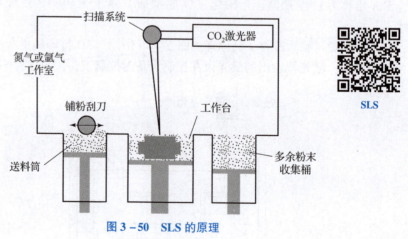

图 3-50 SLS 的原理

3. FDM

FDM 又称为熔丝沉积成型，由美国学者斯科特·克鲁姆于 1988 年最先提出，是一种不使用激光器加工的技术。该技术是当前应用较为广泛的 3D 打印技术，同时也是最早开源的 3D 打印技术之一。FDM 利用成型和支撑材料的热熔性、黏结性，在计算机的控制下进行层层堆积成型。FDM 所使用的材料种类很多，以热塑性材料为主，如 ABS 塑料、PLA 塑料、尼龙、铸造石蜡等，以丝状形式供料。

FDM 的原理如图 3-51 所示。

FDM 利用成型材料和支撑材料的热熔性、黏结性，在计算机的控制下进行层层堆积成型。FDM 系统主要包括喷头、供丝机、运动机构、加热系统和工作台 5 个部分。喷头在计算机的控制下，根据截面轮廓的信息，作 $X-Y$ 方向的扫描运动和 Z 方向的升降运动。材料由供丝机送至喷头，在喷头中被加热至熔融状态（通常控制为比凝固温度高 1℃），喷头底部有一个喷嘴将熔融的材料以一定的压力挤出，喷头沿工件截面轮廓在填充轨迹运动的同时挤出材料，将材料选择性地涂覆在工作台上，快速冷却后形成一层截面轮廓。一层成型完成后，工作台

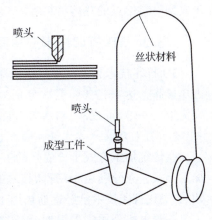

图 3-51　FDM 的原理

下降一层截面的高度，再进行下一层的涂覆，与前一层黏结并在空气中迅速固化。如此循环，最终成型。

FDM 的关键在于保持流动成型材料的温度刚好在凝固点之上，通常控制为比凝固温度高 1℃左右，因此 FDM 对成型材料的要求是熔融温度低、黏度低、黏结性高、收缩率低。

FDM 在制作原型时需要同时制作支撑物，为了节省材料成本和提高沉积效率，新型 FDM 设备采用了双喷头结构，如图 3-52 所示。一个喷头用于沉积成型材料，另一

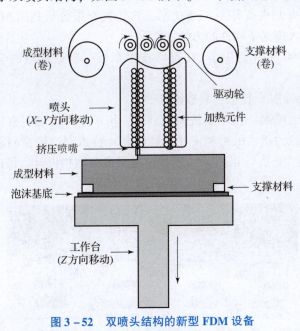

图 3-52　双喷头结构的新型 FDM 设备

个喷头用于沉积支撑材料。一般来说，成型材料精细而且成本较高，沉积的效率也较低。支撑材料较粗且成本较低，沉积的效率也较高。双喷头结构的优点除了在沉积过程中具有较高的沉积效率和较低的模型制作成本以外，还可以灵活地选择具有特殊性能的支撑材料，以便于在后处理过程中去除支撑物。支撑材料可以选择水溶材料、低于成型材料熔点的热熔材料等。

3.3.3 3D 打印技术应用案例

3D 打印技术目前已被广泛应用于航空航天、汽车、医疗等领域。目前，航空航天占比最高，达 16.7%；其次分别为医疗、汽车、消费及电子产品、学术科研，占比分别为 15.5%，14.5%，11.9%，11.2%。

1. 3D 打印技术在工业制造领域的应用

在传统加工方式十分成熟的工业制造领域，3D 打印技术的出现带来了一种新型的加工方式。充分利用 3D 打印技术的优势，可以有效地提高工业制造水平。在工业制造领域，3D 打印技术已经逐渐被用于功能性原型设计，并用于安装和装配测试。

三菱电机公司已采用 3D 打印技术实现部分汽轮机末端叶片的生产。此外，该公司的子公司 MC 机床系统公司与日本松浦机械（Matsuura）公司合作开发了世界上唯一的一台将熔融金属激光烧结技术和高速铣削技术合为一体的金属激光烧结混合铣床，用于制作具有随形冷却水道的模具。

西门子公司也计划采用 3D 打印技术制造和修复燃气轮机的某些金属零部件。在某些情况下，通过 3D 打印技术可以把涡轮燃烧器的修理时间从 44 周缩短为 4 周。

3D 打印技术在模具制造方面的应用广泛。使用光敏树脂消失方法可以一次完成铸造成型，周期短、力学性能好。中国嘉陵工业股份有限公司（集团）将该方法用于摩托车发动机缸头研制，获得了巨大的经济效益。西安交通大学研发的陶瓷型铸造使航空叶片铸件合格率由 15% 提升至 85%。东方汽轮机有限公司利用 3D 打印技术研发出空心涡轮叶片，大大提高了叶片的力学性能。

宝马公司从 1990 年开始探索 3D 打印技术在汽车制造领域的应用，其典型案例如下。

1）3DP（黏合喷射）技术：制造铸造砂芯

采用 3DP（黏合喷射）技术制造铸造砂芯，用于生产发动机缸体、缸盖等铝合金构件。以 S58 发动机为例，采用 3DP（黏合喷射）技术制造铸造砂芯，其缸盖采用金属 3D 打印砂型铸造而成，如图 3-53 所示。凭借复杂结构设计，铸造砂芯大幅改善了发动机的散热性能，为提升动力输出扫清了热力学障碍。

图 3-53 采用 3DP（黏合喷射）技术制造的铸造砂芯

2）丝电弧增材制造（Wire Arc Additive Manufacturing，WAAM）技术:制造大型零部件

可以使用 WAAM 技术直接制造大型零部件。得益于电弧热源的高效率，WAAM 的成型速度可达数千克/小时，单件尺寸可超数米，这使其在车身结构件制造中优势明显，如图 3-54 所示。

3）SLM 技术：打印小型金属零部件

宝马公司充分发挥 SLM 的优势，为汽车量身打造各类金属零部件，如图 3-55 所示。SLM 相比传统制造方式更加灵活，同时能改善零部件的使用性能。

图 3-54　使用 WAAM 技术制造汽车零部件　　图 3-55　使用 SLM 技术打印小型金属零件

4）非金属 3D 打印技术：定制汽车内饰件

宝马公司为车主提供了个性化的汽车内饰件定制服务，可以根据车主的喜好，选择不同图案、颜色的内饰面板，通过非金属 3D 打印技术制造并装车交付。

5）工厂装配线：3D 打印工装

除了直接打印汽车零部件，3D 打印技术在汽车的生产线工装领域也发挥了重要作用。宝马公司充分利用 3D 打印技术的设计自由度，为工厂装配线定制形状复杂、轻量化、高强度的工装夹具。以 3D 打印巨型碳纤维增强聚合物（CFRP）车顶夹具为例，单套质量仅为传统金属夹具质量的 1/5，却能够轻松稳定地搬运、定位车顶，极大地提升了生产效率。

2. 3D 打印技术在生物医疗领域的应用

在生物医疗行业高速发展的今天，生物医疗领域的 3D 打印技术不可避免地受到越来越多的关注和研究。依据材料的发展及其生物学性能，可以将生物医疗领域的 3D 打印技术分为表 3-7 所示的 5 个应用阶段。阶段一中的"无生物相容性材料"主要指体外用的医疗器械或模型，阶段二、阶段三中的材料是永久性植入物体，阶段四和阶段五中"活性细胞"和"类器官"尚处于实验室研究阶段。

表 3-7　生物医疗领域的 3D 打印技术的应用阶段

分级	技术内容	技术应用
阶段一	打印无生物相容性材料	外科手术设计模型或牙科手术规划模型
阶段二	打印具有生物相容性，但不能降解的材料	不可降解的假肢移植物、椎间融合器、关节假体等
阶段三	打印具有生物相容性并可降解的材料	骨组织工程支架、人造皮肤修复体以及心脏支架等
阶段四	打印"活性细胞"	体外生物学模型、药理/病理模型、器官芯片等
阶段五	打印"类器官"	人工生命系统、微型生理系统、细胞机器人等

1）阶段一

可以使用3D打印技术辅助手术"个性化"治疗方案，即利用CT图像、计算机三维重建、快速成型构建患病部位模型，以便在手术前进行多视角观察，使患病器官能被完整、直观、立体地展现出来，从而准确评估病症。

（1）心脏模型。在心脏瓣膜置换手术方面，2019年，空军军医大学西京医院心血管外科团队成功实施亚洲首例3D打印指导下的经导管二尖瓣瓣中瓣置换手术。在手术前，该团队通过CT技术获取数据，利用3D打印技术制作心脏三维模型，结合预设模型，精准地进行风险评估和手术模拟，进一步明确手术指征和方案。

（2）口腔修复模型。口腔修复模型是用口腔扫描仪或其他三维扫描仪得到的牙齿数据所打印的修复模型以及牙龈模型。口腔模型可以帮助医生在手术中精确地控制种植体植入的位置、方向、角度，甚至深度，有效降低手术风险、缩短治疗时间。

2）阶段二

当前3D打印的义肢已完成商业化，不仅能依据肢体的形状和大小量身定制，甚至能定制个性化图案及功能。2016年，陆军军医大学附属医院创伤关节外科团队攻克了个性化多孔钽设计、钽粉制备、3D打印设备及工艺等一系列具有自主知识产权的关键技术，并于2017年完成全球首例个性化3D打印多孔钽假体植入人工全膝关节置换翻修术，目前已完成27例3D打印多孔钽临床试验研究。

3）阶段三

（1）脑脊膜补片。当脑膜受损时，通过3D打印技术快速打印成型对应的脑膜，贴在大脑的受损处，令脑细胞自动生长延伸，连接受损部位，形成新生组织。

（2）人造皮肤修复体。多伦多大学的一个研究小组发表了一篇题为"手持式皮肤打印机：原位形成平面生物材料和组织"的文章，介绍了一种新的生物3D打印设备。该设备能够在深度伤口上，在2 min内完成皮肤组织打印，并加速愈合过程。该技术有望实现大面积烧伤患者的皮肤修复与治愈。

4）阶段四

目前科学家们已经为所有器官创建了工作模型，包括肝、肺，甚至女性生殖系统。大连理工大学的研究团队研发出一种芯片系统，该芯片系统由多种模块自上而下依次叠加构成，集成了肠、血管、肝、肿瘤、心、肺、肌肉和肾等细胞或组织，并有"消化液""血液"和"尿液"贯穿其中。

新加坡国立大学的研究团队曾经成功研制出一套多通道三维微流体系统，并成功运用在人体药物测试中。该系统在同一块芯片上同时模拟了肝、肺、肾和脂肪4种组织。通过研究发现，该系统展现出来的特点与独立培养这些组织时有所差异，但却更加接近人体内的真实状态。因此，通过体外微生理系统的设计，有可能大幅提高模拟体内环境的逼真度，这无疑为动物试验提供了一种有效的替换手段。

5）阶段五

2019年4月，以色列特拉维夫大学对外宣布，其使用生物3D打印技术打印出世界上第一个可移植心脏。这是人类史上第一次成功地设计并打印出完整的心脏，包括细胞、血管、心室和心房。

3. 3D 打印技术在航空航天领域的应用

航空航天业是最早将 3D 打印技术用于研发计划和规模生产的行业之一。

（1）太空 3D 打印。中国在长征五号 B 运载火箭试验船上搭载了自主研发的连续纤维增强复合材料 3D 打印机，在飞行期间，该 3D 打印机自主完成了连续纤维增强复合材料的样件打印（图 3 – 56），并验证了微重力环境下复合材料 3D 打印的科学试验目标。这意味着随着太空 3D 打印技术的快速发展，实现航天器零部件的"自给自足"正在成为可能。

（2）全 3D 打印航天关键承力件。2020 年 5 月 5 日，中国航天科技集团长征五号 B 运载火箭首飞成功，同期一院 211 厂研制的全 3D 打印芯级捆绑支座顺利通过飞行考核验证。捆绑支座是连接火箭芯级和助推器，用于传导助推器巨大推力的关键产品，飞行时承载 200 余吨集中力。这是航天领域迄今为止集中力承载环境最"恶劣"的 3D 打印产品。

（3）新一代载人飞船返回舱防热大底框架。2020 年 5 月 8 日，中国航天科技集团空间技术研究院抓总研制的新一代载人飞船返回舱在东风着陆场预定区域成功着陆。此次试验船飞行任务的圆满成功，实现了我国超大尺寸整体钛框架 3D 打印制造的首次航天应用。这款由航天五院总体部主导研制的直径达 4 m 的超大尺寸整体钛框架全部采用 3D 打印技术制造，成功实现了减小质量、缩短周期、降低成本的目标。

（4）新一代战机的零部件。我国使用 3D 打印技术生产了应用于新一代战机的零部件，已经达到规模化、工程化，并在世界上处于领先位置。

（5）国产飞机 C919 的关键部件。在我国国产飞机 C919 的制造过程中，有多个关键部件都采用 3D 打印技术进行生产，例如发动机喷油嘴（图 3 – 57）、机头钛合金主风挡整体窗框、中央翼缘条、舱门复杂件等。

图 3 – 56　太空 3D 打印

图 3 – 57　C919 LEAP – 1C 发动机喷油嘴

（6）空客公司的飞机零部件。空客公司采用 3D 打印技术生产了超过 1 000 个飞机零部件，包括 A350 XWB 内饰件、座椅配件、护板、低压风管等。

4. 3D 打印技术在其他领域的应用

除了在工业制造、生物医疗等领域有广泛的应用之外，3D 打印技术还在军事、建筑、艺术、教育、消费电子、食品等多个领域发挥作用。

（1）在建筑领域，工程师和设计师已经使用3D打印机打印建筑模型和真实的房屋。2014年，10幢3D打印的房屋在上海青浦园区交付使用，作为当地拆迁工程用房。2023年，清华大学建筑学院教授徐卫国团队使用自主研发的技术在短短160小时内建成了全国第一栋完全由3D打印混凝土建造的房子。

（2）3D打印技术在艺术领域的应用包括文物复制、数字雕塑和艺术作品设计。艺术家可以利用3D打印技术将创意快速物化，制作出复杂的艺术作品和设计模型。

（3）桌面型3D打印机的兴起让3D打印技术走进教育领域。3D打印教育正在开启创新教育的新时代，它不仅能够提高学生的空间想象能力和动手能力，还能够激发学生的创新意识。3D打印教育已经被应用于科学教育、艺术教育和工程教育等多个领域，为学生提供了全新的学习和创造方式。

（4）在消费电子领域，3D打印技术的应用正在加速。例如，在2023年发布的荣耀MagicV2手机中，铰链的轴盖部分首次采用了钛合金3D打印工艺。3D打印技术在消费电子领域的应用不仅限于手机，还包括电路板的快速原型开发、天线设计、互连线制造、电容器制造、传感器制造等。这些应用展示了3D打印技术在消费电子领域的多样化潜力。

（5）食品3D打印能够实现食品的个性化生产，准确控制食品的营养成分和口感，因此目前有针对脂肪类、淀粉类、蛋白质类和水凝胶复合类4类原材料的3D打印方式，可以生产形状、颜色各异的食品。

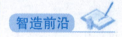

高通量组合打印

高通量组合打印（High – Throughput Combinatorial Printing，HTCP）是一种创新的3D打印技术，它能够以微尺度的空间分辨率制造具有组成梯度的材料。

HTCP的核心在于利用气溶胶的原位混合打印，通过控制两种或多种墨水的流动比例，实现材料组成在打印过程中的动态变化。这种方法不仅能够生产具有梯度成分的材料，还能够在打印过程中实现材料功能的梯度变化，例如热电性能的梯度变化。HTCP的优势在于其高通量特性，它能够快速制造包含数千种独特成分的材料库，显著加速新材料的研制和优化过程。

HTCP的另一个优势是其通用性，它能够广泛应用于金属、半导体、介电材料以及聚合物和生物材料的打印。这意味着HTCP可以在很多领域发挥巨大作用，加速能源、电子、生物医学材料和器件的研究和开发。此外，HTCP还能够用于制造具有特定功能的梯度材料，如从柔性到刚性的过渡材料，这些材料在生物医学领域尤其有用，可以作为人体组织和植入式设备之间的桥梁。

HTCP的提出预示着3D打印在材料科学领域的革命性突破，有望大幅缩短新材料从发现到应用的时间，为清洁能源、环境可持续性、电子和生物医学设备等领域的发展提供强大的材料支持。

【赛证延伸】 证书：1+X"增材制造模型设计"

1. 职业技能等级证书介绍

"增材制造模型设计"职业技能等级证书主要面向增材制造模型设计领域的产品设计、产品制造、设备维修、3D打印服务和三维建模服务等领域，涉及产品设计、增材制造工艺设计、增材设备操作、质量与生产管理等岗位，取得该证书后可以从事三维建模、数据处理、产品优化设计、增材制造工艺制订、3D打印件制作、产品质量分析检测等工作，也可以从事增材制造技术推广、实验实训和3D打印教育科普等工作。

"增材制造模型设计"职业技能证书等级标准（文本）

2. 职业技能等级证书中的"3D打印"技能等级要求（中级）

能够完成3D打印数据处理与参数设置、3D打印后处理、应用维护任务，其中3D打印后处理环节的具体要求见表3-8。

表3-8　职业技能等级证书中的3D打印后处理的具体要求

5. 3D打印后处理	5.1 表面处理	5.1.1 能针对零件情况和应用需求，选择相应表面处理方法
		5.1.2 能借助砂纸、偏口钳等简单工具对模型表面进行打磨处理
		5.1.3 能利用工具对产品进行喷涂处理
		5.1.4 能对模型进行精细上色处理
	5.2 特殊处理	5.2.1 能对打印制件进行化学处理
		5.2.2 能对打印制件进行振动抛光
		5.2.3 能对打印制件进行表面光整处理
		5.2.4 能对打印制件进行黏合处理
	5.3 质量检测	5.3.1 能对打印制件进行外观检测
		5.3.2 能对打印制件采用排水法进行密度测量
		5.3.3 能对打印制件进行尺寸精度测量
		5.3.4 能对打印制件进行无损结构检测

单元测评

1. 3D打印也被称为（　　　）。

A. 增材制造　　　　　　　　　　B. 减材制造

C. 等材制造　　　　　　　　　　D. 数字制造

2. 3D打印技术的优点不包括（　　　）。

A. 能够制造复杂形状的零件　　　B. 材料浪费少

C. 生产速度高于传统制造　　　　D. 适合大规模生产标准化零件

3. 3D 打印技术在医学领域的应用是（　　　）。

A. 打印假肢 　　　　　　　　　　　　B. 打印汽车零件

C. 打印建筑模型 　　　　　　　　　　D. 打印电子设备

4. 以下不是 3D 打印常用材料的是（　　　）。

A. 塑料 　　　　　　　　　　　　　　B. 金属

C. 光敏树脂 　　　　　　　　　　　　D. 液体水

5. 3D 打印技术中的 FDM 代表（　　　）。

A. 熔融沉积制造 　　　　　　　　　　B. 选择性激光烧结

C. 数字光处理 　　　　　　　　　　　D. 电子束熔化

6.（判断）3D 打印技术在建筑领域的应用仅限于打印小型模型。（　　　）

7.（判断）3D 打印技术可以用于制造人体器官的植入物。（　　　）

 练习思考

1. 相比于传统的机械加工技术，3D 打印技术有哪些特点？

2. 描述 3D 打印技术在教育领域的潜在好处有哪些。

 考核评价

情境三单元 3 考核评价表见表 3－9。

表 3－9　情境三单元 3 考核评价表

环节	项目	标准分值	实际分值
课前（20%）	平台讨论	10	
	平台资源学习	10	
课中（60%）	课堂考勤	10	
	课堂问题参与	10	
	数字化技能、勇攀高峰的精神	10	
	单元测评	10	
	小组任务	20	
课后（20%）	练习思考	10	
	"赛证延伸"实施	10	
总评		100	

单元 4   数字孪生技术

政策引导

2020 年 4 月，国家发展和改革委员会与中央网信办发布《关于推进"上云用数赋智"行动培育新经济发展实施方案》，首次指出"数字孪生是七大新一代数字技术之一，其他六种技术为大数据、人工智能、云计算、5G、物联网和区块链"。同时，该文件还单独提出了"数字孪生创新计划"，聚焦数字孪生体专业化分工中的难点和痛点。本单元主要介绍数字孪生的概念、特点、关键技术及应用。

三维目标

■ 知识目标

（1）了解数字孪生的起源、概念和应用案例。
（2）掌握工业数字孪生的技术体系、关键技术和发展范式。

■ 能力目标

（1）具备区别数字孪生技术与其他技术的能力。
（2）具备分析工业数字孪生在各行业应用的能力。

■ 素质目标

（1）通过讲解数字孪生的起源及概念，培养学生虚实结合的思维。
（2）通过对数字孪生技术应用场景的区分，培养学生的工程伦理意识。

知识学习

3.4.1 数字孪生的起源及概念

1. 数字孪生的起源

数字孪生技术
（视频）

"孪生"的概念起源于 NASA 的"阿波罗计划"，即构建两个相同的航天飞行器，其中一个被发射到太空执行任务，另一个留在地球上用于反映太空中航天器在任务期间的工作状态，从而辅助工程师分析处理太空中出现的紧急事件。当然，这里的两个航天器都是真实存在的物理实体。

2003 年前后，关于数字孪生的设想首次出现于 Grieves 教授在美国密歇根大学的 PLM 课程上。但是，当时"数字孪生"一词还没有被正式提出，Grieves 教授将这一设想称为"Conceptual Ideal for PLM"，如图 3 - 58 所示。尽管如此，在该设想中数字孪生的基本思想已经有所体现，即在虚拟空间中构建的数字模型与物理实体交互映射，忠实地描述物理实体全生命周期的运行轨迹。

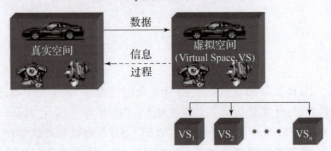

图 3 – 58　包含"Digital Twin"完整要素的 PLM 理想概念模型

直到 2010 年，"数字孪生"一词在 NASA 的技术报告中被正式提出，并被定义为"集成了多物理量、多尺度、多概率的系统或飞行器仿真过程"。2011 年，美国空军探索了数字孪生在飞行器健康管理中的应用，并详细探讨了实施数字孪生的技术挑战。

2012 年，NASA 与美国空军联合发表了关于数字孪生的论文，指出数字孪生是驱动未来飞行器发展的关键技术之一。在接下来的几年中，越来越多的研究将数字孪生应用于航空航天领域，包括机身设计与维修、飞行器能力评估、飞行器故障预测等。

2. 数字孪生的概念

数字孪生也称为数字镜像、数字映射、数字双胞胎、数字双生、数字孪生体等。不同的组织机构对数字孪生有不同的定义。

（1）ISO 的定义：数字孪生是具有数据连接的特定物理实体或过程的数字化表达，该数据连接可以保证物理状态和虚拟状态之间的同速率收敛，并提供物理实体或过程的全生命周期的集成视图，有助于优化整体性能。

（2）学术界的定义：数字孪生是以数字化方式创建物理实体的虚拟实体，借助历史数据、实时数据以及算法模型等，模拟、验证、预测、控制物理实体全生命周期过程的技术手段。

（3）企业的定义：数字孪生是资产和流程的软件表示，用于理解、预测和优化绩效以实现改善的业务成果。数字孪生由三部分组成：数据模型、分析或算法，以及知识。

数字孪生的 3 个阶段如下。

（1）前期阶段——数字胚胎阶段。这是"以虚拟实"阶段。数字胚胎是在物理实体对象设计阶段产生的，数字胚胎先于物理实体对象出现，因此用数字胚胎表达尚未实现的物理实体对象的设计意图是对物理实体对象进行理想化和经验化的定义。

（2）中期阶段——数字化映射体阶段。这是"以虚映实"阶段。通过对物理实体对象的多层级数字化映射，建立面向物理实体对象与行为逻辑的数据驱动模型。孪生数据是数据驱动的基础，可以实现物理实体对象和数字化映射对象之间的映射，包括模型行为逻辑和运行流程，并且该映射模拟会根据实际反馈，随着物理实体对象的变化而自动做出相应的变化。

（3）第三阶段——数字孪生体智能阶段。这是数字孪生体具备智能化的阶段。在该阶段，数字孪生体继承了前面两个阶段的数据和模型，同时借助大数据挖掘和智能算法，按照"知识模型—智慧决策—精准执行"的方式精准控制物理实体对象，以达到"以虚控实"的功能目标。

工业数字孪生是多类数字技术的集成融合和创新应用，它基于建模工具在数字空间构建精准的物理实体对象模型，再利用实时物联网数据驱动模型运转，进而通过数据与模型集成融合构建综合决策能力，推动工业全业务流程闭环优化。工业数字孪生功能架构如图3-59所示，它包含3个层级。

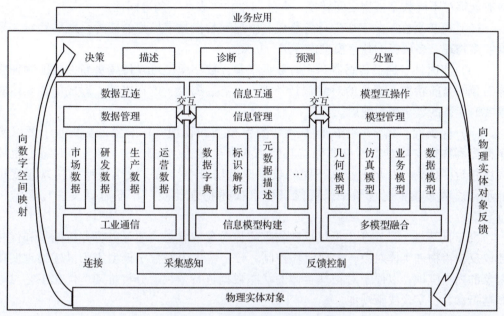

图3-59　工业数字孪生功能架构

（1）第一层，连接层。具备采集感知和反馈控制两类功能，是数字孪生闭环优化的起始和终止环节。通过深层次的采集感知获取物理实体对象的全方位数据，利用高质量反馈控制完成物理实体对象的最终执行。

（2）第二层，映射层。具备数据互连、信息互通、模型互操作三类功能，同时数据、信息、模型三者能够实时融合。其中，数据互连指通过工业通信实现物理实体对象的市场数据、研发数据、生产数据、运营数据等全生命周期数据集成；信息互通指利用数据字典、元数据描述等功能，构建统一信息模型，实现物理实体对象信息的统一描述；模型互操作指通过多模型融合技术将几何模型、仿真模型、业务模型、数据模型等多类模型进行关联和集成融合。

（3）第三层，决策层。在连接层和映射层的基础上，通过综合决策实现描述、诊断、预测、处置等不同深度的应用，并将最终决策指令反馈给物理实体对象，支撑实现闭环控制。

全生命周期实时映射、综合决策、闭环优化是数字孪生发展三大典型特征。

（1）全生命周期实时映射，指数字孪生体与物理实体对象能够在全生命周期实时映射，并持续通过实时数据修正完善孪生模型。

（2）综合决策，指通过数据、信息、模型的综合集成，构建智能分析的决策能力。

（3）闭环优化，指数字孪生能够实现对物理实体对象从采集感知、决策分析到反馈控制的全流程闭环应用。其本质是设备可识别指令、工程师知识经验与管理者决策信息在操作流程中的闭环传递，最终实现智慧的累加和传承。

3. 数字孪生的优点

（1）互操作性。数字孪生能够精确地映射物理实体或系统的属性、状态和行为，创建高度相似的虚拟副本。数字孪生中的物理实体对象和数字空间能够双向映射、动态交互和实时连接，因此数字孪生具备以多样的数字模型映射物理实体对象的能力，具有能够在不同数字模型之间转换、合并和建立"表达"的等同性。

（2）可扩展性。数字孪生具备集成、添加和替换数字模型的能力，能够针对多尺度、多物理、多层级的数字模型内容进行扩展。

（3）实时性。通过传感器和实时数据采集，数字模型可以持续更新，表征物理实体对象的当前状态。表征的对象包括外观、状态、属性、内在机理，形成物理实体对象实时状态的数字虚拟映射。

（4）保真性。数字孪生的保真性指数字模型和物理实体对象的接近性。要求数字模型和物理实体对象不仅要保持几何结构高度接近，在状态、相态和时态上也要高度接近。值得一提的是，在不同的数字孪生场景中，同一数字模型的仿真程度可能不同。例如在工况场景中，可能只要求描述物理性质，并不需要关注化学结构细节。

（5）闭环性。数字孪生不仅反映物理实体对象的状态，还可以将分析结果和优化建议反馈给物理实体对象，实现闭环控制。数字孪生中的数字模型用于描述物理实体对象的内在机理，以便于对物理实体的状态数据进行监视、分析推理，优化工艺参数和运行参数，实现决策功能。

3.4.2 工业数字孪生的技术体系及关键技术

工业数字孪生不是近期诞生的一项新技术，它是一系列数字技术的集成融合和创新应用。工业数字孪生的技术体系结构如图 3 – 60 所示。其涵盖了数字支撑技术、数字线程技术、数字孪生体技术、人机交互技术四大类型。其中，数字线程技术和数字孪生体技术是核心技术，数字支撑技术和人机交互技术是基础技术。

1. 数字支撑技术

数字支撑技术具备数据获取、传输、计算、管理一体化能力，支撑数字孪生高质量开发利用全量数据，涵盖了采集感知、控制执行、新一代通信、新一代计算、数据和模型管理五大技术。未来，集五大技术于一身的通用技术平台有望为数字孪生提供"基础底座"服务。

其中，采集感知技术的不断创新是数字孪生蓬勃发展的源动力，它支撑数字孪生更深入地获取物理实体对象数据。一方面，传感器向微型化发展，能够被集成到智能产品之中，实现更深层次的数据感知。例如，通用电气公司研发嵌入式腐蚀传感器，能嵌入压缩机内部，实时显示腐蚀速率。另一方面，多传感融合技术不断发展，可以将多类传感能力集成至单个传感模块，支撑实现更丰富的数据获取。例如，第一款 L3 自动驾驶汽车奥迪 A8 的自动驾驶传感器搭载了 7 种类型的传感器，包含毫米波雷达、激光雷达、超声波雷达等，用于保证汽车决策的快速性和准确性。

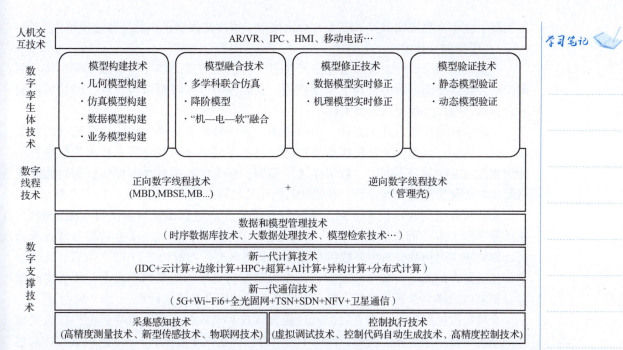

图 3-60 工业数字孪生的技术体系结构

2. 数字线程技术

数字线程技术是工业数字孪生的技术体系结构中最为关键的核心技术，它能够屏蔽不同类型的数据、模型格式，支撑全类数据和模型快速流转和无缝集成，主要包括正向数字线程技术和逆向数字线程技术两大类型。其中，正向数字线程技术以基于模型的系统工程（MBSE）为代表，逆向数字线程技术以管理壳为代表。

3. 数字孪生体技术

数字孪生体是物理实体对象在虚拟空间中的映射表现。数字孪生体技术重点围绕模型构建、模型融合、模型修正、模型验证等技术开展一系列创新应用。

1）模型构建技术

模型构建技术是数字孪生体技术的基础，各类模型构建技术的不断创新，提高了对数字孪生体的外观、行为、机理规律等的刻画效率。

在几何模型构建方面，基于 AI 的创成式设计技术提高了产品的几何设计效率。例如，上海及瑞工业设计有限公司利用创成式设计技术帮助北汽福田汽车有限公司设计前防护、转向支架等零部件，利用 AI 算法优化产生了超过上百种设计选项，综合比对用户需求，从而使零部件数量从 4 个减少到 1 个，质量减小 70%，最大应力减小 18.8%。

在仿真模型构建方面，仿真工具通过融入无网格划分技术缩短仿真建模时间。例如，Altair 公司基于无网格计算优化求解速度，解决了传统仿真中几何结构简化和网格划分耗时长的问题，能够在几分钟内分析全功能 CAD 程序集而无须网格划分。

在业务模型构建方面，业务流程管理（Business Process Management，BPM）、流程自动化（Robotic Process Automation，RPA）等技术加快推动业务模型敏捷创新。例如，SAP 公司发布业务技术平台，在原有平台的基础上加入 RPA 技术，形成"人员业务流程创新—业务流程规则沉淀—RPA 自动化执行—持续迭代修正"的业务建模解决方案。

2）模型融合技术

在模型构建完成后，需要通过多类模型"拼接"打造更加完整的数字孪生体，而模型融合技术在该过程中发挥了重要作用，其涵盖跨学科模型融合技术、跨领域模型融合技术、跨尺度模型融合技术。

在跨学科模型融合技术方面，多物理场、多学科联合仿真加快构建更完整的数字孪生体。例如，苏州同元软控信息技术有限公司通过多学科联合仿真技术为嫦娥五号能源供配电系统量身定制了"数字伴飞"模型，精度高达 90% ~ 95%，为嫦娥五号飞行程序优化、能量平衡分析、在轨状态预示与故障分析提供了坚实的技术支撑。

在跨领域模型融合技术方面，实时仿真技术加快仿真模型与数据科学集成融合，推动数字孪生由"静态分析"向"动态分析"演进。例如，Ansys 公司与参数技术公司合作构建实时仿真分析的泵数字孪生体，利用深度学习算法进行 CFD 仿真，获得整个工作范围内的流场分布降阶模型，在极大缩短仿真模拟时间的基础上，能够实时模拟分析泵内流体力学运行情况，进一步提升了泵的安全稳定运行水平。

在跨尺度模型融合技术方面，通过融合微观和宏观的多方面机理模型，打造更复杂的系统级数字孪生体。例如，西门子公司持续优化汽车行业 Pave360 解决方案，构建系统级汽车数字孪生体，整合传感器电子、车辆动力学和交通流量管理等不同尺度的模型，制定从汽车生产、自动驾驶到交通管控的综合解决方案。

3）模型修正技术

模型修正技术基于实际运行数据持续修正模型参数，是保证数字孪生不断迭代精度的重要技术，涵盖数据模型实时修正技术、机理模型实时修正技术。

4）模型验证技术

模型验证是经过模型构建、模型融合和模型修正的最终步骤，唯有通过验证的模型才能够被安全的下发到生产现场进行应用。模型验证技术主要包括静态模型验证和动态模型验证两大类，它通过评估已有模型的准确性，提高数字孪生应用的可靠性。

4. 人机交互技术

AR 和 VR 的发展带来全新的人机交互模式，提升了可视化效果。例如，西门子公司推出的 Solid Edge 2020 产品新增 AR 功能，能够基于 OBJ 格式快速导入 AR 系统，提升三维设计外观感受。

3.4.3　数字孪生应用发展范式

孪生精度、孪生时间和孪生空间是评价数字孪生发展水平的三大要素，如图 3 - 61 所示。孪生精度指数字孪生反映物理实体对象的外观行为、内在规律的准确程度，可以划分为描述级、诊断级、决策级、自执行级等。孪生时间指数字孪生体和物理实体对象同步映射的时间长度，可划分为设计孪生、设计制造一体化孪生、全生命周期孪生等。孪生空间指单元级数字孪生体在通过组合形成系统级数字孪生体的过程中所占用实际物理空间的大小，也从侧面反映了数字孪生体的复杂程度，可划分为资产孪生、生产线孪生、车间孪生、工厂孪生、城市孪生等。

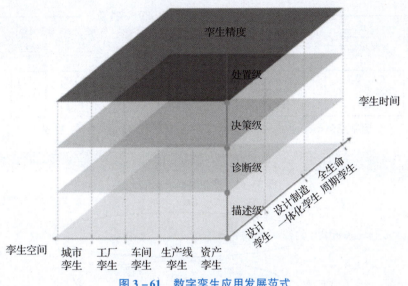

图 3 – 61　数字孪生应用发展范式

从孪生精度发展范式看，数字孪生由对数字孪生体某个剖面的描述向更精准的数字化映射发展，如图 3 – 62 所示。如果对一个物理实体对象进行解构，则其包含名称、外观形状、实时工况、工程机理、复杂机理等组成部分，而每个组成部分均可通过数字化工具在虚拟空间进行重构。例如，名称可以通过信息模型表述，外观形状可以通过 CAD 建模表述，实时工况可以通过物联网的数据采集表述，工程机理可以通过仿真建模表述，人类尚未认识的复杂机理可通过 AI 进行"暴力破解"。

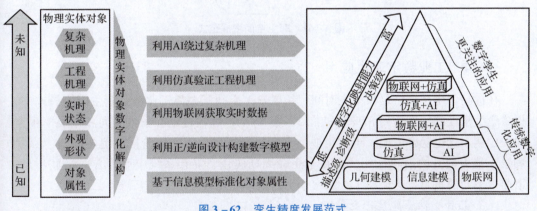

图 3 – 62　孪生精度发展范式

从孪生时间发展范式看，数字孪生由当前从数字孪生体多个生命时期切入开展"碎片化"应用，向自数字孪生体诞生起直至报废的"全生命周期"应用发展，如图 3 – 63 所示。

从孪生空间发展范式看，数字孪生由少量数字孪生体简单关联向大量数字孪生体智能协同的方向发展，打造复杂系统级孪生解决方案，如图 3 – 64 所示。任何一个复杂的数字孪生体都由简单的数字孪生体组成，例如设备由机械零部件组成，车间由不同的设备组成，工厂由不同类型的车间组成。在由单元级数字孪生向复杂系统级数字孪生演进的过程中，不同类型、不同尺度的独立数字孪生体持续加快信息关联和行为交互，共同构建复杂的数字孪生系统。

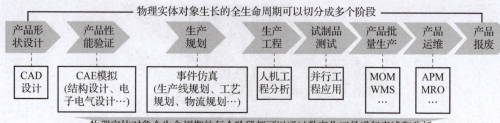

图 3-63   孪生时间发展范式

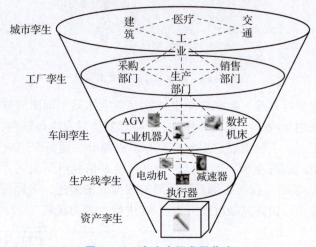

图 3-64   孪生空间发展范式

3.4.4   工业数字孪生应用

在提高孪生精度、延长孪生时间、拓展孪生空间三大类工业数字孪生应用模式中，提高孪生精度的比例达到 87%，如图 3-65 所示，远超过延长孪生时间和拓展孪生空间的比例。这也隐含说明，当前工业数字孪生应用仅处于初级阶段，更多的是"点状场景"能力提升的简单应用，而在全生命周期应用、复杂系统应用等方面稍显不足。下面以不同的垂直行业说明工业数字孪生的具体应用。

1. 多品种小批量离散行业分析

多品种小批量离散行业具有生产品种多、生产批量小、产品附加价值高、产品研制周期长、设计仿真工具应用普及率高等特点。当前，以飞机、船舶等为代表的行业的工业数字孪生应用重点聚焦于产品设计研发、产品远程运维、产品自主控制等方面。可以说，在基于工业数字孪生的 PLM 方面，多品种小批量离散行业的应用成熟度高于其他行业。

1) 基于工业数字孪生的产品多学科联合仿真研发

多品种小批量离散行业产品研发涉及力学、电学、动力学、热学等多类交叉学科，研发技术含量高、研发周期长，单一领域的仿真工具已经不能满足复杂产品的研发要求。多学科联合仿真研发有效地将异构研发工具接口、研发模型标准打通，支撑构建多物理场、多学科耦合的复杂系统级数字孪生解决方案，如图 3 – 66 所示。

基于"机—电—软"一体化的复杂系统优化	1%	不同尺度孪生对象协同	1%	拓展孪生空间
基于多智能体的机群调度	2%	同尺度孪生对象协同	2%	
工厂设计、建设、运维一体化	3%	全生命周期优化	6%	延长孪生时间
资产全生命周期优化	3%			
资产设计制造一体化	4%	设计制造一体化	4%	
资产自适应控制	3%	自主控制	3%	
资产实时仿真运维	2%			
工艺流程智能仿真	5%	智能决策	13%	
产品智能仿真模拟	6%			
高危装备操作模拟培训	2%	通用诊断	42%	提高孪生精度
工艺流程虚拟规划	15%			
设备自动化虚拟调试	16%			
产品数字化研发	9%			
基于AR/VR设备巡检	7%	简单描述	29%	
厂外物流可视化监控	3%			
工厂三维可视化联动	14%			
设备三维可视化联动	5%			

图 3 – 65　工业数字孪生典型应用场景分析

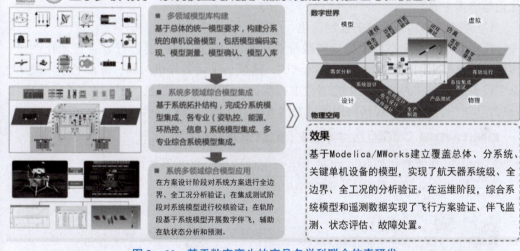

图 3 – 66　基于数字孪生的产品多学科联合仿真研发

2）基于数字孪生的产品远程运维

对于飞机、船舶等高价值装备产品，基于数字孪生的产品远程运维是必要的安全保障。脱离了与产品研发阶段机理算法结合的产品远程运维，很难有效保证高质量的运维效果。基于数字孪生的产品远程运维将产品研发阶段的各类机理模型与物联网实时数据与 AI 分析结合，实现更加高可靠的运维管理，如图 3 – 67 所示。

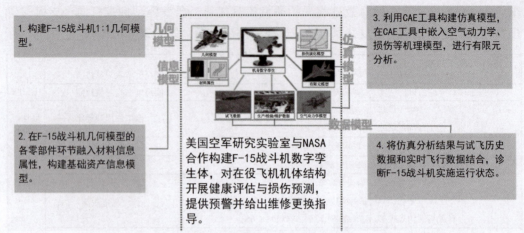

1. 构建F-15战斗机1:1几何模型。

2. 在F-15战斗机几何模型的各零部件环节融入材料信息属性,构建基础资产信息模型。

美国空军研究实验室与NASA合作构建F-15战斗机数字孪生体,对在役飞机机体结构开展健康评估与损伤预测,提供预警并给出维修更换指导。

3. 利用CAE工具构建仿真模型,在CAE工具中嵌入空气动力学、损伤等机理模型,进行有限元分析。

4. 将仿真分析结果与试飞历史数据和实时飞行数据结合,诊断F-15战斗机实施运行状态。

图3-67　基于数字孪生的产品远程运维

此外,以航天为代表的少数高科技领军行业,除了利用数字孪生开展综合决策之外,还希望基于数字孪生实现自主控制。Space X 飞船、我国嫦娥五号探测器、NASA航天探测器等均基于数字孪生开展产品自主控制应用,实现"数据采集—分析决策—自主执行"的闭环优化。

2. 少品种大批量离散行业分析

少品种大批量离散行业以汽车、电子等行业为代表,其产品种类少、规模大、生产标准化,对生产效率和质量要求高,多数企业基本实现了自动化。当前,少品种大批量离散行业的数字孪生应用场景较多,涵盖产品研发、设备管理、工厂管控、物流优化等诸多方面。

1)基于设备虚拟调试的控制优化

汽车、电子等少品种大批量离散行业在修改工艺时均需要进行设备自动化调试,传统设备自动化调试多数为现场物理调试,这延长了设备停机时间,降低了生产效率。基于设备虚拟调试的控制优化能够在虚拟空间中开展虚拟验证,有效缩短了传统现场物理调试时间,减小了现场物理调试费用开销,如图3-68所示。

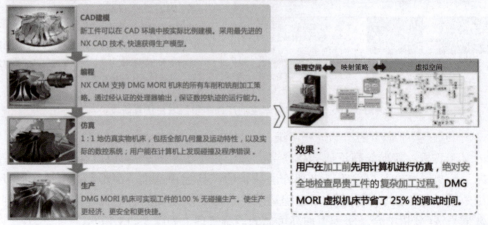

图3-68　基于设备虚拟调试的控制优化

2）基于 CAE 仿真诊断的产品研发

传统 CAE 仿真是数字孪生产品设计的最主要的方式，通过仿真建模、仿真求解和仿真分析等步骤评估产品在力学、流体学、电磁学、热学等多个方面的性能，在不断的模拟迭代过程中设计高质量的新型产品，如图 3-69 所示。

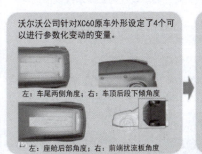
沃尔沃公司针对XC60原车外形设定了4个可以进行参数化变动的变量。

左：车尾两侧角度；右：车顶段下倾角度

左：座舱后部角度；右：前端扰流板角度

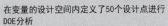
在变量的设计空间内定义了50个设计点进行DOE分析

Design Space Bounds			
Parameter	Min	Baseline	Max
Boat tail angle	-1.85	0.0	+1.85
Long roof drop angle	-2.30	0.0	+1.50
Green House Angle	-0.70	0.0	+0.70
Front Spoiler Angle		0.0	+3.80

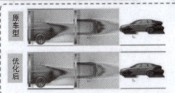
原车型

优化后

效果：
原车型受到的气动阻力为388.01 N，经过优化后的气动阻力为372.30 N，降小了约4%的气动阻力。

图 3-69　基于 CAE 仿真诊断的产品研发

3）基于离散事件仿真的生产线规划

在传统新建工厂或生产线的过程中，设备摆放的位置、工艺流程的串接均凭借现场工程师的经验开展，为生产线规划的准确性带来不小的隐患。基于离散仿真的生产线规划大大提高了生产线规划的准确性，通过在虚拟空间中以"拖拉拽"的形式不断调配各工作单元（如工业机器人、数控机床、AGV 等）的摆放位置，实现生产线规划的最佳合理性。如图 3-70 所示，越南 Vinfast 汽车厂依托西门子生产线规划数字孪生解决方案实现快速建厂，仅 21 个月就完成了汽车批量生产，将建厂时间缩短了 50%。

设备、产线选型　　**生产流程模拟**　　**生产控制调试**　　**批量生产**

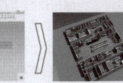

借助Line Designer工具，客户可以在虚拟空间中自主选择设备型号和生产线位置

通过Tecnomatix进行生产过程模拟，为前期布置生产线位置试错，优化生产工艺

基于虚拟控制器SIMATIC PLCSIM Advanced测试生产单元或机器控制代码是否准确

利用全集成自动化TIA平台连接物理工厂实时数据，并提供反馈控制服务，实现真实生产

图 3-70　基于离散事件仿真的生产线规划

4）基于"机—电—软"一体化的综合产品设计

以汽车为例，它正在由传统个人交通工具朝着智能网联汽车的方向发展。在这一发展趋势下，新型整车制造除了需要应用软件工具和机械控制工具外，还需要融入电

子电气功能，支撑汽车的发展朝着电动化、智能化的方向演进。随着智能网联汽车的发展越来越成熟，基于"机—电—软"一体化的综合产品设计解决方案需求不断扩大。图 3-71 所示为西门子 Pave 360 数字孪生自动驾驶解决方案。

基于"机—电—软"交叉学科深度集成应用，优化从传感器/执行器硬件芯片设计到工控系统软件代码编程，再到机械结构运动的一体化研发流程

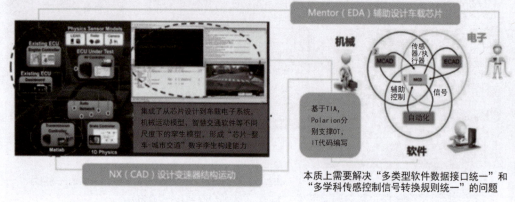

图 3-71　基于"机—电—软"一体化的综合产品设计

数字孪生+电池的创新应用

无锡锂云科技有限公司（以下简称"锂云科技"）是一家专注于电池储能系统快速检测设备的研发、制造与销售的高科技型企业。锂云科技深耕电池储能系统快速检测领域，深度刻画电池机理，结合电池领域知识和 AI 算法实现电池孪生运维。锂云科技利用数字孪生技术对电池系统进行了多项改进，主要体现在以下几个方面。

1. 电池快速检测与分选

锂云科技开发了基于数字孪生的电池机理孪生驱动模型，实现了电池快速检测和分选。该技术将检测时间从传统的小时级缩短到分钟级，检测精度显著提高。

2. 电池状态实时监测与预测

数字孪生技术通过虚拟模型与物理实体的实时交互，实现了电池状态的在线监测和预测。锂云科技的数字孪生模型能够实时监测电池容量衰减，预测电池的剩余使用寿命（Remaining Useful Life，RUL），并提供高精度的荷电状态（State of Charge，SOC）和健康状态（State of Health，SOH）估计。

3. 电池全生命周期管理

锂云科技构建了涵盖"新、旧、储、运"多元场景的数字孪生生态，覆盖电池从出厂分容、退役分选到电池包一致性检测和实时监测的全生命周期。这种全生命周期的管理方式显著提升了电池系统的整体效率和安全性。

通过数字孪生技术的应用，锂云科技不仅推动了电池检测技术的革新，还为电池回收和梯次利用行业提供了高效的解决方案，助力行业的可持续发展。

【赛证延伸】 证书：1＋X"智能制造生产管理与控制"（3）

1. 职业技能等级证书中的"数字孪生"技能等级要求（中级）

能够完成数控设备操作与编程，具体见表3－10，其中数控机床的操作采用虚实结合的数字孪生方式。

表3－10　职业技能等级证书中的"数字孪生"技能等级要求（中级）

2.2　数控设备操作与编程	2.2.1　能够根据工作任务要求，完成数控机床相关参数的检查和确认并上传加工程序进行程序的验证
	2.2.2　能够根据工作任务要求，对数控机床等数控设备的加工程序进行优化

2. 赛题中的"数字孪生"考核要求（中级）

在模块一的任务3"零件试制"中需要用到数字孪生的技能。通过 NX MCD 构建加工中心数字孪生体（虚拟加工中心模型），如图3－72所示。通过数据驱动模型的方式，可以在数控系统中进行机床的操作、编程与调试，驱动虚拟加工中心模型动作，再现真实加工中心的动作。

实物数控系统　　　虚拟加工中心
　　　　　　　　　（数字孪生体）

虚拟制造（视频）

图3－72　实物数控系统和数字孪生体

单元测评

1. 数字孪生技术最初应用于（　　）。

A. 医疗保健　　　　　　　　　　B. 互联网安全

C. 工业制造　　　　　　　　　　D. 社交媒体

2. 下列不属于数字孪生技术特点的是（　　）。

A. 精确映射　　　　　　　　　　B. 闭环性

C. 保真性　　　　　　　　　　　D. 静态性

3. 评价数字孪生发展水平的三大要素不包括（　　）。

A. 孪生精度　　　　　　　　　　B. 孪生时间

C. 孪生效率　　　　　　　　　　D. 孪生空间

4. 数字孪生技术体系中模型融合技术的作用是（　　）。

A. 构建模型　　　　　　　　　　B. 拼接模型

C. 修正和完善模型　　　　　　　D. 完善模型

5. 数字孪生对工业制造的影响包括（　　　）。

A. 提高生产效率和质量

B. 缩短产品研发周期

C. 降低生产成本

D. 以上都正确

6.（判断）数字孪生技术可以用于产品设计、生产过程优化、设备维护等方面。

（　　）

7.（判断）数字孪生技术只需要实时采集数据，不需要历史数据。　　（　　）

 练习思考

1. 数字孪生技术与虚拟仿真技术有什么区别？
2. 发展数字孪生技术有什么意义？

 考核评价

情境三单元 4 考核评价表见表 3 – 11。

表 3 – 11　情境三单元 4 考核评价表

环节	项目	标准分值	实际分值
课前（20%）	平台讨论	10	
	平台资源学习	10	
课中（60%）	课堂考勤	10	
	课堂问题参与	10	
	虚实结合意识、工程伦理意识	10	
	单元测评	10	
	小组任务	20	
课后（20%）	练习思考	10	
	"赛证延伸"实施	10	
总评		100	

情境四　智能控制技术

 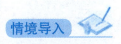

　　2023 年 9 月，习近平总书记在黑龙江考察调研期间提到：整合科技创新资源，引领发展战略性新兴产业和未来产业，加快形成新质生产力。新质生产力作为当代经济发展的关键驱动力，其核心特征在于对智能控制技术的深度依赖与整合应用。智能控制技术涵盖 PLC 自动化控制技术、上位机监控组态技术、激光导航等领域。智能控制技术赋予生产系统自主决策、执行与学习的能力，使生产过程从依赖人力经验转向依赖算法与数据驱动，实现了从大规模标准化生产向个性化定制、柔性制造的转变，显著提高了生产系统的适应性与创新能力，这为以智能控制为核心的智能装备产业带来了前所未有的机遇。通过对智能控制技术的学习，学生能够在智能控制系统的设计开发、安装调试及运营维护等方面发挥重要作用，成为智能制造行业的中坚力量。

　　通过本情境的学习，学生能够理解智能控制技术中 PLC 的运行原理、结构和功能，掌握 PLC 的基本编程指令和编程方法，熟练操作 PLC 编程软件进行程序开发；对于监控组态技术，能够明确组态软件的功能及发展，掌握西门子 WinCC 软件的操作，能够使用 WinCC 软件开发上位机监控系统；能够了解激光 SLAM 技术的原理和应用，能够使用 AGV 软件创建地图和设置导航点并完成调试。图 4 – 0 所示为本情境思维导图。

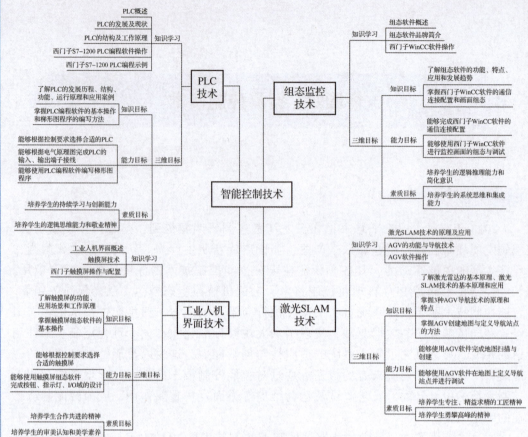

图4-0　情境四思维导图

单元1　PLC技术

政策引导

　　2024年9月，工业和信息化部印发了《工业重点行业领域设备更新和技术改造指南》，指出"围绕重点行业、关键设备，逐步加快中小型可编程逻辑控制器更新换代。引导重点行业龙头企业面向大型可编程逻辑控制器提供典型应用场景和试验环境，逐步扩大应用范围"。在智能制造中，PLC是实现自动化生产的重要设备，它负责监控和控制工厂中各类设备的运行，还可以与其他具备以太网接口的设备进行通信，实现数据的互连互通，从而实现对生产的实时监控与管理控制，随时随地了解工厂设备的状态、报警信息和生产数据等重要信息。本单元主要介绍PLC的发展历程、结构、功能、编程等。

智能控制技术
（视频）

《工业重点行业
领域设备更新
和技术改造指南》
（文本）

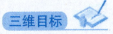

三维目标

■ 知识目标

（1）了解 PLC 的发展历程、结构、功能、运行原理和应用案例。

（2）掌握 PLC 编程软件的基本操作和梯形图程序的编写方法。

■ 能力目标

（1）能够根据控制要求选择合适的 PLC。

（2）能够根据电气原理图完成 PLC 的输入、输出端子接线。

（3）能够使用 PLC 编程软件编写梯形图程序。

■ 素质目标

（1）通过对 PLC 功能的扩展和延伸的介绍，培养学生的持续学习与创新能力。

（2）通过 PLC 编程指令的学习，培养学生的逻辑思维能力和敬业精神。

知识学习

PLC 技术（视频）

4.1.1　PLC 概述

PLC 是一种具有微处理器的用于自动化控制的数字运算控制器，可以将控制程序随时载入内存进行存储与执行。PLC 发展至今，已经相当或接近一台紧凑型计算机的主机，在扩展性和可靠性方面的优势使其被广泛应用于各类工业控制领域。生产 PLC 的厂商较多，国外品牌包括德国西门子、日本欧姆龙、美国罗克韦尔等，中国品牌包括汇川、信捷、台达等（图 4-1）。各品牌的 PLC 根据性能和结构的不同，又划分为多种类型和型号。

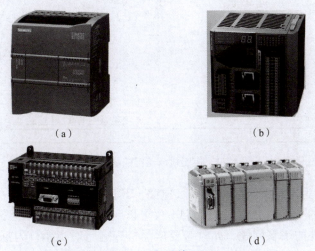

图 4-1　各品牌 PLC

（a）西门子 S7-1200 系列 PLC；（b）汇川 H5U 系列 PLC；

（c）欧姆龙 CP1H 系列 PLC；（d）罗克韦尔 CompactLogix 系列 PLC

4.1.2　PLC 的发展及现状

美国汽车工业生产技术的发展促进了 PLC 的产生。20 世纪 60 年代，美国通用汽车公司在对工厂生产线升级改造时，发现继电器、接触器控制系统存在改造难度高、占用空间大、运行噪声大、维护不方便以及可靠性低等问题，于是提出了著名的"通用十条"招标指标。1969 年，美国数字化设备公司研制出第一台 PLC（PDP-14），在通用汽车公司的生产线上试用后，效果显著；1971 年，日本研制出第一台 PLC（DCS-8）；1973 年，德国研制出第一台 PLC；1974 年，中国开始研制可 PLC；1977 年，中国在工业应用领域推广 PLC。

图 4-2 所示为控制机床运行的继电器电路，其左侧为主电路部分，右侧为控制电路部分，若需要对控制电路部分进行改造，例如增加机床运行时指示灯闪烁的功能，则改造难度是比较高的，更何况在实际的工业现场中电路的复杂度远远高于机床控制电路的复杂度。

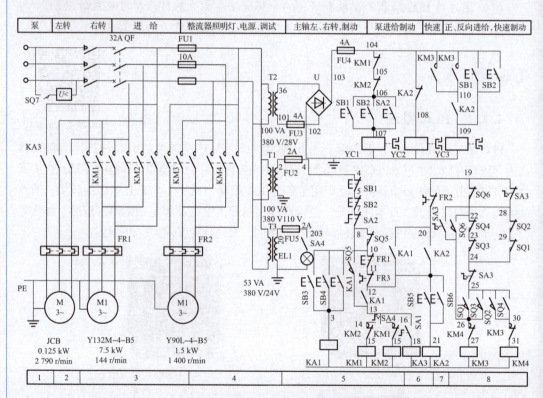

图 4-2　控制机床运行的继电器电路

图 4-3 所示为控制机床运行的 PLC 电路，其保留了继电器电路中的主电路部分，而控制电路部分的功能由 PLC 完成，它不仅可以实现原有继电器电路的功能，还解决了继电器电路存在的诸多问题。此时若要增加机床运行时指示灯闪烁的功能，只需在 PLC 输出侧连接一个指示灯并修改 PLC 控制程序即可，极大地提高了工作效率，降低了工作难度。

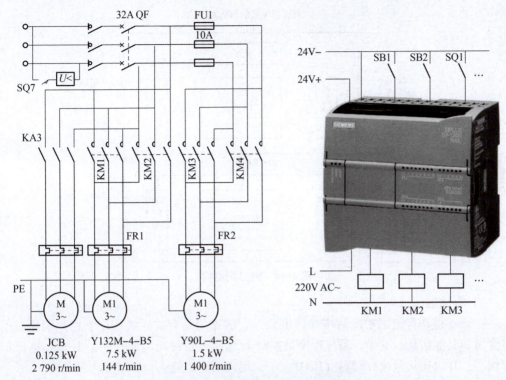

图 4-3　控制机床运行的 PLC 电路

最初 PLC 的开发是为了实现原有继电器电路的控制功能，即 PLC 只有逻辑控制功能，因此被命名为可编程逻辑控制器。后来随着计算机、网络通信等技术的不断发展，PLC 的功能和性能有了大幅提升，现有的 PLC 已经包括逻辑控制、时序控制、模拟控制、多机通信等各类功能，名称也改为可编程控制器（Programmable Controller），但是由于它的缩写与 PC 冲突，加上习惯的原因，人们还是经常使用"可编程逻辑控制器"这一称呼，并仍使用 PLC 这一缩写。

4.1.3　PLC 的结构及工作原理

1. PLC 的结构

PLC 实质是一种专用于工业控制的计算机，其硬件结构与微型计算机基本相同，如图 4-4 所示。

1）电源

要使 PLC 正常运行，需要为其提供电源。PLC 的供电方式分为交流供电和直流供电，交流供电一般为单相 220V 电压，直流供电一般为 24V 电压，具体采用哪种供电方式由 PLC 的型号决定。

2）CPU

CPU 是 PLC 的控制中枢，也是 PLC 的核心部件，其性能决定了 PLC 的性能。CPU 由控制器、运算器和寄存器等组成，这些电路都集中在一块芯片上，通过地址总线、控制总线与存储器的输入/输出接口电路相连。CPU 的作用是处理和运行用户程序，进行逻辑和数学运算，控制整个系统以使之协调。

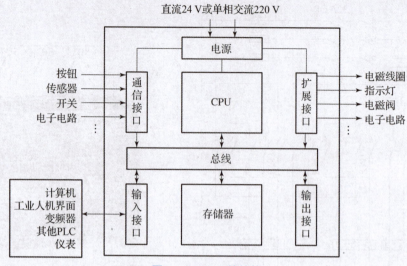

图 4-4　PLC 的结构

3）存储器

存储器是具有记忆功能的半导体电路，它的作用是存放系统程序、用户程序、逻辑变量和其他信息。其中，系统程序是控制 PLC 实现各种功能的程序，由 PLC 生产厂家编写，并固化到只读存储器（ROM）中，用户不能访问。

4）输入接口

输入接口是外部信号进入 PLC 的桥梁，它的作用是接收主令元件（例如按钮、开关等）、检测元件（例如传感器等）传来的信号。PLC 将输入接口的信号状态以数值（例如 0 或 1）的形式存入输入映像寄存器，在程序运行时 PLC 可以使用这些数值。

输入接口的信号类型可分为开关量信号和模拟量信号两种。开关量信号是仅包含了高电平和低电平两种电压状态的信号，高电平为 1，低电平为 0。模拟量信号是指电压或电流以模拟量的形式进入 PLC，例如 0～10 V 直流电压信号、0～20 A 电流信号。

5）输出接口

PLC 可以通过输出接口输出开关量信号和模拟量信号，以控制外部器件（例如接触器、指示灯、电磁阀等）的动作与运行。对于开关量信号，PLC 一般有 3 种输出类型——继电器输出、晶体管输出和晶闸门输出，应用比较多的是继电器输出和晶体管输出类型。

6）通信接口

PLC 的通信接口包括以太网接口和串行通信接口，现在绝大多数 PLC 已经内置了以太网接口，可以实现与计算机、触摸屏、工业机器人、变频器等设备的数据传输。对于串行通信接口，有些 PLC（例如西门子 S7-1200 系列 PLC）需要单独安装串行通信扩展模块，而有些 PLC（例如西门子 S7-200SMART 系列 PLC）内置了串行通信接口，通过串行通信接口可以实现 PLC 与仪器仪表、变频器等设备的数据传输。

7）扩展接口

当 PLC 的输入接口、输出接口或通信接口不能满足现场控制要求时，可以在 PLC 左侧或右侧通过扩展接口安装扩展模块。以西门子 S7-1200 PLC 为例，在 PLC 的右侧可以安装 I/O 扩展模块或模拟量扩展模块，在 PLC 的左侧可以安装通信模块（例如串行通信模块），如图 4-5 所示。

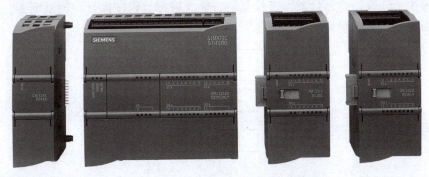

图 4-5　S7-1200 PLC 扩展模块的安装

图 4-6 所示为西门子 S7-1200 PLC 的外部构成，打开上盖板后可以看到 PLC 的电源和输入接线端子，打开下盖板可以看到 PLC 的输出接线端子。运行状态指示灯可以显示 PLC 的运行状态。

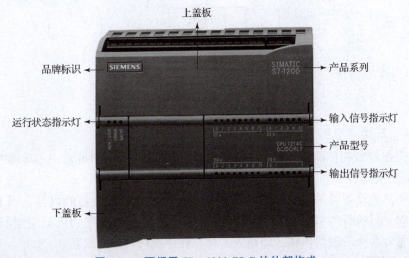

图 4-6　西门子 S7-1200 PLC 的外部构成

（1）RUN/STOP 指示灯：断电时熄灭，启动、自检或固件更新时黄灯和绿灯交替闪烁，停止时黄灯亮，运行时绿灯亮。

（2）ERROR 指示灯：闪烁或常亮，表示存在错误或硬件故障。

（3）MAINT 指示灯：组态版本、CPU 固件出错或取出存储卡时黄灯闪烁，I/O 强制时常亮。

输入信号指示灯显示 PLC 的开关量信号输入状态，当某个输入端子接收到电信号时（例如与该输入端子连接的按钮被按下），对应的绿灯常亮，当信号消失（例如按钮被松开），指示灯熄灭。

输出信号指示灯显示 PLC 的开关量信号输出状态，当 PLC 在执行程序时通过某个输出端子输出了电信号时，与该输出端子对应的绿灯常亮，当信号消失时，指示灯熄灭。

2. PLC 的工作原理

PLC 采用循环扫描的工作方式，PLC 中的 CPU 周而复始地执行任务，可以将工作过程分为 5 个阶段：内部处理、通信复位、输入采样、程序执行和输出刷新，这 5 个阶段称为一个扫描周期（图 4-7）。

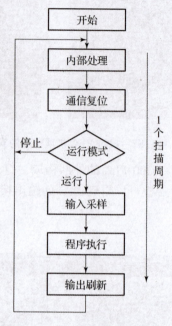

图 4-7　PLC 工作过程

1）内部处理

PLC 检查 CPU 内部的硬件是否正常，将监控定时器复位，并完成一些其他内部工作。

2）通信复位

PLC 与其他设备通信，响应编程器输入的命令，更新编程器的内容。当 PLC 处于停止模式时，只执行内部处理和通信复位两个阶段的操作。当 PLC 处于运行模式时，还要完成另外 3 个阶段的操作，即输入采样、程序执行和输出刷新。

3）输入采样

在输入采样阶段，PLC 以扫描方式读入外部的所有硬件输入状态和数据，并将它们存入输入映像存储区。输入采样结束后，转入程序执行和输出刷新阶段。在这两个阶段中，即使输入状态和数据发生变化，输入映像存储区中的状态和数据也不会改变。因此，如果输入是脉冲信号，则该脉冲信号的宽度必须大于一个扫描周期，才能保证在任何情况下该输入均能被读入。

4）程序执行

在程序执行阶段，PLC 总是按照由上而下的顺序扫描用户程序（梯形图）。在扫描每条梯形图程序时，总是先扫描梯形图左边由各触点构成的控制线路，并按先左后右、先上后下的顺序对控制线路进行逻辑运算，最后根据运算结果改变某个变量的值或者触发某个指令（例如定时器指令）。在程序执行阶段若改变了某个输出地址（例如 Q0.0）的值，则改变后的值将被写入输出映像存储区，但是不会影响外部硬件电路。

5）输出刷新

在程序执行结束后，PLC 进入输出刷新阶段。在该阶段，CPU 按照输出映像存储区内对应的状态和数据刷新所有输出锁存电路，再由输出电路驱动相应的外设（例如接触器线圈），这是 PLC 的真正输出。

4.1.4 西门子 S7 – 1200 PLC 编程软件操作

1. 软件说明

西门子 S7 – 1200 PLC 的编程软件为博途（TIA Portal）。

博途软件提供了一个用户友好的环境，供用户开发、编辑和监视控制应用所需的逻辑，其中包括用于管理和组态项目中所有设备（例如控制器和触摸屏等）的工具。为了帮助用户查找需要的信息，博途软件提供了内容丰富的在线帮助系统。为了帮助用户提高生产率，STEP 7 提供了两种不同的视图界面：面向任务的 Portal 视图、由项目各元素组成的面向项目的项目视图。只需单击左下角的"Portal 视图"/"项目视图"按钮就可以在两个视图之间切换。

打开博途软件后，首先打开的是 Portal 视图。如图 4 – 8 所示，可以单击左下角的"项目视图"按钮，切换到项目视图。Portal 视图主要包括以下几个部分。

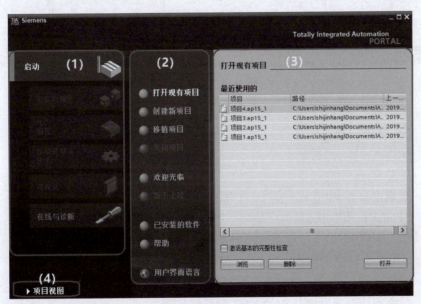

图 4 – 8 Portal 视图

（1）不同任务的门户。

（2）所选门户的任务。

（3）所选操作的选择面板。

（4）"项目视图"按钮。

项目视图如图 4 – 9 所示，这是用户使用最频繁的视图，所有软/硬件配置、诊断以及编程等工作都在此视图内完成。

项目视图主要包括以下几个部分。

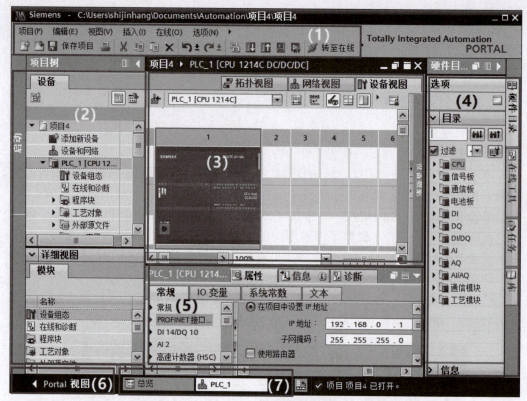

图 4-9　项目视图

（1）菜单和工具栏。

（2）"项目树"导航栏。

（3）工作区。

（4）任务卡。

（5）巡视窗口。

（6）"Portal 视图"按钮。

（7）编辑器栏。

工作区由 3 个选项卡组成。

（1）设备视图：显示已添加或已选择的设备及其相关模块。

（2）网络视图：显示网络中的 CPU 和网络连接。

（3）拓扑视图：显示网络的以太网拓扑，包括设备、无源组件、端口、互连及端口诊断。

　　每个部分还可以用于执行组态任务。巡视窗口显示用户在工作区中所选对象的属性和信息。当用户选择不同的对象时，巡视窗口会显示用户可组态的属性。巡视窗口包含用户可用于查看诊断信息和其他消息的选项卡。

　　编辑器栏会显示所有打开的编辑器，从而帮助用户更快速和高效地工作。要在打开的编辑器之间切换，只需单击不同的编辑器。还可以将两个编辑器垂直或水平排列显示。通过该功能可以在编辑器之间进行拖放操作。

2. 创建新项目

（1）在博途软件的 Portal 视图内创建新项目。如图 4-10 所示，打开博途软件后单击左侧的"创建新项目"按钮，在右侧界面内输入项目名称，选择存储路径等，再单击"创建"按钮即可创建一个新项目。

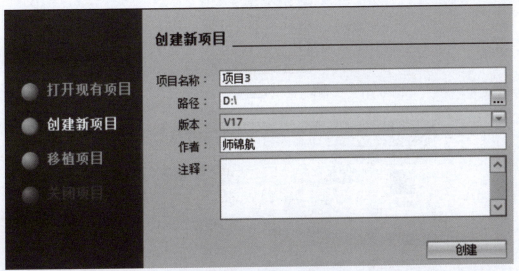

图 4-10　在 Portal 视图内创建新项目

（2）在项目视图内创建新项目。如图 4-11 所示，进入项目视图后，选择"项目"→"新建"选项，弹出"创建新项目"对话框，如图 4-12 所示，在该对话框内输入项目名称，选择存储路径等，再单击"创建"按钮即可完成新项目的创建。

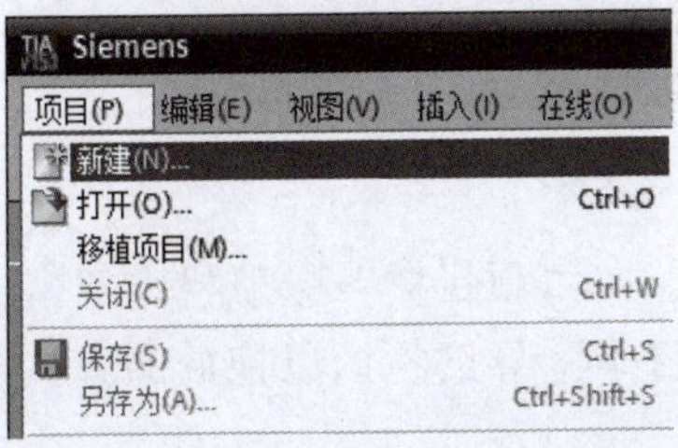

图 4-11　在项目视图内创建新项目 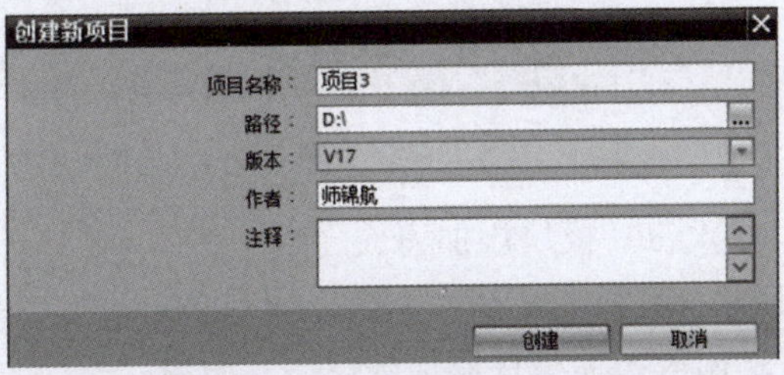　　　图 4-12　"创建新项目"对话框

3. 硬件组态

新项目创建完成后，首先需要进行硬件组态，即在项目内添加 S7-1200 CPU 模块及其扩展模块，各模块的型号与版本应与实际相符。

（1）如图 4-13 所示，在项目视图的"项目树"导航栏内双击"添加新设备"节点，弹出"添加新设备"对话框。

（2）如图 4-14 所示，在"添加新设备"对话框内选择与实际 CPU 模块相符的型号（例如 CPU1214C DC/DC/RLY）、订货号（例如 6ES7 214-1HG40-0XB0）、固件版本（例如 V4.2），并输入设备名称（默认为 PLC_1），单击"确定"按钮退出。

图 4-13 "项目树"导航栏

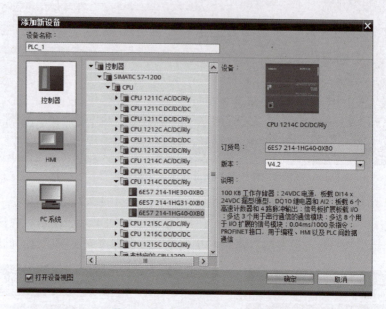

图 4-14 "添加新设备"对话框

（3）CPU 模块添加完成之后，如图 4-15 所示，在"项目树"导航栏内双击"设备组态"节点，打开设备视图，可在右侧的"硬件目录"导航栏内以拖放的方式将输入、输出等扩展模块添加到设备视图内。

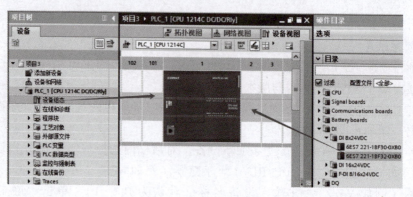

图 4-15 添加扩展模块

在图 4-16 所示的配置示例中，除 CPU 模块外，在设备视图内还添加了 2 个 CM 模块、1 个 CB 板（CB1241）和 2 个 SM 模块。

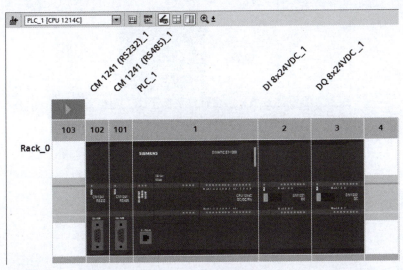

图 4-16　配置示例

选择某个模块后，可在下方巡视窗口的"属性"选项卡内查看或修改模块的参数。对于数字量或模拟量模块，可以通过"属性"→"I/O 变量"选项卡查看模块的输入或输出地址分配（博途软件自动分配），如图 4-17 所示。

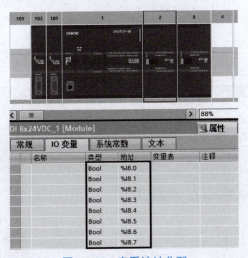

图 4-17　查看地址分配

（4）在设备视图内选择 CPU 模块，在下方巡视窗口内选择"属性"→"常规"→"PROFINET 接口［x1］"→"IP 协议"选项，可以设置 CPU 以太网接口的 IP 地址（例如图 4-18 中设置 IP 地址为 192.168.1.5）。

4. 编写程序

如图 4-19 所示，在项目视图的"项目树"导航栏内展开"PLC_1"→"程序块"节点，双击主程序"Main［OB1］"，打开程序编辑窗口。

程序编辑窗口右侧的"指令"面板包含了所有编程指令，指令按功能分组，例如

"基本指令""扩展指令"等，如图 4 – 20 所示。在编程时可采用拖放的形式将指令拖入程序段，或在程序段内选择插入点后双击任务卡内的指令图标。

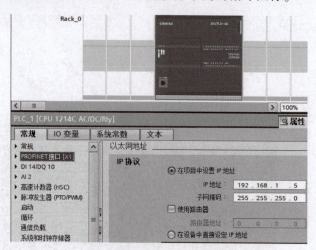

图 4 – 18　设置 PLC 的 IP 地址

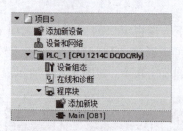

图 4 – 19　"项目树"导航栏

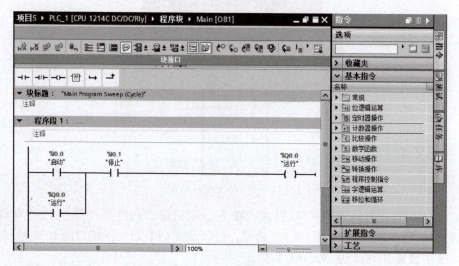

图 4 – 20　程序编辑窗口

　　"指令"面板内有一个"收藏夹"列表，可供用户快速访问常用的指令。双击"收藏夹"列表内的指令图标即可将其插入程序段。除了"收藏夹"列表内的默认指令以外，也可以添加其他指令，自定义"收藏夹"列表，只需将需要添加的指令拖放到"收藏夹"列表内即可，如图4-21所示。

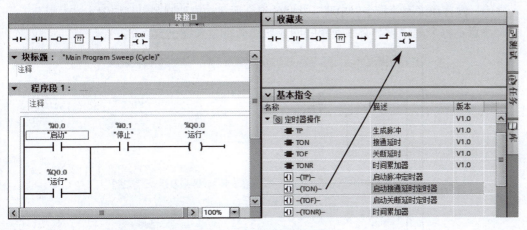

图4-21 "收藏夹"列表

可以将"收藏夹"列表添加到程序编辑窗口的正上方，如图4-22（a）所示，以方便在编程时快速选取指令，在"收藏夹"列表内右击，在弹出的快捷菜单内选择"在编辑器中显示收藏"选项即可，如图4-23（b）所示。

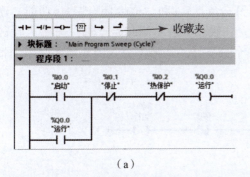

（a）

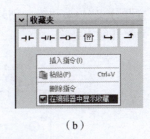

（b）

图4-22 "收藏夹"列表设置

在默认情况下，"收藏夹"列表所包含的元素见表4-1。

表4-1 "收藏夹"列表所包含的元素

图标	说明
─┤├─	常开触点，查询的操作数等于"1"时闭合
─┤/├─	常闭触点，查询的操作数等于"0"时闭合
─( )─	赋值（线图），设置指定操作数的位
[??]	空功能框，插入 LAD 元素
↦	打开分支，用于创建并联电路
↱	嵌套闭合，用于将并联电路闭合

对于 S7 – 1200 PLC，程序由若干个程序段组成，程序段具有最简单的逻辑功能，各种常闭、常开和线圈等指令以串联、并联的组合形式构成控制逻辑，如图 4 – 23 所示。

注意：每个程序段都必须使用线圈或功能框指令来终止。

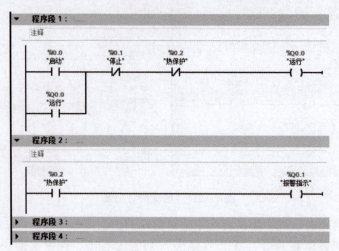

图 4 – 23　程序构成

可使用"收藏夹"列表内的"打开分支"↳和"嵌套闭合"↱功能，建立并联分支。如图 4 – 24 所示，选择需要建立并联分支的左侧起始点①，选择"收藏夹"列表内的"打开分支"↳功能，创建一个分支②，选择该分支的双箭头，添加指令，例如添加一个常开触点指令。

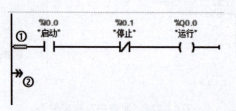

图 4 – 24　建立并联分支

如图 4 – 25 所示，可以在分支上添加指令，最后选择分支的双箭头①，选择"收藏夹"列表内的"嵌套闭合"↱功能，则该分支将与上方分支闭合，形成并联逻辑关系。

如图 4 – 26 所示，I0.0 与 Q0.0 常开触点形成了并联逻辑关系。

图 4 – 25　在分支上添加指令　　　　图 4 – 26　并联逻辑关系示例

如图 4 - 27 所示，也可以选择分支的双箭头后按住鼠标左键并拖曳，拖曳至上方分支后松开鼠标左键，实现并联闭合。

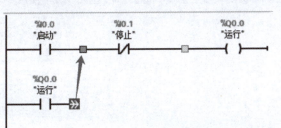

图 4 - 27   通过拖曳实现并联闭合

5. 项目下载

完成程序的编制工作后开始项目下载，新的 CPU 模块还没有 IP 地址，只有 MAC 地址。选择项目视图左侧"项目树"导航栏内的设备名称（例如 PLC_1），单击工具栏内的"下载到设备"按钮 ，弹出"扩展下载到设备"对话框。如图 4 - 28 所示，在"扩展下载到设备"设备对话框内，设置"PG/PC 接口的类型"为"PN/IE"，"PG/PC 接口"选择实际与 PLC 连接的计算机网卡，设置"选择目标设备"为"显示可访问的设备"，单击"开始搜索"按钮。

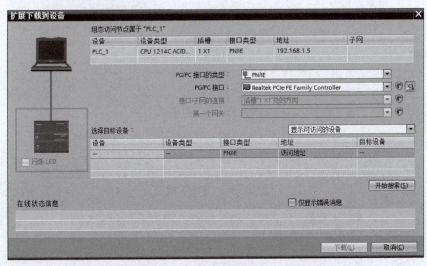

图 4 - 28   "扩展下载到设备"对话框

在搜索到 PLC 之后，如果网络上有多个 PLC，则为了确认搜索列表中的 PLC 与实际 PLC 的对应关系，先选择搜索列表中的某个 PLC，再勾选左侧的"闪烁 LED"复选框，此时实际对应的 CPU 上的 LED 会闪烁。

在搜索列表中选择需要下载的 S7 - 1200 CPU（包含 MAC 地址），单击"下载"按钮，如图 4 - 29 所示。

首先对项目进行编译，编译成功后，单击"装载"按钮，开始下载，如图 4 - 30 所示。

下载结束后，在"动作"列中选择"启动模块"选项，再单击"完成"按钮，则下载完成，如图 4 - 31 所示。

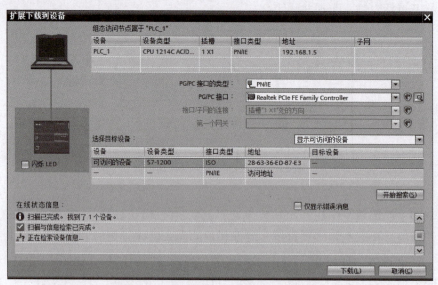

图 4 - 29　搜索列表

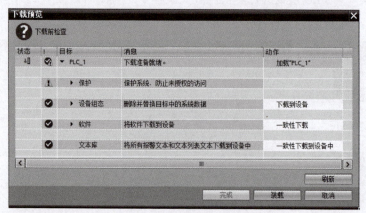

图 4 - 30　开始下载

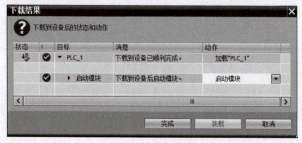

图 4 - 31　下载完成

　　以上是首次连接 PLC 时的下载过程，在后续项目开发过程中，除了可以通过单击工具栏内的"下载到设备"按钮 进行全部软/硬件配置及程序下载以外，如果只想对硬件和软件的修改部分进行下载，可以右击"项目树"导航栏内的设备名称（例如 PLC_1），在弹出的快捷菜单中选择"下载到设备"选项，如图 4 - 32 所示。

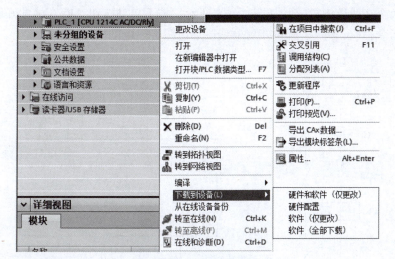

图 4-32　右键快捷菜单

有 4 种下载方式可供选择，见表 4-2。

表 4-2　4 种下载方式

选项	说明
硬件和软件（仅更改）	如果在线版本和离线版本存在差异，则硬件/软件配置都将下载到目标设备
硬件配置	仅将硬件配置下载到目标设备
软件（仅更改）	仅将在线和离线时的不同对象下载到目标设备
软件（全部下载）	将包含所有块、PLC 数据类型和 PLC 变量的 PLC 程序下载至目标设备，将所有值均复位为初始值

4.1.5　西门子 S7-1200 PLC 编程示例

1. 电气电路连接

西门子 S7-1200 PLC 控制电动机运行的电气原理图如图 4-33 所示。PLC 输入端 I0.0，I0.1，I0.2 分别连接按钮 SB1，SB2 和热保护继电器的常开触点 FR；PLC 的输出端 Q0.0 连接一个接触器线圈 KM，当 Q0.0 输出信号时接触器线圈吸合，电动机运行。

2. 控制要求

按下按钮 SB1，PLC 输出端 Q0.0 的信号状态变为 1，接触器线圈 KM 通电吸合，电动机运行；即使松开按钮 SB1，Q0.0 的信号状态依然保持为 1，电动机持续运行。

需要电动机停止时，按下按钮 SB2，电动机立即停止。若电动机在运行过程中发生过载，则热继电器动作，其常开辅助触点闭合，Q0.0 的信号状态变为 0，电动机停止运行。

3. 梯形图程序

在博途软件内完成长动控制梯形图程序的编写，如图 4-34 所示。

项目下载完成后，单击程序编辑窗口工具栏内的"启用/禁用监视"按钮，博途软件会切换至在线监视模式，如图 4 – 35 所示。按下启动按钮，I0.0 的常开触点闭合，执行线圈指令，Q0.0 = 1，外部接触器线圈通电吸合，电动机运转。

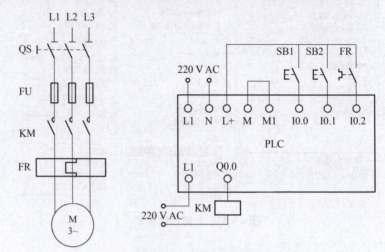

图 4 – 33　电气原理图

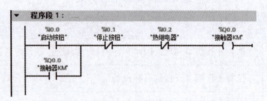

图 4 – 34　梯形图程序

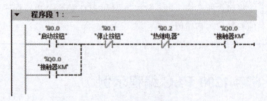

图 4 – 35　在线监视模式（1）

如图 4 – 36 所示，在电动机运行后，即使松开启动按钮，由于 Q0.0 的常开触点处于闭合状态，形成自锁，所以外部接触器线圈依然通电吸合，除非按下停止按钮或热继电器动作。

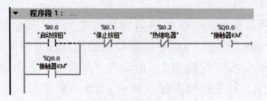

图 4 – 36　在线监视模式（2）

注意：示例程序实现的是 PLC 对电动机的长动控制，包含启动、保持和停止 3 个动作，这样的控制逻辑也称为"启保停"逻辑。"启保停"逻辑在 PLC 程序设计中的应用非常广泛，很多复杂的逻辑控制都是在"启保停"逻辑的基础上演化而来的。

虚拟 PLC

在当今数字化时代，工业自动化领域正经历着前所未有的深刻变革。2023 年，在德国汉诺威工博会上，西门子公司展示了首款虚拟 PLC – S7 – 1500V，可以将其视为行业风向标。

S7 – 1500V 是西门子公司在工业自动化领域的一项重要突破，是在 S7 – 1500 的基础上发展而来的。它是一个完全虚拟的 PLC，基于西门子 S7 – 1500 PLC 的功能和操作，且与硬件完全无关。这意味着用户可以在无须依赖特定硬件的情况下，通过软件模拟实现 PLC 的功能，极大地提高了系统的灵活性与可扩展性。

S7 – 1500V 可以安装在大多数工业级服务器或 PC 上，且集成在博途和 Industrial Edge 软件平台中。博途软件从 V19 版本开始就加入了 S7 – 1500V，该版本的博途软件将进一步促进自动化领域的高效工程设计，为用户提供更加便捷和智能的编程体验。

与传统 PLC 相比，S7 – 1500V 具有诸多无可比拟的优势。首先，S7 – 1500V 可以大大降低系统成本。其次，S7 – 1500V 具有更高的灵活性和可扩展性，用户可以根据实际需求轻松进行配置和升级，例如能够方便地增加或减少 I/O 点数，以满足不同规模的项目需求。此外，S7 – 1500V 还支持云计算和物联网等新兴技术，能够实现远程监控和管理，实时掌握系统运行状态，提高了系统的智能化水平。虚拟 PLC 让 OT 与 IT 之间的桥梁更为清晰和贯通。IT 工程师可以在自己熟悉的环境中完成 PLC 的操作，打通 OT 与 IT 之间的隔阂，让两者真正融合。

【赛证延伸】 竞赛：全国职业院校技能大赛 "生产单元数字化改造"（1）

1. "生产单元数字化改造"赛项介绍

"生产单元数字化改造"赛项以数字化关键技术为核心，集成了智能仓储、工业机器人、AGV、MES、SCADA、数字孪生等应用单元，是我国职业院校面向数字化智能制造领域举办的级别高、规模大、参赛范围广的国家职业技能大赛。"生产单元数字化改造"赛项技术平台示意如图 4 – 37 所示。

"生产单元数字化改造"赛题（师生同赛）（文本）

图 4 – 37 "生产单元数字化改造"赛项技术平台示意

生产工艺参考流程如下：根据客户的定制需求，在 MES 中下发任务订单，由码垛机完成订单指定物料的取料，AGV 将物料运送至智能装配区，智能机器人与相机（智能视觉）配合完成物料的检测与抓取，按照任务订单要求，完成定制产品的组装与检测，根据检测结果将产品放置到指定仓位。在生产任务执行过程中，实时采集仓位、智能机器人、AGV、相机、RFID读写器等的相关数据，通过数字孪生实现虚实结合，完成连接器装配。

2. "生产单元数字化改造"赛项中的"PLC控制技术"任务要求

"生产单元数字化改造"赛项使用两台西门子S7-1200 PLC作为控制核心，1台PLC负责智能仓储单元的控制，另1台PLC负责装配检测单元的控制。两台PLC之间可实现连网通信，互传数据。参赛选手需要编写PLC控制程序，实现智能仓储单元的出库、入库、移库以及盘库等操作，并实现装配检测单元的工件输送、相机控制以及与工业机器人联机装配等操作。在"生产单元数字化改造"赛项的控制任务中对PLC相关控制功能做了详细说明，如图4-38所示。

任务三：生产单元功能开发与测试（35%）

任务3.1 智能仓储功能开发与测试

3.1.1 智能仓储区机器人各轴功能调试

编写智能仓储区机器人（码垛机）系统调试程序，能够实现手动控制码垛机各轴运动。

任务要求：

进行PLC程序编写与调试，通过触摸屏控制机器人（码垛机）各轴正反方向运动，并实时显示其位置信息。

测试要求：

通过触摸屏手动控制机器人（码垛机）X轴、Y轴和Z轴的正反向运动，并实时显示位置信息。

3.1.2 智能仓储入库功能调试

能够实现智能仓储的基本运动控制和状态显示，包含机器人（码垛机）各轴的复位、停止功能，显示机器人（码垛机）各轴的运行状态、限位和原点传感器状态、以及实时位置，显示智能仓储区有无托盘信息。

任务要求：

1）编写智能仓储PLC和触摸屏程序，通过触摸屏中的复位按钮实现各轴的复位功能。

2）手动将载有工件的托盘放至RFID读写器识别范围内，通过触摸屏输入工件信息，RFID读写器将工件信息写入工件托盘的RFID芯片。工件信息编码规则如表3所示。

图4-38 "生产单元数字化改造"赛项的控制任务（部分）

 ## 单元测评

1. PLC是（　　）的简称。

A. 继电器　　　　　　　　　　　　　　B. 可编程逻辑控制器

C. 编码器　　　　　　　　　　　　　　D. 单片机

2. 最初PLC的开发是为了实现原有（　　）的控制功能。

A. 继电器控制电路　　　　　　　　　　B. 气动控制回路

C. 单片机电路　　　　　　　　　　　　D. 液压控制回路

3. 梯形图程序的结构沿袭了（　　）的形式。

A. 单片机电路　　　　　　　　　　　　B. 气动控制回路

C. 继电器控制电路　　　　　　　　　　D. 液压控制回路

4. 过程映像输入存储区的标识符是（　　）。

A. I　　　　　　　B. M　　　　　　　C. Q　　　　　　　D. DB

5. PLC采用（　　）的工作方式。

A. 事件触发　　　　　　　　　　　　　B. 循环扫描

C. 单次扫描　　　　　　　　　　　　　D. 多次扫描

练习思考

1. 描述 PLC 的工作过程。
2. 描述在博途软件中开发 PLC 程序的一般步骤。

 考核评价

情境四单元 1 考核评价表见表 4 – 3。

表 4 – 3 情境四单元 1 考核评价表

环节	项目	标准分值	实际分值
课前（20%）	平台讨论	10	
	平台资源学习	10	
课中（60%）	课堂考勤	10	
	课堂问题参与	10	
	创新能力、逻辑思维能力、敬业精神	10	
	单元测评	10	
	小组任务	20	
课后（20%）	练习思考	10	
	"赛证延伸" 实施	10	
总评		100	

单元 2　工业人机界面技术

政策引导

　　2024 年 6 月，工业和信息化部等四部门联合印发了《国家人工智能产业综合标准化体系建设指南（2024 版）》，其中人机混合增强智能标准部分提到"规范多通道、多模式和多维度的交互途径、模式、方法和技术要求，包括人机协同感知、人机协同决策与控制等标准"，为人机界面技术的发展提供了指导。工业人机界面技术，特别是触摸屏技术在我国的应用虽然只有十多年的时间，但是它已经成了继键盘、鼠标、手写板、语音输入后应用最为广泛的一种输入方式。在工业生产现场，触摸屏与 PLC 可以组合成"最佳拍档"，触摸屏不仅可以读取 PLC 的数据以进行监控，也可以向 PLC 写入数据以改变设备的运行状态。本单元主要介绍工业人机界面的概念、功能、工作原理和基本操作。

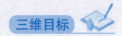 三维目标

■ 知识目标

（1）了解触摸屏的功能、应用场景和工作原理。

（2）掌握触摸屏组态软件的基本操作。

■ 能力目标

（1）能够根据控制要求选择合适的触摸屏。

（2）能够使用触摸屏组态软件完成按钮、指示灯、I/O 域的设计。

■ 素质目标

（1）通过对工业人机界面交互功能的讲解，培养学生合作共进的精神。

（2）通过对工业人机界面设计美学要求的介绍，培养学生的审美认知和美学素养。

 知识学习

工业人机界面
（视频）

4.2.1　工业人机界面概述

工业人机界面是人与机器交换信息的媒介，其中触摸屏是应用最广泛的一种人机界面。

触摸屏又称为"触控屏""触控面板"，是一种可接收触头等输入信号的感应式液晶显示装置。当接触触摸屏屏上的图形按钮时，触摸幕上的触觉反馈系统可以根据预先编制的程序驱动各种连接装置。在日常生活中手机、落地式信息查询设备等都使用了触摸屏，如图 4 - 39 所示。触摸屏的广泛应用为人们的生活带来了极大便利，提高了生活质量与工作效率。

（a）　　　　　　　　　　（b）

图 4 - 39　触摸屏在生活中的应用

（a）手机；（b）落地式信息查询设备

在工业控制系统中，触摸屏也是一个很重要的器件，随着智能制造技术持续而深入地发展，触摸屏的应用将越来越广泛，触摸屏的外观如图 4 - 40 所示。触摸屏可以与 PLC、变频器等设备进行通信，展示设备的运行数据，也可以接收外部的触摸指令

和输入数据，将指令和数据传递给通信伙伴，实现便捷的、直观的、可视化的人机交互。

图4-40　触摸屏的外观

4.2.2　触摸屏技术

触摸屏是继键盘、鼠标、手写板、语音输入后应用最为广泛的一种输入方式。用户只要用手指轻轻地触碰触摸屏上的图符或文字就能实现对相关设备进行操作，从而使人机交互更为直截了当。触摸屏技术极大地方便了用户，是极富吸引力的全新多媒体交互设备。

触摸屏的触摸界面的本质是传感器，触摸检测部件用于检测用户触摸位置，并将相关信息送入触摸屏控制器；触摸屏控制器的主要作用是从触摸检测部件接收触摸信息，并将它转换成触点坐标送给内部 CPU，同时接收 CPU 发来的命令并加以执行。

根据传感器的类型，触摸屏大致可以分为红外线式、电阻式、电容式和表面声波式4种。红外线式触摸屏价格低廉，但其外框易碎，容易产生光干扰，在曲面情况下失真；电容式触摸屏设计构思合理，但其图像失真问题很难得到根本解决；电阻式触摸屏的定位准确，但其价格较高；表面声波式触摸屏解决了以往触摸屏的各种缺陷，显示清晰，不容易损坏，适于各种场合，其缺点是屏幕表面如果有水滴和尘土会使触摸屏变得迟钝，甚至不工作。

1. 红外线式触摸屏

红外线式触摸屏在屏幕的前面安装一个电路板外框，电路板在屏幕四边排布红外发射管和红外接收管，它们一一对应形成横竖交叉的红外线矩阵，如图4-41所示。用户在触摸屏幕时，手指就会挡住经过该位置的横竖两条红外线，因此可以判断触摸点在屏幕上的位置。任何物体都可以改变触摸点处的红外线而实现触摸屏操作。

2. 电阻式触摸屏

电阻式触摸屏最外层一般是软屏，通过按压使内触点上下相连。如图4-42所示，内层装有氧化金属，即氧化铟锡（Indium Tin Oxides，ITO），也叫作氧化铟，其透光率为80%，上下各一层，中间隔开。ITO 是电阻式触摸屏及电容式触摸屏都用到的主要材料，它们的工作面就是 ITO 涂层，用指尖或任何物体按压外层，使表面膜内凹变形，让两层 ITO 相碰导电从而定位按压点的坐标来实现操控。根据屏幕的引出线数，电阻式触摸屏又分有 4 线、5 线及多线等类型。其一般是不能进行多点触控，只支持单点触控，若同时按压两个或两个以上的触点，则不能找到精确的坐标。

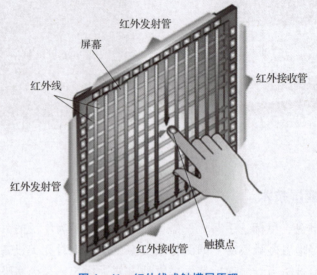

图 4 – 41　红外线式触摸屏原理

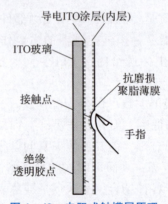

图 4 – 42　电阻式触摸屏原理

3. 电容式触摸屏

电容式触摸屏是利用人体的电流感应进行工作的。在玻璃表面贴上一层透明的特殊金属导电物质，当有导电物体触碰时，就会改变触点的电容，从而可以探测出触摸位置，如图 4 – 43 所示。用戴手套的手或手持不导电的物体触摸时电容式触摸屏没有反应，这是因为增加了绝缘介质。

电容式触摸屏能很好地感应轻微及快速触摸，防刮擦，不受尘埃、水及污垢影响，适合在恶劣环境中使用。电容式触摸屏的主要缺点是存在漂移。环境温度、湿度、环境电场的改变会引起电容式触摸屏的漂移，使其显示不准确。

4. 表面声波式触摸屏

表面声波是超声波的一种，它是在介质（例如玻璃）表面进行浅层传播的机械能量波。表面声波性能稳定，易于分析，并且在横波传递过程中具有非常尖锐的频率特性。如图 4 – 44 所示，表面声波式触摸屏的屏幕部分可以是一块平面、球面或柱面的玻璃平板，安装在 CRT，LED，LCD 或等离子显示器的前面。这块玻璃平板只是一块纯粹的强化玻璃，没有任何贴膜和覆盖层。玻璃平板的左上角和右下角各固定了竖直和水平方向的超声波发射换能器，右上角则固定了两个相应的超声波接收换能器，玻璃平板的四边刻有由疏到密、间隔非常精密的 45°角反射条纹。在没有触摸时，接收信号的波形与参照波形完全一样。当手指触摸屏幕时，手指吸收了一部分超声波能量，控制器侦测到接收信号在某一时刻的衰减，由此可以计算出触摸位置。除了一般触摸屏都能响应的 X、Y 轴坐标外，表面声波式触摸屏的突出特点是它能感知第三轴（Z轴）坐标，也就是能感知用户触摸压力的大小，其由接收信号衰减处的衰减量计算得到。三轴一旦确定，控制器就把它们传给主机。

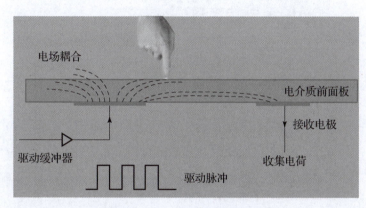

图 4 – 43　电容式触摸屏原理

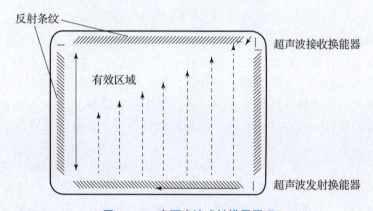

图 4 – 44　表面声波式触摸屏原理

4.2.3　西门子触摸屏操作与配置

在工业自动化控制领域，西门子触摸屏一直有非常广泛的应用，主要包括精简系列、精智系列、移动式和 SIPLUS 系列，如图 4 – 45 所示。

本节以精简系列触摸屏 KTP700 Basic 为例进行讲解。KTP700 Basic 触摸屏的外观构成如图 4 – 46 所示。

图 4 - 45　西门子触摸屏

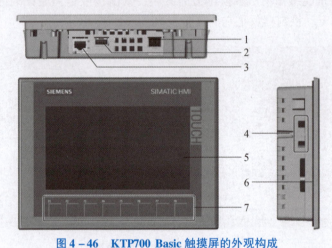

图 4 - 46　KTP700 Basic 触摸屏的外观构成

1—电源接口；2—USB 接口；3—PROFINET 以太网接口；4—装配夹的安装插口；
5—屏幕；6—嵌入式密封件；7—功能键

1. 触摸屏本体操作

触摸屏通电运行后，首先打开"Start Center"对话框，如图 4 - 47（a）所示，该对话框包括"Transfer""Start"和"Settings"3 个按钮。点击"Transfer"按钮使触摸屏进入传送模式，用于将计算机中的项目文件传送至触摸屏。点击"Start"按钮启动触摸屏上已有的项目。点击"Settings"按钮使触摸屏进入参数设置界面，进行各种参数的设置。

如图 4 - 47（b）所示，在"Start Center"对话框内点击"Settings"按钮进入参数设置界面，该界面由两部分组成，左侧为导航区，右侧为工作区。可以设置的功能包括"维护与运行""日期时间""声音""系统控制与信息""网络接口""传送设置""以太网设置""触摸""显示""屏幕保护"，点击某个设置图标，可以在工作区打开参数的详细设置界面。

触摸屏设置示例如下。

如图 4 - 48 所示，点击"Service & Commissioning"图标后，在导航区会显示设置选择按钮（①），点击相关按钮，在工作区进行相关参数的设置（②），若导航区或工作区无法显示所有按钮或内容，手指按下导航区并上下滑动可以显示更多按钮，在工作区点击向右（③）或向左箭头，可以显示更多参数内容。

（a）　　　　　　　　　　（b）

图 4 – 47　触摸屏操作界面

（a）"Start Center"对话框；（b）参数设置界面

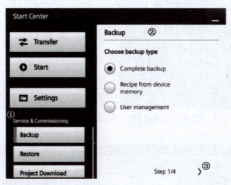

图 4 – 48　"Service & Commissioning"设置

2. 创建新项目与添加触摸屏设备

触摸屏的新项目创建、新设备添加以及画面设计等操作需要在博途软件内完成。

1）创建新项目

打开博途软件后首先进入 Portal 视图，单击"创建新项目"按钮，在右侧设置项目名称（例如"HMI_T"）、保存路径等信息，单击"创建"按钮生成一个名为"HMI_T"的新项目。

2）添加新设备

单击 Portal 视图左下方的"项目视图"按钮（图 4 – 49①），进入项目视图。

如图 4 – 50 所示，在项目视图内，双击左侧"设备"导航栏内的"添加新设备"节点（①），打开"添加新设备"对话框，在该对话框内单击"HMI"图标（②），选择与实际相符的触摸屏型号、订货号（③）以及版本号（⑦），并修改设备名称（④，默认为"HMI_1"），此处使用默认名称，单击"确定"按钮（⑤）退出。

在"添加新设备"对话框的左下角，如果勾选了"启动设备向导"复选框（⑥），则在单击"确定"按钮之后会弹出"HMI 设备向导"窗口，也可以取消勾选"启动设备向导"复选框或在打开的"HMI 设备向导"窗口内直接单击"完成"按钮（即按默认设置组态）。

触摸屏的版本信息可在触摸屏本体的设置界面内查看，如图 4 – 51 所示，进入"Settings"界面后点击"System Control/Info"图标，在左侧导航区点击"System Info"按钮（①），在右侧可以查看触摸屏的版本信息等（②）。

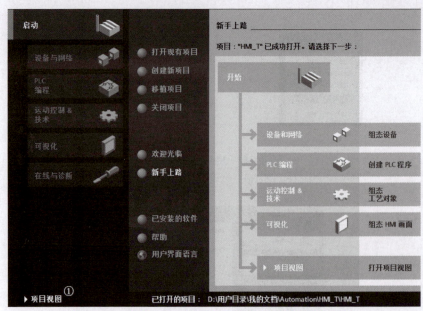

图 4 – 49　单击 Portal 视图左下方的"项目视图"按钮

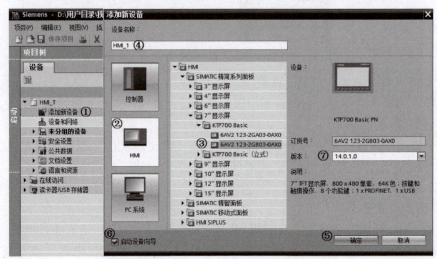

图 4 – 50　添加新设备

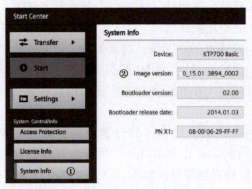

图 4 – 51　触摸屏本体的设置界面

如图 4-52 所示，添加新设备后的项目视图包括：①菜单与工具栏；②"项目树"导航栏（包括"设备""详细视图"导航栏）；③画面组态区域；④巡视窗口；⑤任务卡（包括"工具箱""动画""布局"等选项卡）。

图 4-52　项目视图

3. 与 PLC 连接设置

创建新项目的最终目的是通过触摸屏监控 PLC 运行。以触摸屏与西门子 S7-1200 PLC 进行以太网通信为例，如图 4-53 所示，在博途软件的"设备"导航栏内双击"连接"

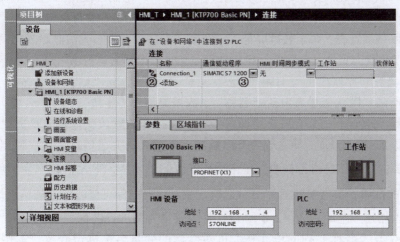

图 4-53　与 PLC 连接设置

节点（①），在右侧的"连接"列表内双击"＜添加＞"（②），自动添加一条默认名称为"Connection_1"的连接，在"通信驱动程序"列单击▼按钮（③），在下拉列表中选择"SIMATIC S7-1200"选项，"HMI 时间同步模式"列用于设置触摸屏系统时间是否与 PLC 同步，此处保持默认设置（"无"）。

在"连接"列表下方的"参数"选项卡内设置通信参数，包括触摸屏一侧的 IP 地址为"192.168.1.4"，PLC 的 IP 地址为"192.168.1.5"，IP 地址必须与实际硬件的地址保持一致。

将包含以上连接配置信息的项目下载至触摸屏，通过一根网线分别连接触摸屏和 PLC 的以太网接口，即可实现两者的通信。

4. 创建变量

创建变量是触摸屏画面组态的基础，只有创建了变量，才可以对触摸屏画面中的各种组件（按钮、I/O 域、指示灯等）进行配置。变量分为外部变量和内部变量。

外部变量是触摸屏与 PLC 进行数据交换的桥梁，是 PLC 中定义的存储单元（M，I，Q 等）的映射，其值随 PLC 程序的执行而改变。外部变量需要指定名称和地址（地址又分为符号地址和绝对地址）。

内部变量是存储在触摸屏本体的存储器中，与 PLC 没有连接关系，只有触摸屏能访问内部变量，内部变量用于触摸屏内部数据的计算或中间过程数据的存储等。需要注意的是，内部变量用名称来区分，没有地址。

变量在触摸屏变量表中添加和设置，系统会为项目中创建的每个触摸屏设备自动创建一个默认变量表。在"项目树"导航栏内，每个触摸屏都有一个"HMI 变量"文件夹，该文件夹一般包含以下项目。

（1）显示所有变量：双击后打开"HMI 变量"表，包含该触摸屏下创建的所有 HMI 变量和系统变量。该表不能删除、重命名或移动，该表中还包含"变量表"列，以指示变量所在的变量表。

（2）添加新变量表：双击后创建一个用户自定义的变量表，可以创建多个用户定制的变量表，以便根据需要对变量进行分组。可以对用户定制的变量表进行重命名、整理合并为组或删除。若要对变量表进行分组，则在"HMI 变量"文件夹中新建子文件夹。

（3）默认变量表：每个触摸屏都有一个默认变量表，该表无法删除或移动，可以重命名。可以在默认变量表中声明所有 HMI 变量，也可根据需要新建用户定制的变量表。

在"设备"导航栏的"HMI 变量"文件夹内，双击"默认变量表"节点，如图 4-54 所示。默认变量表包括"名称""数据类型""连接""PLC 名称""PLC 变量""地址""访问模式""采集周期"等列，在打开的默认变量表内双击"名称"列下的"＜添加＞"（①），博途软件自动添加一条默认的变量信息，用户根据实际需要对自动添加的变量信息进行修改。单击需要修改的单元格，单元格右侧会出现▤、▦或▼类型的按钮，单击按钮后弹出对话框，在对话框内即可修改该列的信息。

以下以创建一个地址为 M2.0 的 PLC 外部变量为例进行讲解。

（1）双击"名称"列的单元格，可对默认的变量名称进行修改，本例中修改为"点动"。

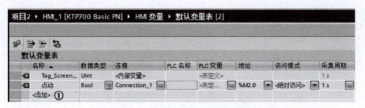

图 4-54　默认变量表

（2）单击"数据类型"列的单元格，再单击出现的 ⊞ 按钮，在下拉列表中选择"Bool"类型。

（3）单击"连接"列的单元格，再单击 ⋯ 按钮，在弹出的窗口内选择之前创建的"Connection_1"连接，如图 4-55 所示。

（4）单击"访问模式"列的单元格，再单击 ▼ 图标，选择"绝对访问"选项。

（5）单击"地址"列的单元格，再单击 ▼ 图标，在弹出的窗口内设置"操作数标识符"为"M"，"地址"为"2"，"位号"为"0"，单击 ☑ 按钮确认退出，即该变量对应的 PLC 位地址为 M2.0，如图 4-56 所示。

图 4-55　选择连接

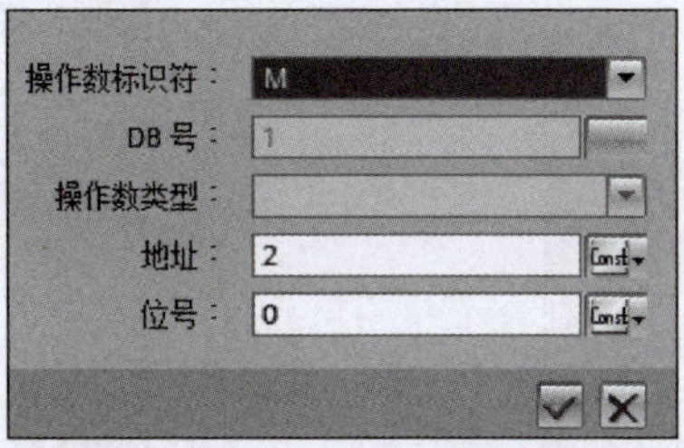

图 4-56　选择变量

（6）"采集周期"列用于设置触摸屏读取外部变量的间隔时间，即采集周期决定触摸屏何时从 PLC 读取外部变量的过程值。单击"采集周期"列的单元格，再单击 ⋯ 按钮，在弹出的对话框内选择周期值，如图 4-57 所示。对采集周期进行设置，使其适合过程值的改变速率。例如，烤炉的温度变化明显比电气驱动的速度慢，此时不要将采集周期设置得太小，因为这将不必要地增加过程的通信负载。

采集周期的最小值可能取决于项目所使用的触摸屏。对于大多数触摸屏，该值为 100 ms。所有其他采集周期的数值始终为最小值的整数倍。

5. 画面组件配置

按钮与指示灯是触摸屏最常用的两个组件，在触摸屏上点击按钮可以改变 PLC 内某个变量的值，例如将变量 M2.0 的值改为 1，松开按钮后将 M2.0 的值改为 0。指示灯可以模拟外部实际的指示灯，通过颜色的改变表示变量的不同状态，例如 PLC 变量 Q0.6 的值为 1 时触摸屏上的指示灯显示红色，其值为 0 时指示灯显示灰色。

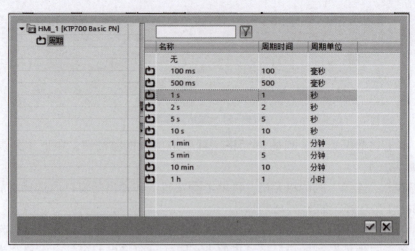

图 4 – 57　选择采集周期

1）按钮配置

（1）如图 4 –58 所示，在博途软件的"设备"导航栏内展开"画面"节点，双击在创建新项目时默认生成的"画面_1"图标，打开"画面_1"的画面编辑窗口。

（2）如图 4 –59 所示，在画面编辑窗口右侧的任务卡内选择"工具箱"选项卡，在"元素"列表内找到按钮图标（①），以拖放或双击的方式将其添加至画面编辑窗口内。

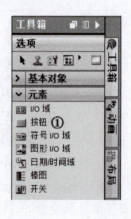

图 4 –58　打开画面编辑窗口　　　　图 4 –59　添加"按钮"

图 4 – 60 所示为添加的按钮，默认按钮的标签文本为"Text"，双击按钮上的标签文本，可以修改默认的内容。

（3）选中添加的按钮，在下方的巡视窗口中选择"属性"选项卡，可以组态按钮的各种参数，包括按钮的标签文本、外观样式

图 4 – 60　按钮

等。如图 4 –61 所示，在"属性"选项卡中选择"常规"选项，在右侧选择"模式"为"文本"，"标签"为"文本"，设置按钮的文本标签为"测试"，若勾选"按钮'按下'时显示的文本"复选框，则可以分别设置"按下"和"未按下"时按钮的文本标签。若未勾选该复选框，则"按下"和"未按下"时按钮的文本标签都为"测试"。

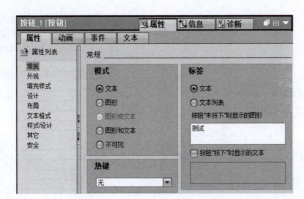

图 4 – 61 "常规" 属性设置

如图 4 – 62 所示，在"属性"选项卡中选择"外观"选项，可以设置按钮的背景、边框、文本颜色等属性，在本例中将文本颜色设置为红色。

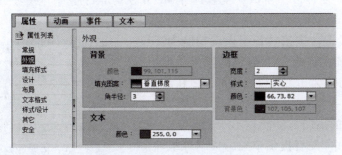

图 4 – 62 "外观" 属性设置

在"属性"选项卡中选择"文本格式"选项，可以设置文本字体的格式、显示方向及对齐方式。

（4）在"事件"选项卡中设置按钮的执行动作，如图 4 – 63 所示，在"事件"选项卡中选择"按下"选项，在右侧单击" < 添加函数 > "单元格右侧的按钮，在弹出的"函数"列表内选择"系统函数"→"编辑位"→"置位位"选项（①）。

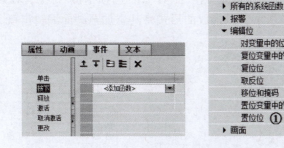

图 4 – 63 "按下" 事件设置

如图 4 – 64 所示，在"变量（输入/输出）"右侧的单元格内单击按钮，在弹出的窗口内选择之前创建的变量 M2.0（变量名称为"点动"），单击按钮退出，则按钮的"按下"事件组态完成，即当按钮被按下时将外部变量 M2.0 置位。

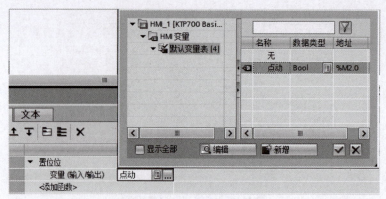

图 4-64 选择变量

（5）与组态"按下"事件的方式相似，在"事件"选项卡中选择"释放"选项，添加一个"复位位"函数，变量选择 M2.0（变量名称为"点动"），如图 4-65所示。

通过以上设置，按钮具备了点动控制 M2.0外部变量的功能，将配置下载至触摸屏，按下按钮时 M2.0 的值为 1，释放按钮时 M2.0 的值为 0。

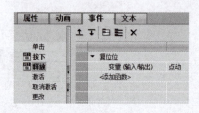

图 4-65　设置"释放"事件

2）指示灯的添加与设置

（1）博途软件没有提供单独的指示灯组件，用户可以使用图形（例如圆、矩形）组件设置指示灯的功能。首先在变量表中添加一个变量，进行测试。如图 4-66 所示，添加一个名称为"输出"、地址为 Q0.6 的变量。

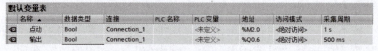

默认变量表							
名称 ▲	数据类型	连接	PLC 名称	PLC 变量	地址	访问模式	采集周期
点动	Bool	Connection_1		<未定义>	%M2.0	<绝对访问>	1 s
输出	Bool	Connection_1		<未定义>	%Q0.6	<绝对访问>	500 ms

图 4-66　添加变量

（2）打开画面编辑窗口，在右侧"工具箱"选项卡的"基本对象"列表中选择"圆"组件，如图 4-67 所示，以拖放的形式将其添加至画面编辑窗口。

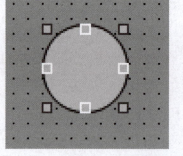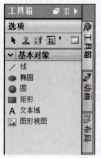

图 4-67　添加"圆"组件

（3）在画面编辑窗口内选择"圆"组件，在下方的巡视窗口内打开"动画"选项卡，如图 4-68 所示，选择"显示"选项，在右侧对话框内单击"外观"右侧的▣图标（①），为外观添加一个新动画。

图 4-68　添加外观动画

（4）如图 4-69 所示，进行外观动画的组态。单击变量名称输入框右侧的▦按钮，选择之前创建的变量 Q0.6（变量名称为"输出"）。在下方的列表中双击"范围"列单元格中的"<添加>"。添加两条动画属性，将第一条动画属性的范围值设置为 0，将第二条动画属性的范围值设置为 1，再分别设置每条动画属性的背景色、边框色或选择是否闪烁。在本例中，当 Q0.6=0 时为背景色为灰色，当 Q0.6=1 时背景色为红色。将组态配置下载至触摸屏并与 PLC 连接运行，可以看到，当 PLC 的 Q0.6 接通时指示灯显示红色，当 PLC 的 Q0.6 断开时指示灯显示灰色。

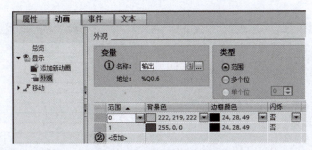

图 4-69　组态外观动画

6. 下载项目至触摸屏

1）设置触摸屏的 IP 地址

在下载项目之前，应确认或设置触摸屏的 IP 地址。触摸屏上电启动后，在"Start Center"对话框内点击"Settings"按钮，再点击"Network Interface"图标，在打开的界面内设置"IP address""Subnet mask"等参数，此处设置 IP 地址为 192.168.1.4，子网掩码为 255.255.255.0，其他保持默认设置。

2）下载项目

（1）设置计算机端的 IP 地址，应使计算机的 IP 地址与触摸屏的 IP 地址在同一个网段内（两者 IP 地址的前 3 个字段相同，最后 1 个字段不同）。

（2）在触摸屏的"Start Center"对话框内点击"Transfer"按钮，使触摸屏处于传输等待状态。

（3）在博途软件的"设备"导航栏内选择已创建的触摸屏名称（①），如图 4-70 所示，单击工具栏中的"下载到设备"按钮▮，弹出"扩展下载到设备"对话框，如图 4-71 所示。

在"扩展下载到设备"对话框中，选择"PG/PC 接口的类型"为"PN/IE"，"PG/PC 接口"为计算机的网卡名称，单击"开始搜索"按钮，若网络连接正常，则在目标设备列表中会显示触摸屏相关信息（①），包括设备名称、设备类型、接口类型以及 IP 地址等信息，该对话框左侧的计算机图标与触摸屏图标之间的连线会变为绿色（②）。

在目标设备列表中选择搜索到的触摸屏，单击"下载"按钮，执行下载任务。

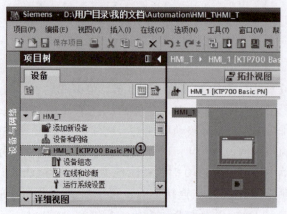

图 4 – 70　选择设备并下载

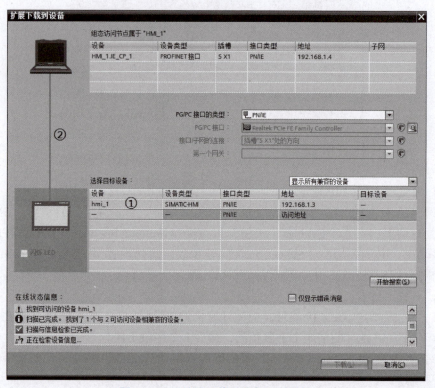

图 4 – 71　"扩展下载到设备"对话框

如图 4 – 72 所示，博途软件首先对项目进行编译，编译成功之后，在"下载预览"对话框内单击"装载"按钮，执行项目的下载。若下载项目之前触摸屏已经存在项目文件，则还应在"下载预览"对话框内勾选"全部覆盖"复选框，使新的项目文件覆盖旧的项目文件。

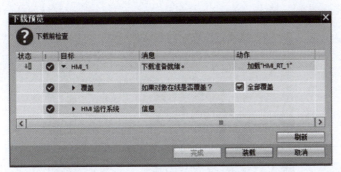

图4-72 "下载预览"对话框

隔空触摸屏

近年来，一种无须用手指接触便可轻松操控的隔空触摸屏逐步进入大众视野。隔空触摸屏将红外线摄像头模块和手部跟踪软件二者结合，实现了非接触式手势控制，如图4-73所示。当用户隔空触摸时，手部跟踪软件检测到用户的空中手势，可靠地跟踪手部的大小和形状，并将手部动作转换为屏幕上的光标，使人无须用手指触碰，便可以轻松操控屏幕。只需对现有触摸屏进行改造，无须改变以前使用的界面和设计即可实现隔空触摸屏。其改造成本极低，给用户提供熟悉的使用界面，操作简便易行。在许多需要隔离的环境中，隔空触摸屏成功提供了一种新型的满足公共卫生需求的替代选择。

图4-73 隔空触摸屏示意

【赛证延伸】 竞赛：全国职业院校技能大赛 "生产单元数字化改造"（2）

1. "生产单元数字化改造"赛项中工业人机界面的作用

"生产单元数字化改造"赛项使用了两台触摸屏监控与操作现场各机构的运行，如图4-74所示。1台触摸屏安装于智能仓储单元，另1台触摸屏安装于装配检测单元，都与各自单元的PLC进行通信。参赛选手需要按照任务要求通过触摸屏开发软件完成与PLC的通信配置、变量创建、画面设计以及功能组态等。例如，在智能仓储单元，需要在触摸屏上监控码垛机的运行速度、当前位置等数据，并能对码垛机进行手动操作。

图4-74 "生产单元数字化改造"赛项中的触摸屏

2. "生产单元数字化改造"赛项中的"工业人机界面"任务要求

如图4-75所示,"生产单元数字化改造"赛项的任务3.1.2要求通过触摸屏可以控制码垛机各轴复位(回到原点)和停止,显示各轴的运行状态等信息,并能通过触摸屏输入工件信息,完成RFID读写器的读写。

3.1.2 智能仓储入库功能调试

能够实现智能仓储的基本运动控制和状态显示,包含机器人(码垛机)各轴的复位、停止功能,显示机器人(码垛机)各轴的运行状态、限位和原点传感器状态、以及实时位置,显示智能仓储单元中有无托盘信息。

任务要求:

1)编写智能仓储PLC和触摸屏程序,通过触摸屏中的复位按钮实现各轴的复位功能。

2)手动将载有工件的托盘放至RFID读写器的识别范围内,通过触摸屏输入工件信息,RFID读写器将工件信息写入工件托盘的RFID芯片。工件信息编码规则如表3所示。

表3 工件信息编码规则

托盘信息编码规则						
数组名称	数组1 场次	数组2 工件1信息	数组3 工件2信息	数组4 工件3信息	数组5 仓位号	数组6 零件状态
参数	01 02 03 04 05	0:无 1:黑色 2:红色	0:无 1:黑色 2:红色	0:无 1:黑色 2:红色	01 02 03 ……	01:待装配 02:装配合格 03:装配不合格 04:缺陷件 ……

测试要求:

1)通过点击触摸屏中的"一键复位"按钮,控制码垛机的3个轴完成复位。

2)在触摸屏中输入目标仓位[8号仓位(第二行、第三列)],点击"启动"按钮,码垛机将已写入工件信息的工件托盘运送至8号仓位,到位后仓位指示灯显示白色。

图4-75 "生产单元数字化改造"赛项的任务3.1.2

单元测评

1. HMI是（　　）的简称。

A. 人机界面 　　　　　　　　　　　　B. 可编程逻辑控制器

C. 编码器 　　　　　　　　　　　　　D. 触摸屏

2. 红外线式触摸屏在显示器的前面安装一个电路板外框,电路板在屏幕四边排布_____。

3. 电阻屏最外层一般使用软屏,通过按压使_____。

4. 当计算机与触摸屏采用以太网连接时,两者的IP地址应被设置为_____。

5. 电容式触摸屏是利用_____进行工作的。

练习思考

1. 描述电阻式触摸屏的特点。
2. 描述通过博途软件开发触摸屏项目的一般步骤。

考核评价

情境四单元 2 考核评价表见表 4 – 4。

表 4 – 4 情境四单元 2 考核评价表

环节	项目	标准分值	实际分值
课前（20%）	平台讨论	10	
	平台资源学习	10	
课中（60%）	课堂考勤	10	
	课堂问题参与	10	
	合作共进、美学认知和美学素养	10	
	单元测评	10	
	小组任务	20	
课后（20%）	练习思考	10	
	"赛证延伸"实施	10	
总评		100	

单元 3 组态监控技术

政策引导

2024 年 1 月，工业和信息化部印发了《工业控制系统网络安全防护指南》，提出"将 SCADA 系统纳入工业控制系统的网络安全防护范围，要求企业全面梳理 SCADA 系统及相关设备、软件、数据等资产，建立资产清单并定期更新。强调对 SCADA 系统等重要工业控制系统的重点保护，包括关键设备的冗余备份和安全防护措施"。组态监控技术催生出各种功能强大的组态软件，它们广泛应用于机械、汽车、石油、化工、水处理以及过程控制等诸多领域。本单元主要介绍组态软件的功能和应用，以西门子 WinCC 软件为例，讲解组态软件的操作过程。

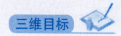 三维目标

■ 知识目标

（1）了解组态软件的功能、特点、应用和发展趋势。

（2）掌握西门子 WinCC 软件的通信连接配置和画面组态。

■ 能力目标

（1）能够完成西门子 WinCC 软件的通信连接配置。

（2）能够使用西门子 WinCC 软件进行监控画面的组态与调试。

■ 素质目标

（1）通过组态软件的搭积木的配置形式，培养学生的逻辑推理能力和简化意识。

（2）通过组态软件的功能集成和发展趋势，培养学生的系统思维和集成能力。

 知识学习

4.3.1　组态软件概述

1. 组态软件的定义与应用

在工业自动化控制领域，组态软件也称为组态监控软件或 SCADA（Supervisory Control And Data Acquisition，数据采集与监视控制）软件，它是一种数据采集与过程控制的专用软件。

组态软件提供了一种灵活的组态方式，使用户能够快速构建工业控制系统的监控功能。它广泛应用于机械、汽车、石油、化工、水处理以及过程控制等诸多领域。组态软件的特点包括功能强大、简单易学等，并且具有良好的开放性，能够与多种通信协议互连，支持多种硬件设备。此外，组态软件还提供了丰富的功能模块，包括强大的数据库管理、可编程的命令语言以及周密的系统安全防范等，以满足用户的测控要求和现场要求。

组态软件的开发环境允许用户通过配置的方式完成工业应用开发，而不需要编写计算机程序。这种"组态"的概念意味着用户可以通过类似"搭积木"的简单方式来完成自己需要的软件功能。组态软件的发展已经扩展到企业信息管理系统、管理和控制一体化、远程诊断和维护以及互联网数据整合。

组态软件一般运行于计算机中，在企业的信息化系统中占有重要地位，可以对现场的运行设备进行监视和控制，以实现数据采集、设备控制、测量、参数调节以及各类信号报警等功能。

图 4-76 所示为一个运行于计算机上的组态软件监视画面，通过该画面可以很直观地监视设备的运行状态，以及对设备进行远程操作，例如打开或关闭阀门。

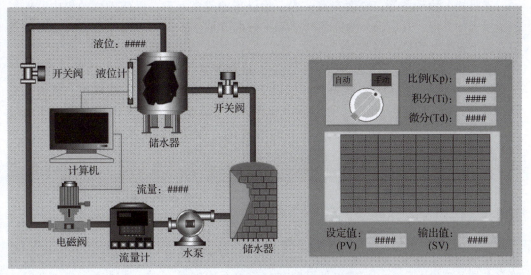

图4-76 组态软件监视画面示例

内部图标签：
液位：####
开关阀 液位计
开关阀
储水器
计算机
流量：####
电磁阀
流量计 水泵 储水器

自动 手动
比例(Kp)：####
积分(Ti)：####
微分(Td)：####

设定值：#### 输出值：####
(PV) (SV)

2. 组态软件的功能

（1）可以读写不同类型的 PLC、仪表、智能模块和板卡，采集工业现场的各种信号，从而对工业现场进行监视和控制。

（2）可以以图形和动画等直观形象的方式呈现工业现场信息，以方便对控制流程的监视；也可以直接对控制系统发出指令、设置参数，以干预工业现场的控制流程。

（3）可以将工业控制系统中的紧急工况（如报警等）通过软件界面、电子邮件、手机短信、即时消息软件、声音和计算机自动语音等多种手段及时发送给相关人员，使之及时掌控工业控制系统的运行状况。

（4）可以对工业现场的数据进行逻辑运算和数字运算等处理，并将结果返回给工业控制系统。

（5）可以对从工业控制系统得到的以及自身产生的数据进行记录存储。在工业控制系统发生事故和故障时，利用记录的运行工况数据和历史数据，可以对故障原因等进行分析定位、责任追查等。通过对数据的质量统计分析，还可以提高工业控制系统的运行效率，提升产品质量。

（6）可以将工程运行的状况、实时数据、历史数据、警告和外部数据库中的数据以及统计运算结果制作成报表，供运行和管理人员参考。可以提供多种手段让用户编写自己需要的特定功能，并与组态软件集成为一个整体运行。大部分组态软件可以通过 C 脚本、VBS 脚本等完成此功能。

（7）可以为其他应用软件提供数据，也可以接收数据，从而将不同的系统关联整合在一起。多个组态软件之间可以互相联系，提供客户端/服务器（C/S）架构，通过网络实现分布式监控，从而实现复杂的大系统监控。

3. 组态软件的特点

（1）功能强大。组态软件提供丰富的编辑和作图工具，大量的工业设备图符、仪表图符以及趋势图、历史曲线、数据分析图等；提供十分友好的图形化用户界面（Graphics User Interface，GUI），包括一整套 Windows 风格的窗口、菜单、按钮、信息区、工具栏、滚动条等；画面丰富多彩，为设备的正常运行、操作人员的集中监控提供了极大的方便；具有强大的通信功能和良好的开放性，向下可以与数据采集硬件通信，向上可以与管理网络互连。

（2）简单易学。使用组态软件不需要掌握太多编程技术，甚至不需要编程技术，根据工程实际情况，利用其提供的底层设备（PLC、智能仪表、智能模块、板卡、变频器等）的 I/O 驱动、开放式的数据库和界面制作工具，就能完成一个具有动画效果、能进行实时数据处理、历史数据和曲线并存、具有多媒体功能和网络功能的复杂工程。

（3）扩展性高。使用组态软件开发的应用程序，当现场条件（包括硬件设备、系统结构等）或用户需求发生改变时，不需要太多的修改就可以方便地完成更新和升级。

（4）可以实时运行多个任务。在使用组态软件开发的项目中，数据采集与输出，数据处理与算法实现，图形显示及人机对话，实时数据的存储、检索管理，实时通信等多个任务可以在同一台计算机上同时运行。组态控制技术是计算机控制技术发展的结果，采用组态控制技术的工业控制系统最大的特点是从硬件到软件开发都具有组态性，因此极大地提高了可靠性和开发速率，降低了开发难度，而且其可视化、图形化的管理功能方便了生产管理与维护。

4.3.2　组态软件品牌简介

1. 力控 ForceControl V7. x

力控 ForceControl V7. x 是由北京三维力控科技有限公司开发的一款组态软件，如图 4 – 77 所示。它通过提供可靠、灵活、高性能的监控系统平台，以及简单易用的配置工具和强大的功能使用户能够针对各种规模的应用进行快速开发并部署。通过力控 Force-Control V7. x 提供的组态开发环境，工程师可以直接使用其提供的大量可导入设置和等值化工具，实现变量、数据库、I/O 设备、对象数据、图库等的高度复用，从而极大地提高工程的组态效率。

力控 ForceControl V7. x 与 . NET 技术可以无缝集成，用户可以使用 WinForm 技术或 WPF 技术，方便地设计出炫丽的应用组件添加到力控 ForceControl V7. x 中。通过计算机技术与三维技术的结合，可轻松实现数据的可视化，这种形象直观的展示方式有效降低了数据的理解难度。

2. 组态王

由北京亚控科技发展有限公司开发的组态王是一款应用较为广泛的工业自动化组态软件，如图 4 – 78 所示。组态王可用于工业生产现场的可视化和控制过程。组态王提供了易用的开发环境和丰富的功能，使工程师能够快速地建立、测试和部署适合当前行业的应用。组态王还提供了稳定的运行环境，能长时间地采集和展示生产数据。

组态王拥有丰富的功能，包括设备采集驱动、图库、报表、报警、趋势曲线、配方、电子签名、场景控件、二次授权、分辨率转换、模版、多语言、C/S、B/S、移动端、对外数据接口等，可以满足用户的各类生产监控需求。

图 4 – 77　力控 ForceControl V7. x 安装主界面

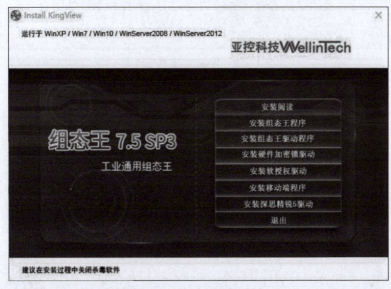

图 4 – 78　组态王安装主界面

3. 西门子 WinCC

WinCC（Windows Control Center，视窗控制中心）是由德国西门子公司开发的一款组态软件，如图 4 – 79 所示，它是第一个使用最新的 32 位技术的过程监视系统，具有良好的开放性和灵活性。通过 WinCC，用户可以选择一种创新和可扩展的过程可视化系统，该系统具有用于监视自动过程的众多功能，提供了适用于所有领域和高复杂性任务以及 SCADA 应用的全面功能。

4.3.3　西门子 WinCC 软件操作

下面组态一个 WinCC 监控界面，实现对西门子 S7 – 1200 PLC 的运行监控与操作。PLC 程序如图 4 – 80（a）所示。在 WinCC 监控界面内组态一个按钮和指示灯，如图 4 – 80（b）所示。当按下按钮时，变量 M0.0 的值变为 1；当松开按钮时，M0.0 的值变为0；指示灯用于监控变量Q0.0的状态；当Q0.0的值为1时，指示灯显示绿色；当Q0.0的值为0时指示灯显示灰色。

图4-79 WinCC安装主界面

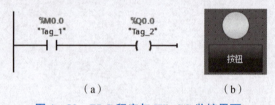

（a）   （b）

图4-80 PLC程序与WinCC监控界面

（a）PLC程序；（b）WinCC监控界面

1. 创建新项目

（1）如图4-81所示，双击桌面上的"SIMATIC WinCC Explorer"图标，打开WinCC项目管理器，WinCC项目开发的绝大部分工作都是在WinCC项目管理器内完成的，通过WinCC项目管理器可以完成创建新项目、打开项目、对项目数据进行管理和归档、打开图形编辑器、激活或取消项目等。

图4-81 "SIMATIC WinCC Explorer"图标

（2）初次打开WinCC项目管理器时会弹出图4-82所示的对话框，在该对话框内选择新建项目的类型。若希望WinCC项目在一台计算机上运行（较为常用的运行方式），则需单击"单用户项目"单选按钮。此处单击"单用户项目"单选按钮，单击"确定"按钮后将弹出"创建新项目"对话框。

（3）如图4-83所示，在"创建新项目"对话框内输入项目名称并单击 按钮设置项目路径，此处项目路径保持默认设置。项目名称由用户自定义（例如设置为"TEST"），WinCC项目管理器会在项目路径下创建一个与项目名称相同的子文件夹，用于保存项目文件，设置完成后单击"创建"按钮，系统会自动创建一个新项目并打开WinCC项目管理器窗口。

图 4-82　选择新建项目的类型

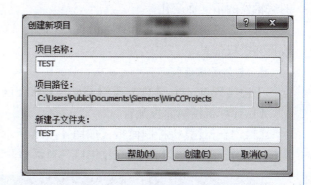

图 4-83　"创建新项目"对话框

（4）WinCC 项目管理器窗口如图 4-84 所示，其构成如下。

①标题栏：可以显示已打开项目的存储路径。

②菜单栏：通过菜单栏执行"新建""打开""复制""剪切"等功能。

③工具栏：提供对菜单栏内有关功能的便捷操作，包括新建项目、打开项目、激活项目、剪切、复制、粘贴等。

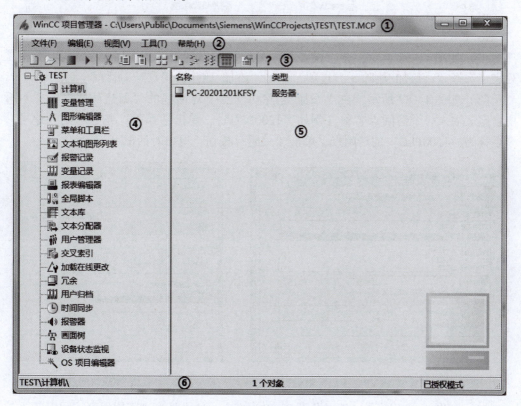

图 4-84　WinCC 项目管理器窗口

④浏览窗口：包含 WinCC 项目管理器的编辑器和功能列表，双击功能列表或使用相应快捷键即可打开对应的编辑器。

⑤数据窗口：显示编辑器或文件夹的元素，所显示的信息随左侧导航栏中被选中的编辑器的不同而变化。

⑥状态栏：显示与编辑有关的提示信息，以及文件的当前路径、已组态外部变量数目和授权信息。

2. 建立通信连接

下面实现 WinCC 软件与西门子 S7 - 1200 PLC 的通信。

1）计算机控制面板配置

（1）打开计算机控制面板，如图 4 - 85 所示，双击"设置 PG/PC 接口（32 位）"图标（①），弹出"设置 PG/PC 接口"对话框。

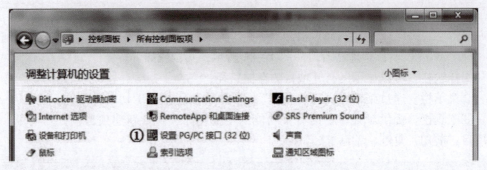

图 4 - 85　控制面板

（2）如图 4 - 86 所示，在"设置 PG/PC 接口"对话框的"应用程序访问点"下拉列表中选择"<添加/删除>"选项，弹出"添加/删除访问点"对话框。

（3）如图 4 - 87 所示，在"添加/删除访问点"对话框的"新建访问点"文本框中自定义输入一个访问点名称（例如"1200PLC"），单击"添加"按钮，则创建了一个名称为"1200PLC"的访问点，单击"关闭"按钮，退出对话框。

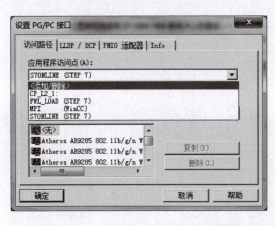

图 4 - 86　"设置 PC/PG 接口"对话框

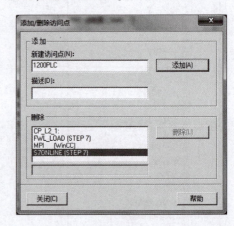

图 4 - 87　"添加/删除访问点"对话框

（4）如图 4 - 88 所示，在"设置 PG/PC 接口"对话框的"应用程序访问点"下拉列表中选择上一步新建的"1200PLC"访问点，然后在"为使用的接口分配参数"列表框中选择基于 TCP/IP 协议的以太网卡名称（"Realtek PCIe FE Famil⋯"是计算机的以太网卡名称），设置完成后单击"确定"按钮退出对话框。

2）WinCC 软件配置

（1）如图 4-89 所示，打开 WinCC 项目管理器窗口，在左侧的导航栏内双击"变量管理"节点，打开变量管理器窗口。

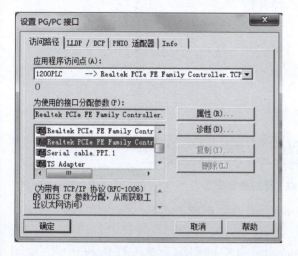

图 4-88　选择访问点

图 4-89　WinCC 项目管理器

（2）在变量管理器窗口左侧的"变量管理"导航栏内，右击"变量管理"节点，在弹出的快捷菜单中选择"添加新的驱动程序"→"SIMATIC S7-1200，S7-1500 Channel"选项，如图 4-90 所示。

图 4-90　"变量管理"导航栏

（3）右击"SIMATIC S7-1200，S7-1500 Channel"→"OMS+"节点，在弹出的快捷菜单中选择"新建连接"选项，新建一个默认名称为"NewConnection_1"的连接，如图 4-91 所示。右击"NewConnection_1"连接，在弹出的快捷菜单中选择"连接参数"选项，打开连接参数设置对话框。

图 4-91　新建连接

（4）如图 4-92 所示，在连接参数设置对话框内，"产品系列"选择"s71200-connection"，"访问点"选择在计算机控制面板配置中添加的访问点"1200TCP"，在"IP 地址"文本框中输入实际 PLC 的 IP 地址，例如"192.168.1.7"，单击"确定"按钮退出对话框，通信连接配置完成。注意 PLC 的 IP 地址应与计算机的 IP 地址在同一网段内。

图 4-92　连接参数设置

（5）通信成功后会在连接"NewConnection_1"的图标上显示绿色的"√"，如图4-93所示。

若通信失败，会在连接"NewConnection_1"的图标上显示红色的"!"，如图4-94所示。

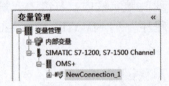

图 4-93　通信连接成功　　　图 4-94　通信连接失败

3. 添加变量

本例涉及两个变量：Q0.0 和 M0.0。在画面组态前需要提前在变量管理器内添加变量。

（1）在变量管理器窗口内，选择上一步创建的连接"NewConnection_1"，在右侧数据区表格的"名称"单元格内输入变量名称（例如"Lamp"）。如图4-95所示，在右侧"属性-变量"面板内选择变量的"数据类型"，本例选择"二进制变量"（①），再单击"地址"的⋯按钮，打开"地址属性"对话框。

如图4-96所示，在打开的"地址属性"对话框内设置"数据区域"为"输出"，设置"地址"为位地址 Q0.0，单击"确定"按钮退出对话框。

（2）采用同样的方式，创建一个名称为"Start"的变量，"数据类型"选择"二进制变量"，设置"地址"为"M0.0"，如图4-97所示。

4. 组态画面

1）创建过程画面与添加组件

（1）在 WinCC 项目管理器窗口的左侧导航栏内双击"图形编辑器"节点，系统会创建一个默认名称为"NewPdl0"的过程画面，如图4-98所示，双击过程画面图标，

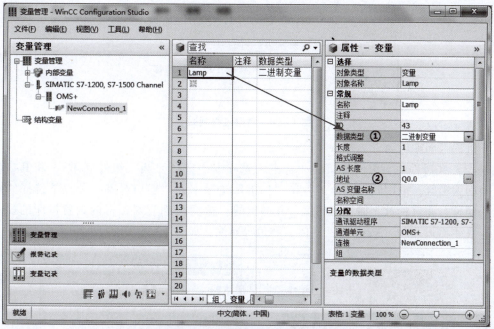

图 4 – 95　变量添加与属性设置

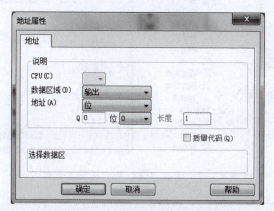

图 4 – 96　"地址属性"对话框

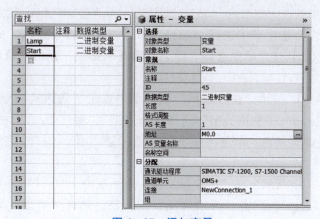

图 4 – 97　添加变量

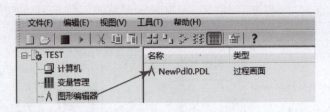

图 4 – 98　创建过程画面

打开过程画面编辑窗口。

（2）在过程画面编辑窗口的"标准"选项卡中选择"圆"组件（①），将其拖放至画面编辑区。采用同样的方式，在"标准"选项卡的"窗口对象"节点下选择"按钮"组件，将其拖放至画面编辑区，在弹出的"按钮组态"对话框内设置按钮的显示文本（本例设置为"按钮"）、字体、颜色等属性，如图 4 – 99 所示。

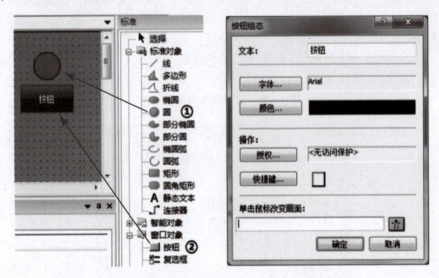

图 4 – 99　添加"圆"和"按钮"组件

2）"圆"的组态

（1）选择画面编辑区中的"圆"，在下方的"属性"选项卡中选择"效果"节点（①），双击"全局颜色方案"→"是"，将其修改为"否"（②），如图 4 – 100 所示。

（2）在"属性"选项卡中选择"颜色"节点，在"背景颜色"的"动态"单元格内右击，在弹出的快捷菜单中选择"动态对话框"选项，弹出"值域"对话框，如图 4 – 101 所示。

（3）如图 4 – 102 所示，在"值域"对话框内点击"表达式/公式"右侧的■按钮，选择变量"Lamp"，"数据类型"选择"布尔型"，将"是/真"的颜色改为绿色，将"否/假"颜色改为灰色。单击"触发器"图标 ■（①），打开"改变触发器"对话框。

（4）如图 4 – 103 所示，在"改变触发器"对话框内，"事件"选择"变量"，"变量名称"选择"Lamp"，双击"标准周期"单元格，选择"有变化时"选项，单击"确定"按钮退出对话框，"圆"组态完成。

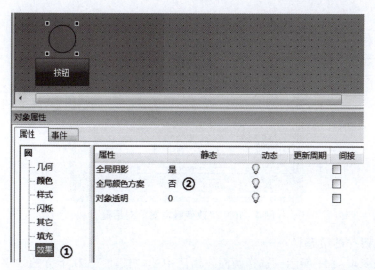

图 4 – 100 "圆"的效果设置

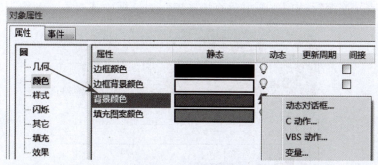

图 4 – 101 "圆"的颜色设置

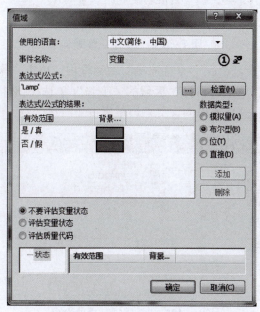

图 4 – 102 "值域"对话框

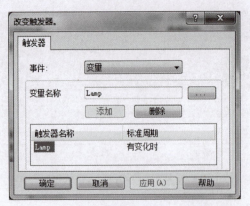

图 4-103 "改变触发器" 对话框

3) "按钮" 的组态

（1）如图 4-104 所示，选择画面编辑区中的 "按钮"，在下方的 "事件" 选项卡中选择 "鼠标" 节点，在右侧 "按左键" 的 "动作" 单元格内右击，在弹出的快捷菜单中选择 "直接连接" 选项，弹出 "直接连接" 对话框（或双击 "动作" 单元格）。

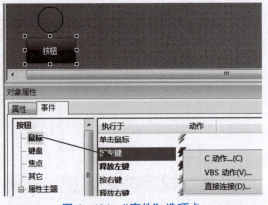

图 4-104 "事件" 选项卡

（2）如图 4-105 所示，在 "直接连接" 对话框内，单击 "来源" 区域的 "常数" 单选按钮并输入 "1"，单击 "目标" 区域的 "变量" 单选按钮并选择之前已添加的变量 "Start"（即 M0.0），这样操作的含义是当单击按钮时将变量 "Start" 赋值为 1。

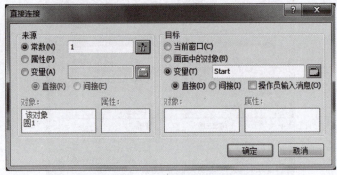

图 4-105 "按左键" 事件设置

3）如图4 – 106 所示，采用同样的设置方式，对"事件"选项卡中的"释放左键"事件的直接连接进行设置，即释放按钮时将变量"Start"赋值为0。

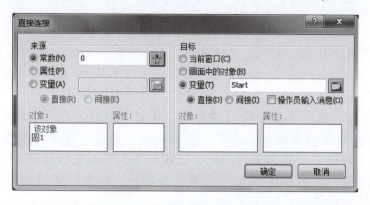

图4 – 106 "释放左键"事件设置

5. 运行测试

（1）在运行项目之前，首先保存项目，如图4 – 107 所示，在图形编辑器窗口内选择"文件"→"全部保存"选项，便可保存整个项目。

（2）如图4 – 108 所示，单击工具栏中的"运行系统"按钮，可以激活 WinCC 软件运行系统，并打开当前的工程画面。

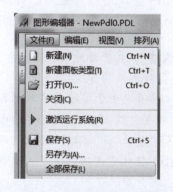

图4 – 107 保存项目　　　图4 – 108 单击"运行系统"按钮

如图4 – 109 所示，项目运行后，单击按钮，PLC 变量 Q0.0 的值变为1，圆形的颜色变为绿色，释放鼠标左键，Q0.0 的值变为0，圆形的颜色变为灰色。

图4 – 109 运行测试

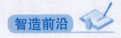

智造前沿

新一代 SCADA 系统

SCADA 系统的应用领域广泛，包括油气、电力、冶金、化工、轨交、水务等行业，它通过实时采集数据对生产过程进行有效监控，从而实现生产调度。随着工业 4.0 时代的到来，工业企业对传统的 SCADA 系统提出了更高的要求。

（1）扁平化。随着工业互联网的发展，SCADA 系统呈现扁平化的发展趋势。在传统 SCADA 系统的基础上，不断衍生出更多信息化、智能化应用，例如基于 SCADA 系统实现设备故障预警等功能，以满足各行业对高级功能的需求。因此，SCADA 系统需要一套标准化及扁平化的平台设计，以灵活支撑功能扩展和应用融合。

（2）网络化。从车间级就地监控，到跨地域随时随地监控，SCADA 系统的规模越来越大，因此需要 SCADA 系统具有强大的网络能力，能够支持多种网络架构以及冗余技术，保证数据接入安全、灵活以及远程监控可靠稳定。

（3）开放化。智能制造注重工业大数据的应用，SCADA 系统作为工业操作系统的重要数据来源，应具备开放的数据接口和标准，支撑各种工业操作系统调用。

（4）智能化。基于数据采集的基础，SCADA 系统应具有更多分析运用数据的能力，基于机器学习等技术，实现工艺过程优化分析、故障预警等智能化应用。

【赛证延伸】 竞赛：全国职业院校技能大赛 "生产单元数字化改造"（3）

1. "生产单元数字化改造"赛项中组态监控技术的作用

SCADA 系统在"生产单元数字化改造"赛项中用于监控仓储单元各仓位的状态（工件的有无）、码垛机的状态（待机、报警、运行）以及电能表的数据（电压、电流和已消耗电能），并可通过"停止""复位""启动"按钮对码垛机进行操作。参赛选手需要按照任务要求通过 SCADA 软件完成通信配置、变量创建、画面设计以及功能组态等。

2. "生产单元数字化改造"赛项中的"组态监控技术"任务要求

如图 4-110 所示，"生产单元数字化改造"赛项的任务 2.4 要求编写智能仓储 PLC 程序和绘制 SCADA 系统页面，并进行 PLC 和 SCADA 变量的关联与调试，在 SCADA 系统中完成智能仓储单元的数据可视化展示。

任务 2.4 智能仓储数据采集

根据生产单元数字化改造计划，按照工艺流程，完成智能网关和 SCADA 系统的配置。编写智能仓储 PLC 程序，绘制 SCADA 系统页面，并进行 PLC 和 SCADA 系统变量的关联与调试，在 SCADA 系统中完成智能仓储单元的数据可视化展示。

图 4-110 "生产单元数字化改造"赛项的任务 2.4

任务要求：

1）配置智能网关和 SCADA 系统的相关通信参数，保证智能网关与PLC、智能网关与SCADA系统间互连互通。

2）编写智能仓储单元 PLC 程序，对智能仓储单元仓位信息进行数据采集，并在智能网关页面完成与上述数据变量与 SCADA 系统的关联与对接。

3）在 SCADA 系统中绘制信息智能仓储单元仓位信息显示页面，完成仓位有无料信息的实时显示。要求当仓位有托盘时在SCADA系统中使用绿色指示灯表示，当仓位无托盘时，绿色指示灯变为白色。指示灯按照实际硬件仓位布局和数量进行绘制。

图 4-110 "生产单元数字化改造"赛项的任务 2.4（续）

 单元测评

1. SCADA 是（　　　）的英文缩写。

A. 人机界面

B. 可编程逻辑控制器

C. 数据采集与监视控制

D. 触摸屏

2. 组态软件一般运行于（　　　）中。

A. 人机界面

B. PLC

C. SCADA 系统

D. 计算机

3. 组态软件是一种＿＿＿＿＿＿＿＿的专用软件。

4. WinCC 软件项目开发的绝大部分工作是在＿＿＿＿＿＿内完成的。

5. 在 WinCC 软件中进行画面组态前，需要提前在＿＿＿＿＿＿内添加变量。

 练习思考

1. 描述组态软件的特点和发展趋势。

2. 描述 WinCC 软件项目创建的一般步骤。

 考核评价

情境四单元 3 考核评价表见表 4-5。

表 4 – 5　情境四单元 3 考核评价表

环节	项目	标准分值	实际分值
课前（20%）	平台讨论	10	
	平台资源学习	10	
课中（60%）	课堂考勤	10	
	课堂问题参与	10	
	安全意识、专注的工作态度	10	
	单元测评	10	
	小组任务	20	
课后（20%）	练习思考	10	
	"赛证延伸"实施	10	
	总评	100	

单元 4　激光 SLAM 技术

政策引导

　　2006 年发布的《国家中长期科学和技术发展规划纲要（2006—2020 年）》将激光技术列为我国重点发展的前沿技术；"十二五"和"十三五"规划强调重点支持激光产业的发展，包括支持激光器核心部件的研发、推动激光技术的创新应用。"863"计划在"十三五"和"十二五"规划成果的基础上，要求进一步研制高性能大功率光纤激光器。激光 SLAM 技术是实现高精度定位和环境建模的重要工具之一。随着国家智能制造转型升级的深入推进，激光 SLAM 技术在工业领域的应用越来越广泛。其应用于 AGV，使 AGV 能够在未知环境中自主导航、建图，并实现精确定位，为工厂货物的智能化、高精度、高效率搬运提供了强有力的支持。本单元主要介绍激光 SLAM 技术的基本原理、3 种 AGV 导航技术的特点、AGV 软件的操作。

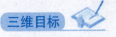 三维目标

■ 知识目标

（1）了解激光雷达的基本原理、激光 SLAM 技术的基本原理和应用。

（2）掌握 3 种 AGV 导航技术的原理和特点。

（3）掌握 AGV 创建地图与定义导航站点的方法。

■ 能力目标

(1) 能够使用 AGV 软件完成地图扫描与创建。

(2) 能够使用 AGV 软件在地图上定义导航站点并进行调试。

■ 素质目标

(1) 通过激光 SLAM 技术的精确定位和导航功能，培养学生专注、精益求精的工匠精神。

(2) 通过不同导航技术的比较，培养学生勇攀高峰的精神。

 知识学习

4.4.1 激光 SLAM 技术的原理及应用

激光 SLAM 技术是一种利用激光雷达数据进行实时定位和地图构建的技术，是激光雷达和 SLAM 技术的结合。通过激光 SLAM 技术可以完成两个关键任务：实时定位和地图构建。

实时定位指的是通过分析激光雷达数据，确定物体当前的精确位置。这一过程通常是将当前激光雷达数据与已知地图进行比对，从而推断车辆在地图上的位置。

地图构建是指根据激光雷达数据生成环境的精确地图，这些地图通常是高精度的三维或二维地图，可以用于导航规划和避障。

1. 激光雷达

激光雷达是通过发射激光束探测目标的位置、速度等特征量的雷达系统。其工作原理是向目标发射探测信号（激光束），然后将接收到的从目标反射回来的信号（目标回波）与发射信号进行比较，作适当处理后，即可获得目标的有关信息，如目标的距离、方位、高度、速度、姿态，甚至形状等参数，从而对飞机、导弹等目标进行探测、跟踪和识别。激光雷达由激光发射机、光学接收机、转台和信息处理系统等组成，激光发射机将电脉冲变成光脉冲发射出去，光学接收机把从目标反射回来的光脉冲还原成电脉冲，送到显示器。激光雷达如图 4-111 所示。

图 4-111 激光雷达

激光雷达的工作原理与普通雷达非常相近，其以激光作为信号源，由激光发射机发射出光脉冲，打到地面上的树木、道路、桥梁和建筑物上，引起散射，一部分光脉冲会反射到激光雷达的光接收机，根据激光测距原理进行计算，就可以得到从激光雷达到目标的距离，激光雷达不断地扫描目标，就可以得到目标的全部数据，用此数据进行成像处理后，就可以得到精确的三维立体图像。

2. SLAM 技术

通过 SLAM 技术，机器人在未知环境中从一个未知位置开始移动，在移动过程中根据位置和地图进行自身定位，同时在自身定位的基础上建造增量式地图，实现自主定位和导航。

3. 激光 SLAM 技术的应用

激光 SLAM 技术被广泛应用于机器人、无人机、自动驾驶等领域，依靠传感器可实现自主定位、建图、路径规划等功能。

（1）机器人领域。激光 SLAM 技术可以辅助机器人进行路径规划、自主探索、导航等任务，如图 4–112 所示。例如，货叉机器人可以通过激光 SLAM 技术高效绘制场所地图，智能分析和规划货物运送环境。

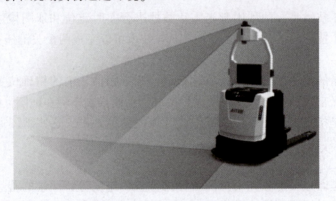

图 4–112　激光 SLAM 技术在机器人领域的应用场景

（2）无人机领域。激光 SLAM 技术可以快速构建局部三维地图，并与地理信息系统（GIS）、视觉识别技术结合，辅助无人机识别路障并自动避障规划路径。

（3）自动驾驶领域。在自动驾驶汽车中，激光 SLAM 技术扮演着关键角色。通过激光 SLAM 技术，自动驾驶汽车能够实时准确地确定自身位置，并根据地图规划最优路径，实现精准导航。通过激光 SLAM 技术不仅能获知车辆当前位置的信息，还能够利用历史扫描数据建立环境的静态地图。这些地图包含了道路、建筑物等详细信息，为自动驾驶汽车的环境感知提供重要依据。另外，基于激光雷达的高精度地图，自动驾驶汽车能够实时监测环境中的动态物体（如行人、车辆等），并及时调整路径进行避让，确保行驶安全。

4.4.2　AGV 的功能与导航技术

随着智能制造的深入推进，激光 SLAM 技术在 AGV 上的应用越来越广泛。AGV 是以电池为动力源的一种自动行驶的工业车辆。AGV 按照自动化、柔性化和准时化的要求，在自动导向、自动装卸以及通信等单元的配合下完成物料搬运。AGV 实物如图 4–113 所示。

计算机硬件技术、并行与分布式处理技术、自动控制技术、传感器技术以及软件开发环境的不断发展，为 AGV 的研究与应用提供了必要的技术基础。AI 技术（如理解与搜索、任务与路径规划）与神经网络控制技术的发展，使 AGV 向着智能化和自主化的方向发展。AGV 的研究与开发集 AI、信息处理、图像处理为一体，涉及计算机、自动控制、通信、机械设计和电子技术等多个学科，成为物流自动化研究的热点之一。

图 4 – 113　AGV 实物

精准的导航是 AGV 可靠运行的关键，从 AGV 诞生至今，其导航技术主要经历了三个阶段的发展：磁条导航、二维码导航和激光 SLAM 导航。3 种 AGV 导航技术的对比见表 4 – 6。

表 4 – 6　3 种 AGV 导航技术的对比

对比内容	磁条导航	二维码导航	激光 SLAM 导航
场地改造要求	需要铺设磁条	需要粘贴二维码信标等	无须/极少场地改造要求
复杂环境适应能力	—	—	适应复杂动态环境
是否生成环境地图	—	—	支持
定位精度		毫米级	毫米级
绕行障碍	—	—	智能避障绕障
部署周期	长，1 个月左右	中等，2~3 周	短，短于 1 周
运维成本	高成本，磁条、AGV 均需维护	中成本，二维码、AGV 均需维护	低成本，仅对 AGV 进行少量维护
应用场景	固定运输路径	封闭无人环境	厂仓线一体（车间仓库均适用）

1. 磁条导航

磁条导航是在地面铺设磁条，利用磁条产生的磁场信号来引导 AGV 行驶，在 AGV 上安装的磁传感器检测 AGV 与磁条间的偏差，根据偏差实时调整 AGV 的行驶路径，从而实现导航。这种方式的优点是成本较低，技术成熟，易于实施。但是，磁条容易损坏，需要定期维护，且当路径变更时需要重新铺设磁条，灵活性较低。

2. 二维码导航

二维码导航是在地面铺设二维码（每个二维码代表一个位置或方向），AGV 扫描二维码后获知当前位置或移动方向，从而实现导航。这种方式可以实现精确定位，路径变更也较为容易。但是，二维码需要定期维护，容易被污染或损坏，且对场地的平整度有一定的要求。

3. 激光 SLAM 导航

激光 SLAM 导航是将激光雷达作为传感检测部件将采集到的外部环境数据传输给 SLAM 系统，SLAM 系统进行定位与建图，从而实现导航。这种方式的优点是定位精度高，路径规划灵活，适应性高，但是对环境的要求也相对较高，如光线、地面反射等。

4.4.3　AGV 软件操作

本节以国产某品牌的 AGV 为例讲解 AGV 软件操作，包括 AGV 触摸屏操作、建图与定义导航点等。

1. AGV 的基本构成

AGV 实物如图 4 - 114 所示，它由以下几个部分组成。

（1）中央控制器：具有计算、分析和决策能力，可以进行路径规划，动态避障，通过对地图的网格像素点进行计算，实时寻找最短路径。

（2）传感器：包括激光雷达、超声波传感器、红外传感器、触觉传感器等。

（3）底盘驱动装置：通过双轮差速或多轮全向来响应中央控制器发送的速度信息，实时调节移动速度与运行方向，灵活转向以精确地到达目标点。

（4）操作装置：如图 4 - 115 所示，主要包括触摸屏、急停按钮、电源开关，通过触摸屏可监控 AGV 的运行状态，也可以进行参数设置，当出现紧急情况时可按下急停按钮让 AGV 停止。

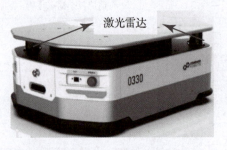

图 4 - 114　AGV 实物

图 4 - 115　AGV 操作装置

2. AGV 触摸屏操作

AGV 触摸屏主界面如图 4 - 116 所示。在 AGV 触摸屏上可以查看剩余电量、充电状态、运动模式（自动或手动）、当前速度以及 IP 地址等信息，也可以对 IP 地址等参数进行设置。

当 AGV 在使用过程中电量过低时，AGV 因为内部的模块无法供电而无法建立地图。在 AGV 的电量下降至 25% 前可以将有线充电器插入 AGV 的充电口进行充电。

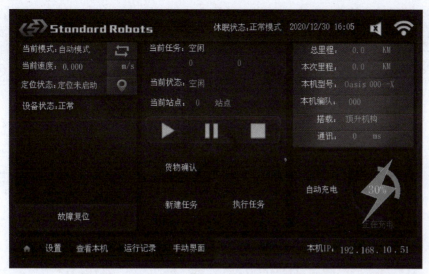

图 4 – 116　AGV 触摸屏主界面

3. 建图与定义导航点

（1）通过网线连接计算机与 AGV，在计算机端打开浏览器，输入 AGV 的 IP 地址，例如 192.168.8.11，如图 4 – 117 所示，可进入 AGV 软件登录界面。输入用户名和密码（一般由厂商提供初始用户名和密码），然后单击"登录"按钮。

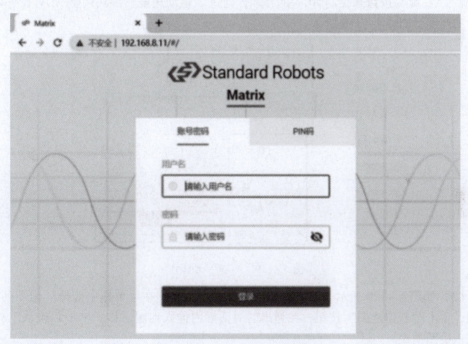

图 4 – 117　AGV 软件登录界面

成功登录 AGV 软件后进入主界面，如图 4 – 118 所示，主界面主要由以下部分组成：①菜单栏；②操作栏；③地图显示区；④编辑地图区；⑤地图操作工具；⑥AGV 状态栏；⑦AGV 实时位置显示。

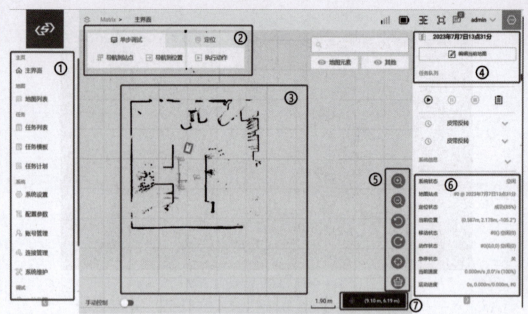

图 4 – 118　AGV 软件主界面

　　在 AGV 软件主界面的左下角可以打开手动模式，可通过单击"向上""向下""右旋""左旋"按钮来控制 AGV 的移动，通过"运动速度"滑块调整 AGV 在手动模式下的速度，如图 4 – 119 所示。

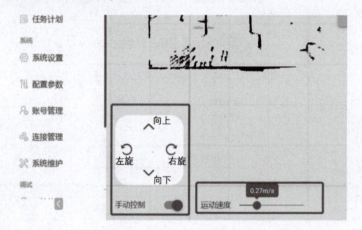

图 4 – 119　AGV 手动操作

　　（2）如图 4 – 120 所示，对作业场地进行地图绘制，在菜单栏中选择"地图列表"选项，单击"新建地图"按钮，在弹出的对话框内输入地图名称，单击"确认"按钮后进入绘图模式。

　　（3）系统状态变为"正在绘制地图"，打开手动控制功能并设置运动速度，使用手动控制功能（或者使用计算机键盘上的方向键）控制 AGV 的运动，如图 4 – 121 所示。在控制 AGV 运行的过程中，激光雷达处于扫描状态，对工作场景的环境进行扫描。在地图上可以观察到 AGV 图标在移动，与现场 AGV 的运动保持一致。

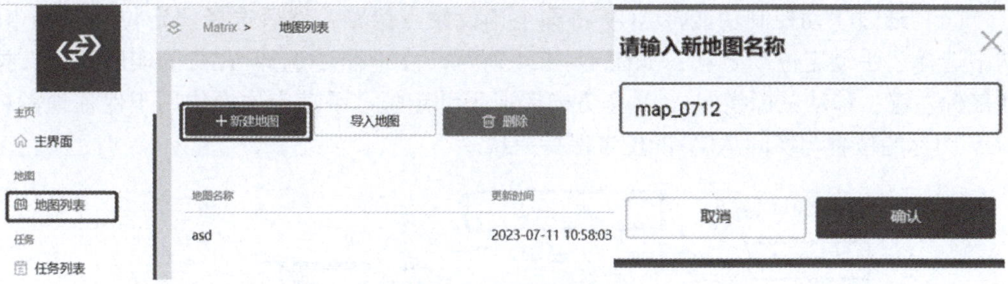

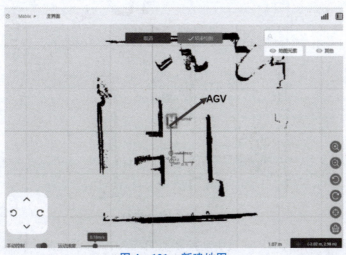

图 4 – 120　新建地图

图 4 – 121　新建地图

工作区域扫描完成后，单击"结束绘图"按钮，随后在弹出的对话框内单击"确定"按钮，绘图完成，如图 4 – 122 所示。

地图保存完成后，可以在地图列表查看绘图结果，地图中的黑色区域是环境中的障碍物，例如墙壁、货架等，如图 4 – 123 所示。

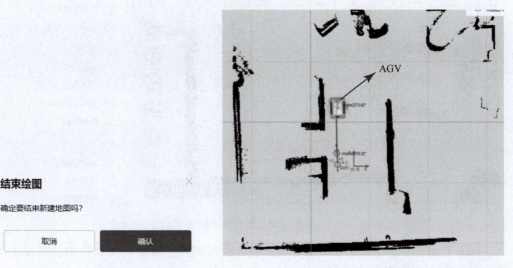

图 4 – 122　确认结束绘图

图 4 – 123　绘图结果

（4）通过手动控制功能将 AGV 将移至预设站点位置，然后选择"定位"选项卡，从中选择"手动定位"选项，如图 4-124 所示。在地图中选择 AGV 的实际位置，按住鼠标左键，移动鼠标指向 AGV 正方向完成手动定位。手动定位操作用于保证地图内 AGV 图标的位置与实际 AGV 的位置保持一致。

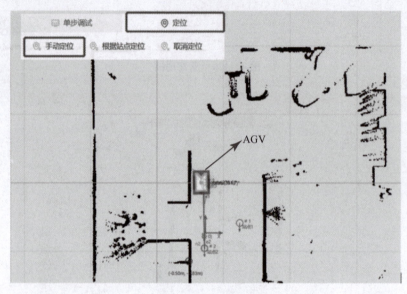

图 4-124　手动定位

（5）在地图编辑模式下，通过手动控制功能将 AGV 移动至某个停靠位置，选择右侧的"记录 tag"选项，在地图上记录一个位置标签，如图 4-125 所示，AGV 在现场有多少个导航站点，就记录多少个位置标签。

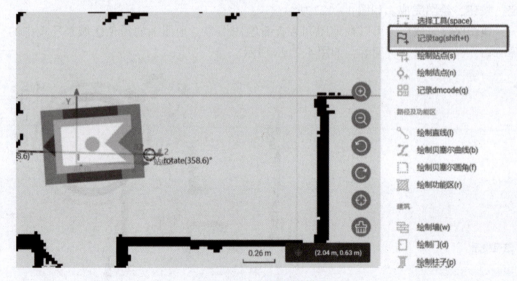

图 4-125　设置位置标签

（6）在地图中选择添加的位置标签，再选择右侧的"绘制站点"选项，将标签位置定义为 AGV 的导航站点，如图 4-126 所示。

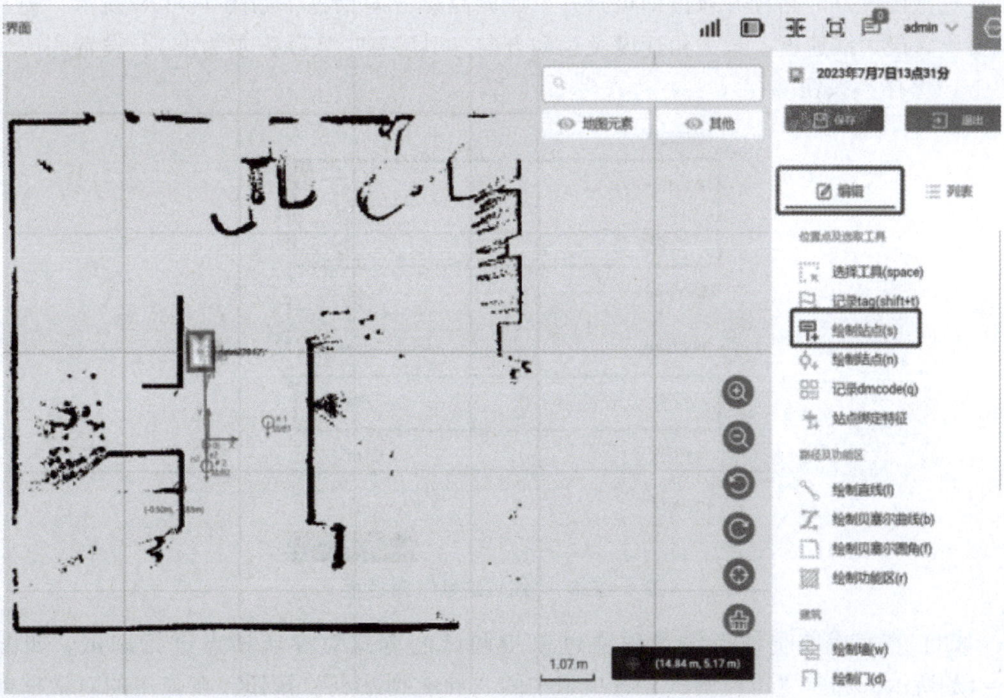

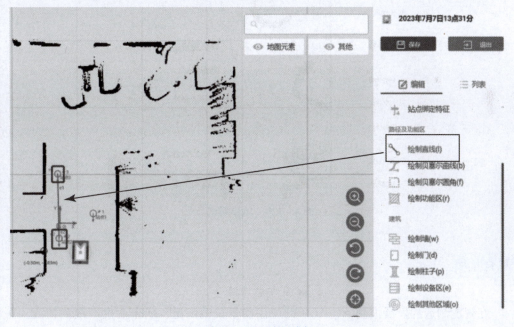

图 4 – 126　绘制导航站点

（7）导航站点定义完成后进行导航站点之间的路径绘制。如图 4 – 127 所示，选择"绘制直线"选项，然后选择某个导航站点（例如站点 1），长按鼠标左键拖动到另一个导航站点（例如站点 2），松开鼠标左键后，从站点 1 到站点 2 的路径绘制完成。使用同样的方式再绘制从站点 2 到站点 1 的路径等。

图 4 – 127　绘制路径

选择设置好的路径并双击即可打开"编辑路径"对话框，如图4-128所示，通常需要设置最大线速度、最大角速度及运动方向（其参数以实际需求为准），设置完成后单击"保存"按钮。

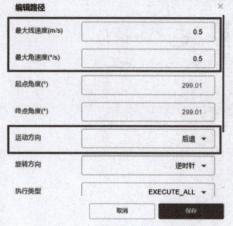

图4-128 "编辑路径"对话框

（8）在完成导航站点设置后通过单步调试的方式对导航站点进行调试。如图4-129所示，选择"单步调试"选项卡中的"导航到站点"按钮，在弹出的对话框内选择目标站点（例如站点2），单击"确认"按钮，查看AGV是否向站点2移动，若移动，则导航站点设置无误，调试完成。

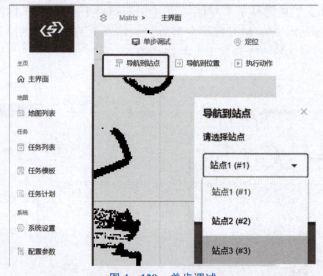

图4-129 单步调试

智造前沿

AGV与数字孪生

在智能制造的发展浪潮下，AGV的应用前景日益广泛，从企业生产线到物流、医疗、教育、服务，AGV作为智能装备和AI、数字孪生等技术不断融合并在各行各业深

度应用，开创行业服务的新模式、新业态。

在医疗场景中，AGV可以用于药品、样品、废物、危险物等的无人化搬运。AGV代替了传统人力，可以帮医护人员运输食物、衣物和垃圾，为患者运送药物，极大地提高了医疗服务的效率和质量。数字孪生技术将AGV的所有数据和信息以可视化方式展示在医院的可视化管理平台上，为管理人员实时呈现AGV的运行状况，如起始点、终点、派送信息等。

在工业场景中，AGV可以完成货物出/入库和盘点等工作。通过数字孪生技术可以对整个厂房、生产线、设备、运输系统等进行建模和实时展示，包括AGV的实时运行状态、运行轨迹、货物的存储和搬运过程等，并提供反馈优化意见，实现设备异常感知，预测性维护警报等。

【赛证延伸】 竞赛：全国职业院校技能大赛 "生产单元数字化改造"（4）

1. "生产单元数字化改造"赛项中激光SLAM技术的作用

"生产单元数字化改造"赛项使用AGV进行工件的输送，如图4-130所示。智能仓储单元的码垛机将需要装配的零件出库并放置在AGV上，AGV将零件输送至装配检测单元，在完成装配检测后，AGV将成品工件输送至智能仓储单元，最后由码垛机完成入库。

2. "生产单元数字化改造"赛项中的"激光SLAM技术"任务要求

图4-131所示为"生产单元数字化改造"赛项的任务2.5，该任务要求在AGV建图工具中控制AGV在竞赛单元场地中运动，构建环境地图并设置导航点，最终实现与PLC的联动控制，完成工件的输送。

任务2.5 构建AGV环境地图

根据参考工艺流程，在AGV建图工具中控制AGV在竞赛单元场地中运动，结合其自带的智能传感器，构建环境地图。在环境地图中设置导航点，完成AGV的自主导航与移动。

任务要求：

在AGV建图工具中，控制AGV移动到相应工位，建立工位点并保存坐标数据。设充电位为工位点1，智能视觉区的托盘入出库位为工位点2，智能仓储区的出库位（第3列）为工位点3，智能仓储的入库位（第5列）为工位点4。

测试要求：

测试AGV的自主导航功能，在AGV建图工具的操作界面中，利用自主导航运动功能，控制AGV自主地从工位点4移动至工位点2。

图4-130 "生产单元数字化改造"
赛项设备中的AGV

图4-131 "生产单元数字化改造"
赛项的任务2.5

单元测评

1. SLAM是（　　　）的英文缩写。

A. 激光雷达　　　　　　　　　　　　　B. 自动导引运输车

C. 同步定位与建图   D. 可编程逻辑控制器

2. AGV 是（　　　）的英文缩写。

A. 激光雷达   B. 自动导引运输车

C. 同步定位与建图   D. 可编程逻辑控制器

3. 磁条导航是通过在地面铺设_____，利用_____产生的磁场信号来引导 AGV 行驶。

4. 激光雷达是以_____探测目标的位置、速度等特征量的雷达系统。

5. 采用激光 SLAM 技术可以辅助工业机器人执行_____、自主探索、导航等任务。

练习思考

1. 描述激光 SLAM 导航的优点。
2. 描述二维码导航的原理和特点。

考核评价

情境四单元 4 考核评价表见表 4 – 7。

表 4 – 7　情境四单元 4 考核评价表

环节	项目	标准分值	实际分值
课前（20%）	平台讨论	10	
	平台资源学习	10	
课中（60%）	课堂考勤	10	
	课堂问题参与	10	
	安全意识、专注的工作态度	10	
	单元测评	10	
	小组任务	20	
课后（20%）	练习思考	10	
	"赛证延伸"实施	10	
总评		100	

情境五　智能识别与检测技术

　　在当今科技飞速发展的时代，智能识别与检测技术已然成为推动众多领域变革的核心力量。其起源可以追溯到早期工业自动化进程中对生产过程精准控制和产品质量严格把关的需求。随着电子技术、计算机技术、信息技术以及 AI 技术的不断突破与融合，智能识别与检测技术逐步从简单的物理量检测发展为具备高度智能化、自动化和精准化的综合性技术体系。

　　某汽车制造企业的生产车间为了实现高效、精准、智能化的生产目标，引入了一套先进的智能检测系统。这套系统能够运用多种前沿技术，对生产过程进行全方位的监控与管理。为了确保该系统稳定运行，充分发挥其最大效能，以及深入理解其背后复杂而精妙的智能识别与检测技术原理，迫切需要系统学习相关知识，包括传感器技术、射频识别（Radio Frequency Identification，RFID）技术、机器视觉检测技术以及自动化检测技术等，从而为解决实际生产中的问题提供坚实的理论基础和有效的技术手段。

　　通过本情境的学习，学生能够掌握传感器的基本原理、分类和特性，理解其在工业自动化领域中的应用场景和重要意义；透彻理解 RFID 技术的工作原理、分类及应用案例；熟悉机器视觉的关键技术及其在工业检测中的应用，学会使用机器视觉技术进行简单图像处理，同时了解其发展趋势与挑战，紧跟技术前沿；熟练掌握自动化检测技术中的三坐标测量机、比对仪及各类无损检测技术（超声检测、涡流检测、红外检测）的原理和应用，能够熟练进行自动化检测设备的操作与维护，以精准的测量和检测确保产品质量的可靠性；能够根据不同的检测需求，选择合适的智能识别与检测技术和设备，并具备对检测系统进行初步调试和故障排除的能力，在实践中不断提升解决问题的能力和技术水平。图 5-0 所示为本情境思维导图。

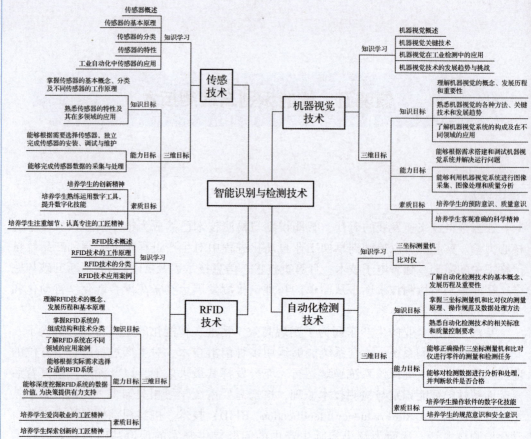

图 5 – 0　情境五思维导图

单元 1　传感技术

　　近年来，我国高度重视传感技术的发展，在《中国制造 2025》及新一代信息技术产业规划中，传感技术被明确作为关键领域，旨在推动其研发与产业化，提升制造业智能化水平。随着物联网和移动互联网的崛起，智能传感器作为核心元器件，其重要性日益凸显。国家及地方纷纷出台政策，例如《产业结构调整指导目录（2024 年）》鼓励传感器在智能制造等多领域的应用，并提供信贷支持；《关于支持中国传感器发展若干政策》等则通过资金补助、融资支持等措施，加速传感器产业集群的形成，助力传感技术迈入世界先进行列。本单元主要介绍传感器的基本原理、分类、特性和应用。

■ 知识目标

（1）掌握传感器的基本概念、分类及不同传感器的工作原理。

（2）熟悉传感器的特性及其在多领域的应用。

■ 能力目标

（1）能够根据需要选择传感器，独立完成传感器的安装、调试与维护。

（2）能够完成传感器数据的采集与处理。

■ 素质目标

（1）通过激发学生对传感技术原理和应用的深度好奇，培养学生的创新精神。

（2）通过传感器数据的收集与分析，培养学生熟练运用数字工具，提升数字化技能。

（3）通过深入研究传感器的具体参数，培养学生注重细节、认真专注的工匠精神。

知识学习

5.1.1 传感器概述

　　传感器作为现代信息技术的核心组成部分，其定义广泛而重要。简单来说，传感器是一种能将物理量（图5-1）、化学量、生物量等非电学量转换成便于测量、传输、处理、显示、记录和控制等形式的电学量或数字量的装置或器件。这些被测量的非电学量通常包括温度、位移、速度、加速度、力、光照强度、磁场强度、化学成分等。

常用传感器的
种类及应用
（视频）

图5-1 部分传感器测量的物理量示意

　　从技术的角度来看，传感器通常由敏感元件、转换元件和测量电路三部分组成，如图5-2所示。敏感元件是传感器的核心，它能够直接感受被测量，并输出与被测量成确定关系的某物理量；转换元件则将敏感元件输出的物理量转换成电学量；测量电路的作用是将转换元件输出的电学量转换成电量参数，以便于后续的信号处理和分析。

　　随着科技的快速发展，传感器已经深入社会生活的各领域，在工业自动化控制领域，传感器是实现工业自动化控制的关键设备。传感器能够实时监测生产过程中的各种参数，如温度、压力、流量、液位等，并将这些参数转换成电信号，传输给工业控制系

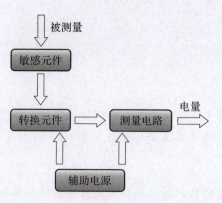

被测量

敏感元件

转换元件 → 测量电路 → 电量

辅助电源

图 5-2　传感器的组成

统。工业控制系统根据这些信号调整设备的运行状态，确保生产过程的稳定性和安全性。例如，在石油化工、钢铁冶炼、电力生产等行业中，传感器被广泛用于监测设备的工作状态，预防事故的发生。

随着物联网技术的普及，智能家居已经成为现代家庭的新宠。传感器在智能家居中扮演着重要的角色。传感器能够实时监测家庭环境中的各种参数，如温度、湿度、光照强度、空气质量等，并根据这些参数自动调节家居设备的运行状态。例如，智能空调可以根据室内温度自动调节运行模式；智能照明系统可以根据室内光照强度自动调节灯光的亮度和颜色；智能安防系统可以通过传感器实时监测家庭的安全状况，确保家庭成员的安全。

在医疗健康领域，传感器的应用也越来越广泛。传感器可以用于监测人体的各种生理参数，如心率、血压、血糖、体温等，并将这些参数传输给医生或患者。医生可以根据这些参数判断患者的病情，制定治疗方案；患者可以通过实时监测自己的生理参数，了解自己的健康状况，及时调整生活方式和饮食习惯。此外，传感器还可以用于远程医疗和健康管理，为患者提供更加便捷、高效的医疗服务。

在交通运输领域，传感器同样发挥着重要的作用。传感器可以用于监测车辆的运行状态（图 5-3），如速度、位置、油耗等，并将这些参数传输给驾驶员或交通管理部门。驾驶员可以根据这些参数调整驾驶策略，确保行车安全；交通管理部门可以通过实时监测交通流量和车辆运行状态，优化交通管理策略，提高道路通行效率。此外，传感器还可以用于智能交通系统和自动驾驶系统中，为未来的交通出行提供更加安全、便捷、舒适的体验。

在环境保护领域，传感器也发挥着重要的作用。传感器可以用于监测环境质量，如空气质量、水质、土壤质量等，并将相关参数传输给环保部门或科研机构。环保部门可以根据这些参数制定环境保护政策；科研机构可以通过分析这些参数研究环境污染的成因和治理方法。

在航空航天领域，传感器的应用更是至关重要。传感器需要承受极端的环境条件，如高温、高压、强辐射等，同时还要保证高精度、高可靠性的测量。传感器在航天器上用于监测各种参数，如飞行姿态、速度、飞行高度、温度等，确保航天器的安全飞行和任务的顺利完成。

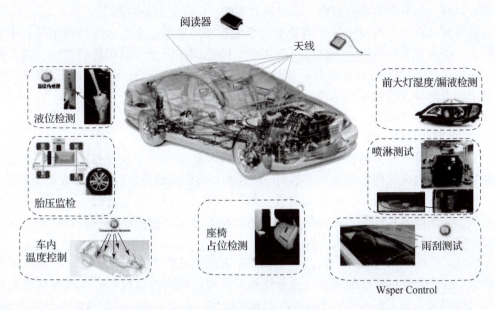

阅读器

天线

前大灯湿度/漏液检测

液位检测

喷淋测试

胎压监检

车内
温度控制

座椅
占位检测

雨刮测试

Wsper Control

图 5 – 3 车辆监测传感器

　　传感器的广泛应用不仅提高了生产效率和生活质量，而且促进了新技术的发展，如物联网、大数据和 AI。这些新技术的进步又反过来推动传感器向高精度、智能化、网络化的方向发展。现代传感器具有高精度的测量能力，能够满足制造业对高精度测量的需求。例如，激光测距仪可以实现微米级别的测量精度，确保工件尺寸的准确性。传感器不仅具有数据采集和监测功能，还具有数据处理和分析能力。通过内置微处理器和算法。传感器可以对采集到的数据进行实时处理和分析，为工业控制系统提供更有价值的信息。随着物联网技术的发展，传感器向着网络化的方向发展。通过网络连接，传感器可以实现与其他设备和系统的数据共享和交换，从而进行远程监控和控制。

5.1.2　传感器的基本原理

1. 能量转换和信号传递

1）能量转换的概念

　　能量转换是指将一种形式的能量转化为另一种形式的能量。在传感器中，能量转换是实现其功能的核心。传感器通过其特有的敏感元件，将待测的物理量（如温度、压力、光照强度等）转换为可以测量和处理的电信号。这个过程涉及能量转换，即将待测物理量所蕴含的能量转换为电能。

　　能量转换的效率是衡量传感器性能的重要指标之一。高效的能量转换可以确保传感器在测量过程中具有更高的灵敏度和更小的噪声。因此，在设计和制造传感器时，需要仔细考虑如何优化能量转换过程，以提高传感器的性能。

2）信号传递的过程

　　信号传递是传感器工作的另一个重要环节。在能量转换完成后，传感器需要将生成的电信号传递给后续的处理电路或系统。这个过程涉及信号的放大、滤波、调制等处理，以确保信号在传递过程中具有足够的幅度、信噪比和稳定性。

信号传递的可靠性对于整个测量系统至关重要。如果信号在传递过程中受到干扰或损失，将会导致测量结果失真或出现误差。因此，在设计和使用传感器时，需要采取一系列措施来确保信号传递的可靠性，如使用屏蔽线、滤波器等设备来减少干扰，以及采用差分放大等设备技术来提高信号的抗干扰能力。

2. 敏感元件和转换元件的作用

1）敏感元件的功能

敏感元件是传感器的核心部件之一，它直接与被测物理量相互作用，并将被测物理量转换为与之成比例的电量。敏感元件的性能直接影响传感器的测量精度和灵敏度。

敏感元件的种类繁多，根据被测物理量的不同，可以分为温度敏感元件、压力敏感元件、光照敏感元件等。这些敏感元件通常具有特定的物理结构和材料特性，以实现对特定物理量的敏感性和选择性。

敏感元件的工作原理各不相同。例如，温度敏感元件可以利用热敏电阻或热电偶等热效应元件实现对温度的测量；压力敏感元件可以利用压阻效应或压电效应等实现对压力的测量。为了提高敏感元件的性能和可靠性，通常采用一些特殊的设计和材料。例如，采用高性能的半导体材料可以提高敏感元件的灵敏度和稳定性；采用复合材料和纳米材料等新型材料可以进一步提高敏感元件的性能和适应性。

2）转换元件的类型

转换元件是传感器的另一个重要部件，它负责将敏感元件输出的电量转换为易于处理和传输的标准信号。转换元件的类型多种多样，根据输出信号的不同可以分为模拟式转换元件和数字式转换元件两大类。

模拟式转换元件通常将敏感元件输出的电量转换为连续的模拟信号（如电压、电流等）。这类转换元件具有较高的精度和分辨率，但容易受到噪声和干扰的影响。因此，在使用模拟式转换元件时需要注意采取适当的滤波和放大措施来提高信号的信噪比和稳定性。

数字式转换元件将敏感元件输出的电量转换为离散的数字信号（如二进制码等）。这类转换元件具有较高的抗干扰能力和可靠性，同时便于与数字处理系统进行连接和通信。因此，在需要高精度、高可靠性和易于数字处理的场合中，数字式转换元件得到了广泛应用。

数字式转换元件的实现方式也多种多样，包括计数器、模数转换器（ADC）等。数字式转换元件通常具有较高的转换速度和分辨率，并且可以通过编程和配置来满足不同的功能和性能要求。

除了上述两种主要的转换元件类型外，还有一些特殊的转换元件类型，例如频率转换器、光电转换器等。这些特殊的转换元件可以根据具体的应用需求选择和使用。

总之，敏感元件和转换元件是传感器不可或缺的两个部件。它们共同实现了将待测物理量转换为可测量和处理的标准信号的功能，为现代科技领域的发展提供了重要的支撑和保障。

5.1.3 传感器的分类

在工业自动化领域，传感器无疑是一个不可或缺的部分。传感器作为连接物理世界和数字世界的桥梁，将各种物理量转化为可处理和传输的信号，为自动化、智能化和精准控制提供了可能。然而，由于应用场景的多样性和复杂性，传感器的种类繁多，分类方式也多种多样，如图 5-4 所示。下面从工作原理和测量对象两个角度，对传感器的分类进行介绍。

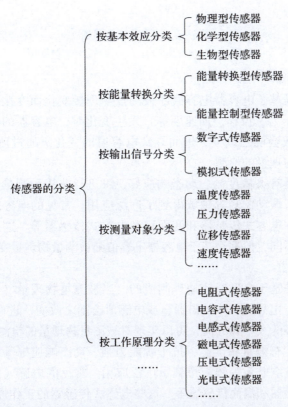

图 5-4　常见传感器的分类

1. 按工作原理分类的传感器

1）电阻式传感器

电阻式传感器是基于材料电阻值随被测量物理量变化而变化的原理制成的。当被测量物理量（如温度、压力、位移等）发生变化时，电阻式传感器的电阻值也会随之变化，进而实现对被测量物理量的检测。电阻式传感器具有结构简单、测量精度高、稳定性高等优点，因此它在工业自动化、环境监测、医疗健康等领域得到了广泛应用。

电阻式传感器的工作原理主要基于材料的物理效应，如热电阻效应、压阻效应等。其中，热电阻传感器利用材料的电阻值随温度变化的特性来测量温度；压阻传感器利用材料的电阻值随压力变化的特性来测量压力。此外，还有一些特殊的电阻式传感器，如应变片式传感器（图 5-5），它利用材料的电阻值随应变变化的特性来测量物体的应变和位移。

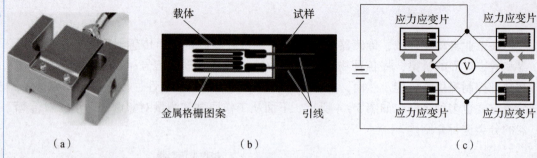

图5-5 应变片式传感器

(a) 外观；(b) 应变片结构；(c) 全桥差动式测量电路

2）电容式传感器

电容式传感器是基于电容器电容值随被测量物理量变化而变化的原理制成的。当被测量物理量（如压力、位移、加速度等）发生变化时，电容器的极板间距、极板面积或介电常数等参数会随之改变，进而导致电容值的变化。通过测量电容值的变化，可以实现对被测量物理量的检测。

电容式传感器具有灵敏度高、动态响应好、可进行非接触测量等优点，因此在位移测量、压力检测、振动监测等领域得到了广泛应用。常见的电容式传感器包括平板电容式传感器、圆柱电容式传感器和变面积型电容式传感器等。这些电容式传感器的工作原理虽然略有不同，但都是基于电容器电容值随被测量物理量变化而变化的原理。

3）电感式传感器

电感式传感器是基于电磁感应原理制成的。当被测量物理量（如位移、振动、电流等）发生变化时，电感线圈中的磁通量或电感值会随之改变，进而产生感应电动势。通过测量感应电动势的大小和方向，可以实现对被测量物理量的检测。

电感式传感器具有测量精度高、抗干扰能力强、动态响应好等优点，因此在机械制造、汽车制造、航空航天等领域得到了广泛应用。常见的电感式传感器包括自感式传感器、互感式传感器和涡流传感器等。这些电感式传感器的工作原理虽然有所不同，但都是基于电磁感应原理。

4）基于其他工作原理的传感器

除了上述三种常见的传感器外，还有一些基于其他工作原理的传感器。例如，光电式传感器利用光电效应先将被测量物理量转换为光信号，再转换为电信号；霍尔传感器利用霍尔效应测量磁场强度和磁通密度；压电式传感器利用压电效应将压力转换为电信号。这些传感器的工作原理各异，但都在各自的领域发挥着重要作用。

2. 按测量对象分类的传感器

1）温度传感器

温度传感器用于测量物体的温度，并将温度这一物理量转换为电信号输出。温度传感器在工业自动化、环境监测、医疗健康等领域发挥着重要作用。常见的温度传感器包括热电偶传感器、热电阻传感器和半导体温度传感器等。这些温度传感器的工作原理各不相同，但都能实现对温度的精确测量。

2) 压力传感器

压力传感器用于测量物体受到的压力，并将压力这一物理量转换为电信号输出。压力传感器在机械制造、石油化工、航空航天等领域有着广泛的应用。常见的压力传感器包括压阻式传感器、压电式传感器和电容式压力传感器等。这些压力传感器的工作原理各异，但都能实现对压力的精确测量。

3) 位移传感器

位移传感器用于测量物体的位移，并将位移这一物理量转换为电信号输出。位移传感器在机械制造、自动化生产线、机器人等领域发挥着重要作用。常见的位移传感器包括电位器式位移传感器、电感式位移传感器和电容式位移传感器等。这些位移传感器的工作原理虽然有所不同，但都能实现对位移的精确测量。

4) 测量其他物理量的传感器

除了上述三种常见的传感器外，还有一些用于测量其他物理量的传感器。例如，速度传感器用于测量物体的运动速度；加速度传感器用于测量物体的加速度；湿度传感器用于测量环境的湿度。这些传感器在各自的领域发挥着重要作用，为各种应用场景提供了精确的数据支持。

综上所述，传感器的分类方式多种多样，每种传感器都有其独特的工作原理和应用场景。在实际应用中，需要根据具体的需求和场景选择合适的传感器，以实现对被测量物理量的精确测量和监测。

5.1.4 传感器的特性

传感器的特性对于工业控制系统的运行效率和准确性具有决定性的影响。因此，对传感器的特性进行深入的探讨和研究具有重要的现实意义。下面从静态特性、动态特性、特性的测试方法以及特性的影响因素 4 个方面对传感器的特性进行详细的讨论。

1. 静态特性

静态特性描述了传感器在静态或相对静止状态下的性能表现。

1) 线性度

线性度是传感器静态特性的重要指标之一，它表示传感器输出量与输入量之间的线性关系程度。线性度越高，表示传感器在测量范围内，输出量与输入量之间的比例关系越接近常数，测量精度越高。线性度的测量通常采用最小二乘法进行拟合，通过计算拟合直线的斜率和截距来评估传感器的线性度。

2) 灵敏度

灵敏度是传感器对输入量变化的响应能力，它表示传感器输出量变化与输入量变化的比值。灵敏度越高，表示传感器对输入量的微小变化越敏感，能够提供更精确的测量结果。然而，过高的灵敏度也可能导致传感器对噪声和干扰信号的响应增强，因此在实际应用中需要综合考虑。

3) 迟滞和重复性

迟滞是指传感器在输入量增大和减小时，输出量曲线不重合的现象。迟滞误差会影响传感器的测量精度和可靠性。重复性是指传感器在相同的输入条件下，多次测量的输出量的一致性。重复性高的传感器能够提供更加稳定和可靠的测量结果。

4）量程和分辨率

量程是传感器能够测量的输入量的范围，它决定了传感器的适用场景和测量能力。分辨率是传感器能够检测到的最小输入量变化，它反映了传感器的精细程度。量程和分辨率的选择需要根据具体的应用需求进行权衡。

5）阈值和死区

阈值是传感器开始响应的最小输入量，当输入量小于阈值时，传感器的输出量保持不变。死区是传感器在输入量变化时，输出量不发生变化的一段区间。阈值和死区的存在会影响传感器的测量精度和灵敏度，因此需要在设计和选型时予以考虑。

2. 动态特性

动态特性描述了传感器对于随时间变化的输入量的响应特性。

1）频率响应

频率响应是传感器对输入信号中不同频率分量的响应能力。它反映了传感器在不同频率下的输出特性，包括幅频特性和相频特性。频率响应的好坏直接影响传感器对动态信号的测量精度和响应速度。

2）稳定性和响应时间

稳定性是传感器在长时间工作条件下输出量的稳定程度。稳定性高的传感器能够提供更长时间的可靠测量。响应时间是传感器从接收输入信号到产生相应输出信号所需的时间。对于需要快速响应的应用，响应时间越短越好。

3）阻尼和超调量

阻尼是描述系统振动衰减快慢的物理量。阻尼的大小会影响传感器的稳定性和响应速度。超调量是指在瞬态响应过程中，传感器的输出量超过其稳态值的最大偏差。超调量过大会导致传感器不稳定或产生振荡现象。

4）上升时间和下降时间

上升时间是传感器从接收输入信号开始到输出量达到稳态值的 90% 所需的时间；下降时间是传感器从接收输入信号结束到输出量减小到稳态值的 10% 所需的时间。这两个参数反映了传感器对输入信号的响应速度和恢复能力。

3. 特性的测试方法

为了确保传感器的准确性和可靠性，需要采用合适的测试方法对传感器的特性进行验证。

1）实验室测试方法

实验室测试方法是在实验室环境下对传感器的特性进行测试的方法。常见的实验室测试方法包括静态校准、动态校准、频率响应测试等。实验室测试方法能够提供精确的测试数据，帮助评估传感器的特性。

2）现场测试方法

现场测试方法是在实际应用环境中对传感器的特性进行测试的方法。由于现场环境复杂多变，所以现场测试技术需要更加灵活和实用。常见的现场测试方法包括实际运行测试、对比测试等。现场测试方法能够真实地反映传感器在实际应用中的性能表现。

4. 特性的影响因素

传感器的特性受到多种因素的影响，主要包括材料和设计、环境条件等。

1）材料和设计

传感器的材料和设计是影响其特性的关键因素。不同的材料和设计会导致传感器在灵敏度、线性度、稳定性等方面表现出不同的特性。因此，在设计和选型时需要充分考虑材料的物理和化学性质以及设计的合理性。

2）环境条件

环境条件对传感器的特性也有重要影响。温度、湿度、振动等环境条件的变化都会影响传感器的特性。因此，在实际应用中需要采取适当的措施来减小环境条件对传感器特性的影响，如采用温度补偿技术、振动隔离技术等。

总之，传感器的特性对于工业控制系统的运行效率和准确性具有决定性的影响。了解和掌握传感器的特性及其测试方法和影响因素对于选择合适的传感器以满足特定应用需求至关重要。

5.1.5 工业自动化中的传感器应用

传感器在各领域的产品中已经得到广泛的集成应用，例如目前智能手机中的各种传感器如图 5 - 6 所示。随着制造业的快速发展，工业自动化技术已经成为提升生产效率、保障产品质量、降低生产成本的关键。传感器作为工业控制系统的核心组件，随着工业自动化技术的进步不断向高精度、智能化和网络化的方向发展。

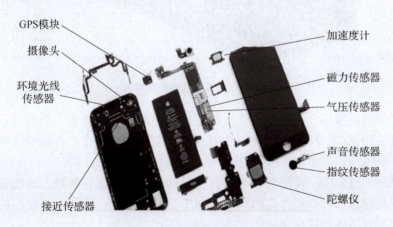

图 5 - 6　智能手机中的各种传感器

在机械加工过程中，传感器广泛应用于刀具磨损监测、工件尺寸测量、加工精度控制等方面。例如，通过安装位移传感器和力传感器，可以实时监测刀具的磨损程度和切削力的大小，从而及时更换刀具或调整切削参数，确保加工质量和效率，如图 5 - 7 所示。

在汽车制造领域，传感器用于发动机检测、车身测量、轮胎压力监测等方面。例如，使用温度传感器和压力传感器监测发动机的工作状态，使用位移传感器和激光测距仪测量车身尺寸和形状，确保汽车的安全性和可靠性，如图 5 - 8 所示。

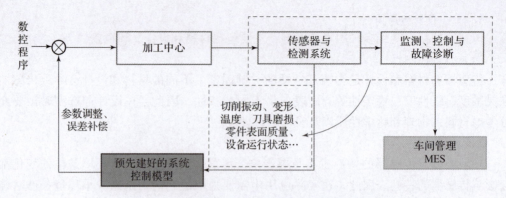

图 5 – 7　机械加工过程中的监测与控制实现流程

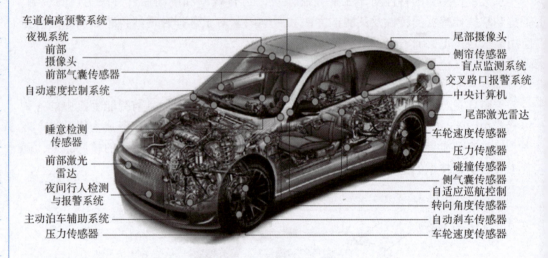

图 5 – 8　汽车中的各种传感器

在电子制造过程中,传感器用于监测生产线上的各种物理量,如温度、湿度、压力等。通过安装温/湿度传感器和压力传感器,可以实时监测生产环境的参数变化,从而调整生产设备的运行状态,确保电子产品的质量和可靠性。

在食品加工过程中,传感器用于监测食品的温度、湿度等参数。通过安装温度传感器和湿度传感器,可以实时监测食品的加工温度和湿度,从而控制食品的熟化程度和口感,确保食品的质量和安全性。

在制造工业自动化中,传感器作为数据采集和监测的关键设备,具有不可替代的作用。传感器能够实时感知和监测生产过程中的各种物理量,如温度、压力、流量、速度等,并将这些物理量转化为电信号或其他形式的信息输出,为工业控制系统提供准确、可靠的数据支持。通过传感器采集的数据,工业控制系统可以实时调整生产参数,优化生产流程,提高生产效率,降低生产成本。

在数控机床智能主轴监控(图 5 – 9)中,传感器发挥着极为关键的作用。温度传感器可安装于主轴轴承、电动机绕组等关键部位,监测电动机运转产生的热量变化,依据设定阈值触发报警并助力预测主轴寿命。振动传感器(如加速度传感器)安装于主轴外壳,用于感知各方向的振动情况,通过分析振动信号的幅值与频率变化,判

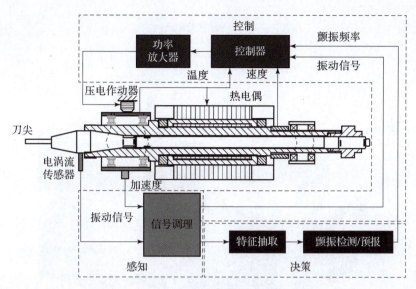

图 5-9 数控机床智能主轴监控

断主轴是否存在不平衡、不对中或刀具磨损等问题。位移传感器（如电涡流传感器）靠近被测物体表面，实时测量主轴关键部件间的相对位移，保障加工精度并辅助工业控制系统调整参数。扭矩传感器安装于传动系统，测量主轴传递扭矩的大小，结合切削参数判断切削过程是否正常，预防主轴过载或刀具损坏。另外，采用加权平均、卡尔曼滤波等多传感器融合方法，可以综合各传感器的信息，减少误判，全面且精准地诊断主轴故障，有力地推动数控机床智能主轴的监控与维护。

先进的数控机床整体配备了多种传感器，如图 5-10 所示，这些传感器在保障数控机床精确运行、提高加工质量等方面起着至关重要的作用。

在工作台区域配置有三向测力仪。它能够测量工作台在 X，Y，Z 3 个方向上所受到的切削力。通过实时监测切削力，数控系统可以判断加工过程是否稳定。例如，切削力超出正常范围可能意味着刀具磨损或切削参数设置不当，数控系统便可及时调整，避免工件加工精度受损。同时，工作台还安装有加速度计，用于检测工作台的振动情况。在数控机床运行过程中，振动会影响加工精度，加速度计能够感知振动的大小和频率，若振动异常，则操作人员可以据此排查数控机床部件是否松动、电动机是否故障等。声发射传感器也是工作台的重要监测部件，它能捕捉材料内部在加工时产生的弹性波。刀具的磨损、工件内部的微裂纹等都会引发声发射现象，这有助于提前发现潜在的加工缺陷。

在进给驱动方面，Y 轴、Z 轴和 X 轴进给驱动都配备了光栅编码器。光栅编码器是实现数控机床高精度定位的关键。它通过测量工作台或刀具的直线位移，将位置信息反馈给数控系统，使数控机床能够按照预设的加工路径精确运动，确保加工尺寸的准确性。此外，各轴还装有电流传感器，用于监测电动机电流。电动机电流的变化反映了负载的改变，在加工过程中，当刀具遇到硬点或出现崩刃等情况导致切削阻力增大时，电动机电流会显著增大，数控系统根据电流传感器的数据可以迅速做出反应，如暂停加工以防止刀具进一步损坏。各轴的温度传感器可以实时监测电动机和驱动系统

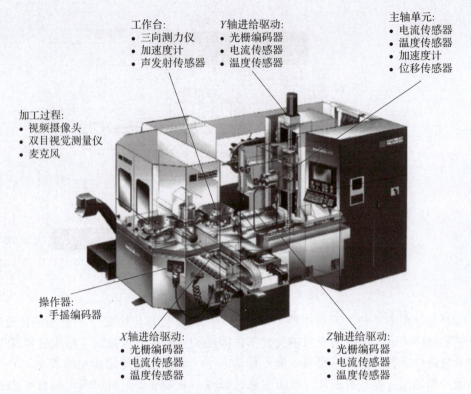

工作台:
• 三向测力仪
• 加速度计
• 声发射传感器

Y轴进给驱动:
• 光栅编码器
• 电流传感器
• 温度传感器

主轴单元:
• 电流传感器
• 温度传感器
• 加速度计
• 位移传感器

加工过程:
• 视频摄像头
• 双目视觉测量仪
• 麦克风

操作器:
• 手摇编码器

X轴进给驱动:
• 光栅编码器
• 电流传感器
• 温度传感器

Z轴进给驱动:
• 光栅编码器
• 电流传感器
• 温度传感器

图5-10 数据机床上的各种传感器配置

的温度，防止过热导致的电动机性能下降和部件损坏。

主轴单元配备了丰富的传感器。电流传感器用于监测主轴电动机的电流，以此判断主轴负载情况。温度传感器保障主轴在合适的温度范围内运行，避免高速旋转产生的热量导致轴承磨损和精度下降。加速度计用于监测主轴的振动，位移传感器能测量主轴在运行中的微小位移，确保主轴的轴向和径向位置精确，保障加工精度。

在加工过程中，视频摄像头和双目视觉测量仪可以对工件进行视觉监测，检查工件的表面质量和尺寸精度等。麦克风用于监测加工噪声，加工噪声的异常变化往往预示着数控机床运行状态的改变，辅助操作人员判断数控机床是否存在故障。这些传感器协同工作，全方位地对数控机床的运行状态进行精确监测，保证了数控机床的高效、稳定和高精度运行（图5-11）。

在某智能制造车间，通过安装多种类型的传感器，实现了对生产过程的全面监控和智能控制。例如，使用温度传感器和压力传感器监测生产设备的运行状态，使用位移传感器和激光测距仪测量工件的尺寸和形状。同时，通过物联网技术将传感器数据实时传输到控制中心，控制中心根据数据变化自动调整生产参数和设备运行状态，实现了生产过程的智能化和自动化。

在工业机器人自动化生产线上，传感器也发挥了重要作用。通过安装位置传感器和视觉传感器，工业机器人可以准确识别和定位工件，实现精确抓取和装配。同时，通过安装力传感器和触觉传感器，工业机器人可以感知工件的形状和材质等信息，从而调整抓取力和装配方式，确保装配质量和效率。此外，通过物联网技术将传感器数

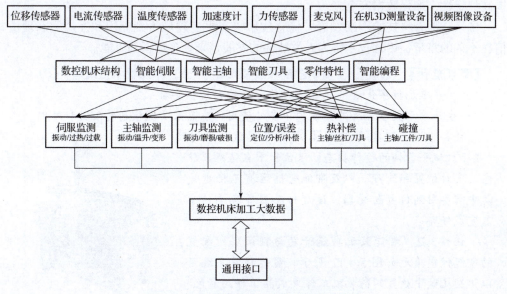

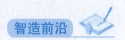

图 5-11　数控机床上传感器的功能及作用

据实时传输到控制中心，控制中心可以根据数据变化对工业机器人进行远程监控和控制，实现生产过程的智能化和自动化。

综上所述，传感器在制造工业自动化中发挥着重要作用。通过高精度、智能化和网络化的传感器应用，可以实现对生产过程的全面监控和智能控制，提高生产效率、保障产品质量、降低生产成本。随着科技的不断进步和工业自动化的深入发展，传感器将在制造业中发挥更加重要的作用。

智造前沿

传感器技术的新发展

传感技术不仅推动了工业自动化、智能交通、环境监测等领域的进步，也为医疗健康、智能家居等新兴产业提供了强有力的技术支撑。随着科技的飞速发展，传感技术作为现代信息技术的核心组成部分，正在经历着前所未有的变革，智能化、微型化、无线化等技术的引入使传感器更加先进、高效和便捷。

智能传感器集成了多种组件，具有实时采集并分析处理数据的能力，在工业生产、医疗健康（如植入式监测生命体征）、智能家居（如智能监控调节环境）等领域应用突出，未来可能通过深度学习和神经网络技术，提高自学习和适应能力，从而匹配更复杂的应用环境。

微电子工艺的进步使传感器微型化。微型传感器优点多、体积小、功耗低，应用广泛（生物医学、环境监测、航空航天等），在未来将更小、更轻、更智能，性能显著提升且与物联网等结合。

传感器的无线网络化发展趋势已很明显，具有无线传输和自组织的特点，适用于复杂环境，如农业、物联网、智能交通等。它通过无线方式传输数据至远程中心处理。未来无线传感器将更注重低功耗、高可靠性和安全性，优化网络结构，引入新材料以提高稳定性，加强数据安全。

　　未来，随着科技的不断发展，传感技术将在更多领域得到应用和发展。有理由相信在不久的将来，传感技术将为人类社会的发展带来更多惊喜和可能。

【赛证延伸】　竞赛：全国职业院校技能大赛 "生产单元数字化改造"（5）

　　"生产单元数字化改造"赛项对传感器的利用和要求

　　"生产单元数字化改造"赛项中多处使用传感器来实现信息的采集和处理。

　　任务3.1"智能仓储功能开发与测试"要求"显示机械手各轴的运行状态、限位和零点传感器状态、实时位置和速度，以及智能仓储区有无托盘"，其中需要用到位置传感器、速度传感器等各类传感器完成任务。

　　任务3.2"智能装配功能开发与测试"所配置的智能视觉单元如图5-12所示。智能视觉系统可以识别托盘中放置的待装配工件或成品工件的颜色、种类、坐标等信息。

图5-12　智能视觉单元

单元测评

1. 传感器是（　　　）。

A. 一种能将外界信息转换为电信号或其他形式信号的装置

B. 一种能存储数据的设备

C. 一种能产生能量的设备

D. 一种能控制其他设备的装置

2. 传感器的基本工作原理包括（　　　）两个主要过程。

A. 能量转换和信号传递　　　　　　　　B. 数据存储和信号放大

C. 能量产生和能量消耗　　　　　　　　D. 数据处理和信号转换

3. （　　　）是根据测量对象分类的传感器。

A. 电阻式传感器　　　　　　　　　　　B. 电容式传感器

C. 温度传感器　　　　　　　　　　　　D. 电感式传感器

4. 在传感器的静态特性中，（　　　）参数描述了传感器的输出与输入的关系偏离直线的程度。

A. 灵敏度　　　　　　　　　　　　　　B. 线性度

C. 迟滞　　　　　　　　　　　　　　　D. 量程

5. 在工业自动化中，传感器的主要作用是（　　　）。

A. 提供动力　　　　　　　　　　　　　B. 传输数据

C. 控制设备　　　　　　　　　　　　　D. 存储信息

练习思考

1. 简述传感器在智能制造中的重要性。
2. 描述一种你熟悉的传感器，并说明其工作原理和应用场景。

 考核评价

情境五单元1考核评价表见表5-1。

表5-1　情境五单元1考核评价表

环节	项目	标准分值	实际分值
课前（20%）	平台讨论	10	
	平台资源学习	10	
课中（60%）	课堂考勤	10	
	课堂问题参与	10	
	创新精神、数字素养、认真专注的工作态度	10	
	单元测评	10	
	小组任务	20	
课后（20%）	练习思考	10	
	"赛证延伸"实施	10	
总评		100	

单元2　RFID 技术

 政策引导

　　国家政策对 RFID 技术的发展给予了明确的支持和规范，《"十四五"智能制造发展规划》进一步强调了推动 RFID 等智能感知技术的创新应用，以实现制造过程的智能化。工业和信息化部发布的《900MHz 频段射频识别（RFID）设备无线电管理规定》详细规定了 RFID 设备在 920～925MHz 频段的使用要求，包括技术标准和型号核准，促进了无线电产业的发展。此外，《信息安全技术　射频识别（RFID）系统安全技术规范》强调了 RFID 系统的安全性能要求。这些政策不仅规范了 RFID 技术的发展方向，也为其在物流、智能制造、智能交通等领域的广泛应用奠定了基础。本单元主要介绍 RFID 技术的基本概念、工作原理、分类和应用。

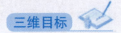

三维目标

■ 知识目标

（1）理解 RFID 技术的概念、发展历程和基本原理。

（2）掌握 RFID 系统的组成结构和技术分类。

（3）了解 RFID 系统在不同领域的应用案例。

■ 能力目标

（1）能够根据实际需求选择合适的 RFID 系统。

（2）能够深度挖掘 RFID 系统的数据价值，为决策提供有力支持。

■ 素质目标

（1）通过对 RFID 技术的主动、高效、精确等特点的介绍，培养学生爱岗敬业的工匠精神。

（2）通过持续了解 RFID 技术的广泛应用，培养学生探索创新的工匠精神。

射频识别技术
（视频）

5.2.1　RFID 技术概述

1．RFID 技术的定义

RFID 技术是一种通过无线电波自动识别目标并获取相关数据的技术。RFID 技术利用射频信号的空间耦合（电磁场或交变磁场）实现无接触信息传递，并通过所传递的信息达到识别目标的目的。其基本原理是 RFID 读写器与 RFID 标签之间通过无线射频信号进行非接触式的数据通信，从而达到识别目标的目的，如图 5 – 13 所示。

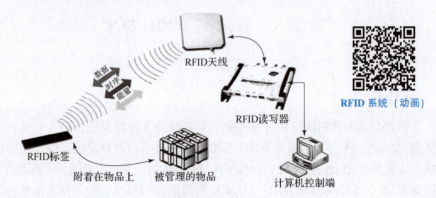

RFID 系统（动画）

图 5 – 13　RFID 基本原理示意

RFID 技术具有许多显著特点，如可非接触式识别、无须人工干预、快速准确、信息量大、可重复使用等。这些特点使 RFID 技术在多个领域具有广泛的应用前景，如物流管理、供应链管理、工业自动化、零售、门禁管制等。

2. RFID 系统的组成

RFID 系统主要由 3 个基本组件构成：RFID 标签（Tag）、RFID 读写器（Reader）和后台数据处理系统。

（1）RFID 标签（应答器）。RFID 标签是 RFID 系统的数据载体，由耦合元件及芯片组成，每个 RFID 标签具有唯一的电子编码，附着在物体上标识目标。RFID 标签内部存储了物体的唯一标识码，可以理解为物体的"身份证号码"。当 RFID 读写器靠近被识别物体时，会发送一定频率的无线电波去激活 RFID 标签，并读取 RFID 标签中存储的数据。根据应用场景的不同，RFID 标签可以分为有源和无源两种类型。有源 RFID 自身带有电源，可以主动发射信号，通信距离较远；无源 RFID 则依靠 RFID 读写器发出的射频能量来工作，成本较低，应用广泛。

（2）RFID 读写器（阅读器）。RFID 读写器是 RFID 系统的重要组成部分，它负责读取或写入 RFID 标签的信息。RFID 读写器通过 RFID 天线发送射频信号，激活 RFID 标签并接收其返回的响应信号。RFID 读写器可以接收来自 RFID 标签的射频信号，并对其进行解码，获取存储在 RFID 标签中的信息。同时，RFID 读写器还可以将主机的读写命令传送到 RFID 标签，再把 RFID 标签返回的数据传送到主机。

（3）后台数据处理系统。后台数据处理系统是 RFID 系统的核心，它负责处理 RFID 读写器读取的数据，实现数据的存储、管理和分析。后台数据处理系统通常由数据库服务器、应用服务器和客户端组成，它们共同协作完成数据的处理和应用。

RFID 系统架构如图 5-14 所示。在 RFID 系统中，高层通常代表着系统的核心管理部分，它负责整个系统的控制和数据处理。从高层出发，有多个箭头分别指向不同的阅读器，如阅读器 1、阅读器 2 直到阅读器 N。这些阅读器在 RFID 系统中起着至关重要的作用。

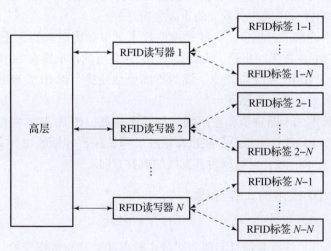

图 5-14　RFID 系统架构

从 RFID 系统的工作流程来看，高层首先向 RFID 读写器发送指令，例如读取 RFID 标签信息、设置读取频率等。RFID 读写器接收到指令后，会向其连接的 RFID 标签发出射频信号。RFID 标签在收到信号后，将自身存储的数据通过射频信号反射回 RFID 读写器。RFID 读写器对收到的数据进行初步处理，如校验、解码等，然后将处理后的数据传输回高层。高层再对这些数据进行进一步的分析和存储。例如，在物流管理中，高层可以根据 RFID 读写器传回的数据确定货物的位置、状态等信息。

这种架构在多个领域都有广泛的应用。在仓储物流领域，通过在货物上粘贴 RFID 标签，利用 RFID 读写器可以快速准确地对货物进行出入库管理、库存盘点等操作，大大提高了物流效率。在门禁系统中，人员佩戴的 RFID 标签可以在接近 RFID 读写器时被识别，从而实现人员的快速通行和权限管理。在生产线上，通过 RFID 系统可以实现对生产设备和原材料的精准跟踪和管理，提高生产效率和质量控制水平。总之，RFID 系统通过高层、RFID 读写器和 RFID 标签的协同工作，实现了对物体的高效识别和数据管理，在现代物联网和智能管理领域发挥着重要作用。

3. RFID 技术的历史与发展

RFID 技术的发展历程可以大致分为以下几个阶段。

（1）早期探索阶段（20 世纪 40—50 年代）。RFID 技术的理论基础诞生，主要基于雷达技术的改进和应用。Harry Stockman 在 1948 年发表的《利用反射功率进行通信》奠定了 RFID 技术的理论基础。

（2）技术成熟阶段（20 世纪 60—70 年代）。RFID 技术的理论得到了进一步发展，并开始在实际应用中尝试。随着 RFID 技术的不断完善，RFID 技术的应用范围逐渐扩大。

（3）商业应用阶段（20 世纪 80—90 年代）。RFID 技术及产品开始进入商业应用阶段，并逐渐在多个领域得到广泛应用。同时，人们开始关注 RFID 技术的标准化问题，以推动其更广泛的应用。

（4）标准化与广泛应用阶段（2000 年至今）。进入 21 世纪后，RFID 技术的标准化问题得到了广泛重视。ISO 和其他相关机构制定了多项 RFID 技术标准，为 RFID 技术的广泛应用提供了有力支持。同时，随着物联网、云计算等技术的不断发展，RFID 技术与其他技术的融合也成为其发展的重要方向之一。

在 RFID 技术的发展过程中，一些关键的技术进步和突破起到了重要作用。例如，超高频（UHF）RFID 技术的出现大大提高了 RFID 系统的读取距离和准确性；RFID 中间件技术的发展使 RFID 系统与其他系统的集成更加便捷；RFID 安全技术的发展则保障了 RFID 系统的安全性和隐私性。

随着 RFID 技术的不断进步和应用场景的不断拓展，RFID 技术将继续保持快速发展的态势。未来，RFID 技术将更加注重安全性、隐私保护和标准化等方面的研究和发展，同时与其他技术的融合也将成为其发展的重要方向之一。

5.2.2 RFID 技术的工作原理

1. 信号传输机制

RFID 技术通过无线射频信号实现非接触式的自动识别和数据交换。信号传输机制是 RFID 技术的核心，确保了信息的有效传输和识别。

在 RFID 系统中，RFID 读写器通过 RFID 天线发射射频信号，形成一个电磁场。当 RFID 标签进入这个电磁场时，RFID 标签会收到这些信号并产生感应电流，进而激活 RFID 标签内的电路。随后，RFID 标签会将存储在其中的信息通过 RFID 天线发送回 RFID 读写器，完成数据的交换。

1）射频信号的发射与接收

（1）发射。RFID读写器通过高频振荡器产生射频信号，并通过RFID天线将这些信号发射到周围空间。射频信号的频率、功率和调制方式等参数决定了RFID系统的通信距离、速度和抗干扰能力。

（2）接收。RFID标签收到RFID读写器发射的射频信号后，会产生感应电流并激活其内部的电路。RFID标签内部的电路对收到的射频信号进行解码，并提取RFID读写器发送的命令或请求。

2）射频信号的传输距离与方向性

（1）传输距离。RFID系统的通信距离取决于多个因素，包括射频信号的频率、功率、RFID天线设计和环境干扰等。低频RFID系统的通信距离较短（通常为几厘米到1 m），而高频和微波RFID系统的通信距离可以达到几米到几十米。

（2）方向性。RFID系统的通信具有一定的方向性。RFID读写器和RFID标签之间的相对位置和方向会影响射频信号的传输效率和准确性。

3）多RFID标签识别与防碰撞

在RFID系统中，可能出现多个RFID标签同时进入RFID读写器的射频场的情况。为了避免多个RFID标签之间的射频信号干扰和碰撞，RFID系统通常采用防碰撞算法来实现多RFID标签的识别。这些算法通过合理地分配时隙或搜索路径，确保每个RFID标签都有机会被正确识别和处理。

2. 数据编码与调制

数据编码与调制是将待传输的数据转换为适合在无线信道中传输的信号的过程。在RFID系统中，数据编码与调制确保了数据的可靠传输和识别的准确性。

1）数据编码

（1）编码方式。RFID系统中常用的编码方式包括Manchester编码、Miller编码等。这些编码方式通过改变信号的相位或幅度来表示不同的数据位。编码的目的是增加数据的抗干扰能力，提高传输的可靠性。

（2）编码过程。原始数据经过编码后，被转换为适合在无线信道中传输的二进制序列。这些二进制序列在传输过程中不易受到外界干扰，确保了数据的准确性。

2）调制

（1）调制方式。RFID系统中常用的调制方式包括ASK（Amplitude Shift Keying）、FSK（Frequency Shift Keying）等。ASK调制通过改变信号的幅度来传输数据，而FSK调制则通过改变信号的频率来传输数据。调制的目的是使信号适应无线信道的传输特性，提高信号的传输效率和抗干扰能力。

（2）调制过程。编码后的二进制序列经过调制后，被转换为射频信号。这些射频信号在无线信道中传输，并被RFID读写器和RFID标签接收并解码。

3. 通信协议

通信协议是确保RFID读写器与RFID标签之间数据交换准确性的关键。完善的通信协议可以提高RFID系统的可靠性、安全性和兼容性。

1）物理层协议

（1）工作频率。RFID系统的工作频率通常包括低频（LF）、高频（HF）和微波

（UHF）等频段。不同频段具有不同的通信距离、数据传输速率和抗干扰能力等特点。

（2）调制方式。物理层协议规定了 RFID 系统的调制方式，如 ASK，FSK 等。这些调制方式的选择取决于 RFID 系统的通信距离、数据传输速率和抗干扰能力等要求。

2）数据链路层协议

（1）帧同步。数据链路层协议通过帧同步机制确保 RFID 读写器和 RFID 标签之间的数据同步传输。帧同步的实现通常包括前导码、帧开始标志等字段。

（2）错误检测与重发机制。数据链路层协议还包括错误检测与重发机制，用于检测和纠正传输过程中的错误数据。错误检测与重发机制通过校验码、重发请求等方式实现。

3）应用层协议

应用层协议定义了 RFID 读写器与 RFID 标签之间的数据交换格式和命令集。应用层协议规定了 RFID 读写器如何向 RFID 标签发送命令、读取数据或写入数据等操作。应用层协议还需要考虑不同厂商设备之间的兼容性问题。通过制定统一的标准和规范，可以实现不同设备之间的无缝连接和数据共享。

通过以上对 RFID 技术的工作原理的详细介绍，可以看到 RFID 技术通过其独特的信号传输机制、数据编码与调制以及完善的通信协议，实现了非接触式的自动识别和数据交换。

5.2.3　RFID 技术的分类

RFID 技术是一种利用无线电波进行自动识别的技术。根据工作频率的不同，RFID 技术可以分为几个主要类别，每个类别都有其独特的特点和应用场景。

1. 低频 RFID（LF RFID）技术

LF RFID 系统主要工作在 125～134.2 kHz 的频率范围内，采用电感耦合方式，即通过磁场的变化来传输能量和数据。LF RFID 标签与 LF RFID 读写器之间的通信距离较近，一般在几厘米到几十厘米之间。这种近距离特性使 LF RFID 技术在需要精确位置识别的应用中非常有效，同时也减小了环境因素（如金属和水）对信号的干扰。

LF RFID 系统因低功耗、低成本和高可靠性而受到欢迎。它可以在金属物体表面或内部使用，这使它成为动物识别、门禁系统和汽车防盗系统的理想选择。但是，LF RFID读写器的读取速度相对较慢，且一次只能读取少量 LF RFID 标签，这限制了它在需要处理大量标签的场景中的应用。

在畜牧业，LF RFID 技术被用于动物追踪和健康管理，LF RFID 标签被植入动物体内或附着于动物的耳朵上，以记录其身份和健康数据。在工业自动化领域，LF RFID 技术用于物料搬运、工具识别和维护管理。

2. 高频 RFID（HF RFID）技术

HF RFID 系统工作在 13.56 MHz 的频率上，采用近场通信（NFC）协议，允许 HF RFID标签与 HF RFID 读写器之间的距离在 10 cm～1 m 范围内。HF RFID 系统可以存储较多数据，且读取速度较快，同时支持加密，提高了数据的安全性。

HF RFID 系统的通信距离比 LF RFID 系统远，可以达到大约 1 m 的距离，这使其适用于需要快速读取多个标签的场合。HF RFID 技术符合 ISO/IEC 15693 和 ISO/IEC

14443 标准，后者特别适用于需要高安全性的支付和身份验证应用。然而，HF RFID 系统在金属和水附近的性能会受到影响。

在图书馆管理系统中，HF RFID 技术用于书籍的自动借阅和归还，简化了图书流通流程。在零售业，HF RFID 技术用于库存管理，可以快速清点货架上的商品。在支付行业，HF RFID 技术用于手机支付和交通卡支付。

3. 超高频 RFID（UHF RFID）技术

UHF RFID 系统工作在 860～960 MHz 的频率范围内，使用电磁波进行通信。UHF RFID 标签与 UHF RFID 读写器之间的通信距离可以达到几米至几十米，数据传输速度也比 LF RFID 和 HF RFID 快得多。

UHF RFID 系统的远距离读取能力和高速数据传输特性使其在供应链管理和物流行业中非常有用。它可以一次读取大量的标签，适用于需要快速处理大批量物品的场景。但是，UHF RFID 系统在金属和水附近的表现不佳，且可能遇到信号干扰的问题。

在仓储和物流领域，UHF RFID 技术用于库存管理，可以实时追踪货物的位置和状态。在制造业，UHF RFID 技术用于生产过程中的物料追踪，提高了生产效率和质量控制。在零售业，UHF RFID 技术用于防盗和库存自动更新。

4. 微波 RFID（MW RFID）技术

MW RFID 系统工作在 2.45～5.8 GHz 的频率范围内，利用微波进行数据传输，具有最远的读取距离和最快的数据传输速度。MW RFID 系统可以实现远距离通信，通信距离通常超过 100 m。

MW RFID 系统的远距离读取能力使其在高速公路自动收费系统、机场行李追踪和大型户外活动人员管理中具有明显优势。然而，MW RFID 系统成本较高，且易受天气和障碍物的影响，这限制了其在某些环境中的应用。

在高速公路收费系统中，MW RFID 技术用于自动车辆识别和收费，提高了道路通行效率。在大型赛事和活动中，MW RFID 技术用于观众和参赛者的实时定位，加强了安全管理。

通过以上对 RFID 技术不同分类的详细介绍，可以看到，每种 RFID 技术都有其独特的特性和应用领域。选择正确的 RFID 技术对于确保 RFID 系统的性能和效率至关重要，同时也需要考虑成本、安全性和环境适应性等因素。

RFID 技术作为物联网的重要组成部分，正在不断地推动物流、零售、医疗、制造等多个行业的数字化转型。随着 RFID 技术的进步，未来的 RFID 系统将更加智能、高效，为用户提供更便捷的服务，同时也为企业带来更大的经济效益。

5.2.4　RFID 技术应用案例

1. 物流与供应链管理

RFID 技术在物流与供应链管理中的应用（图 5-15）彻底改变了传统物流作业模式，提高了物流效率和准确性。RFID 系统能够实时追踪货物的位置和状态，实现自动化库存管理，减少人为错误，加快货物周转，为物流和供应链管理带来了革命性的变革。

具体应用案例如下。

（1）沃尔玛公司的供应链优化。全球零售巨头沃尔玛公司是 RFID 技术早期的大规模应用者之一。通过在其供应链中部署 RFID 系统，沃尔玛公司实现了对商品的实时追

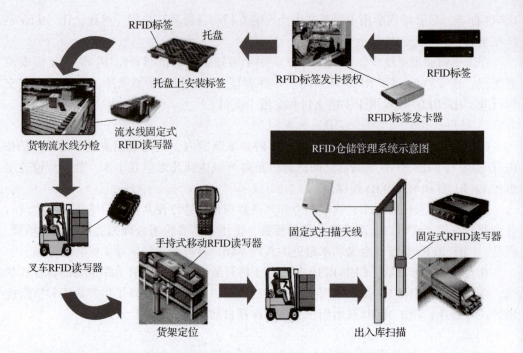

图 5 – 15　RFID 技术在物流与供应链管理中的应用示意

踪，从供应商的仓库到门店货架，每一环节都能准确掌握商品的流动情况。这一举措显著减少了库存积压，提高了补货效率，降低了运营成本。

（2）汽车制造行业的生产线管理。在汽车制造行业中，RFID 技术被用于追踪生产线上每个部件的位置和状态，确保装配过程的准确性和效率。例如，丰田公司利用 RFID 技术优化了零部件管理，实现了精益生产，减少了浪费，提高了生产灵活性和响应速度。

2. 库存管理

RFID 技术在库存管理中的应用，不仅能够实时更新库存数据，还能够提高盘点的准确性和速度，减少人工错误，降低库存成本。通过 RFID 技术，企业可以实现对商品的精细化管理，提高库存周转率，确保供应链的顺畅运行。

具体应用案例如下。

（1）零售行业的库存优化。在零售行业中，RFID 技术用于自动识别和跟踪商品，实现库存的实时更新。例如，服装零售商 Zara 公司利用 RFID 技术改进了库存管理，确保了店铺的库存水平与客户需求匹配，减少了过量库存，提高了销售效率。

（2）医药行业的库存控制。在医药行业中，RFID 技术用于追踪药品的批次和有效期，确保药品的安全性和合规性。例如，辉瑞公司采用 RFID 系统监控药品的供应链，防止假冒伪劣产品流入市场，保障了患者的生命安全。

3. 身份认证

RFID 技术在身份认证领域的应用，提供了非接触式的身份验证解决方案，提高了安全性，简化了访问控制流程。RFID 标签可以存储个人身份信息，通过与 RFID 读写器的交互，实现快速、准确的身份验证。

具体应用案例如下。

（1）企业门禁系统。许多企业采用 RFID 技术控制员工的进出权限，确保只有被授权人员才能进入特定区域。例如，谷歌公司在其办公园区内使用 RFID 门禁系统，提高了管理的安全性，同时提高了员工的便利性。

（2）大学校园卡系统。大学广泛使用基于 RFID 技术的校园卡，其不仅用于图书馆借阅，还可以作为食堂消费、宿舍门禁、体育设施使用等多用途的身份认证工具，极大地便利了学生的生活和学习。

4. 资产管理

RFID 技术在资产管理中发挥了重要作用，它能够实时追踪和管理固定资产的位置和状态，提高资产利用率，减小资产损失。RFID 标签可以贴附在各种类型的资产上——从办公设备到工业机械，实现全生命周期的跟踪管理。

具体应用案例如下。

（1）IT 设备管理。在 IT 行业中，RFID 技术用于追踪服务器、计算机和其他硬件设备，确保资产的安全和合规。例如，数据中心运营商 Equinix 公司使用 RFID 技术管理其庞大的 IT 资产，提高了资产的可见性和控制力。

（2）医疗设备追踪。在医疗领域，RFID 技术用于追踪昂贵的医疗设备，确保医疗设备的合理使用和及时维护。例如，约翰霍普金斯医院采用了 RFID 系统来管理其医疗设备，提高了医疗设备的可用性和手术准备效率。

5. 医疗保健

RFID 技术在医疗保健行业中的应用，确保了患者安全，提高了医疗服务效率，促进了医疗资源的优化配置。RFID 技术可以用于患者身份识别、药物管理、医疗器械追踪等方面，为医疗保健行业带来了显著的效益。

具体应用案例如下。

（1）患者身份识别与护理。RFID 腕带用于患者身份确认，确保患者接受正确的治疗和护理。例如，美国梅奥诊所使用 RFID 腕带，减少了医疗错误，确保了患者安全。

（2）药物追溯与防伪。RFID 标签可以附加在药物包装上，用于追踪药物的来源、有效期和真伪，防止假冒药物的流通。例如，欧洲药品管理局（EMA）推行了基于 RFID 系统的药物追溯系统，加强了药品供应链的安全监管。

综上所述，RFID 技术在物流与供应链管理、库存管理、身份认证、资产管理以及医疗保健等领域的应用，展示了其在提高效率、降低成本、提高安全性和促进创新方面的巨大潜力。随着 RFID 技术的不断发展和完善，它将在更多行业和场景中发挥关键作用，推动全球经济和社会的可持续发展。

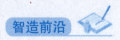

RFID 技术的未来发展

RFID 技术以其非接触式自动识别、远距离识别、快速处理和可重复使用的特点，在智慧城市建设、智能交通物流、农业和医疗健康等领域得到广泛应用，展现了巨大的潜力。

未来，RFID 标签的微型化和集成化是必然趋势。随着纳米技术和新材料的发展，RFID 标签将变得更小、更轻，甚至可以嵌入产品材料，而不改变产品的外观和性能。这将扩大 RFID 技术的应用范围，使其能够应用于更广泛的物品，包括服装、食品包装，甚至人体可穿戴设备。RFID 技术将向能源自给的方向发展，通过太阳能、热能转换或生物降解能源供电，提高 RFID 标签的独立性和环境适应性，并延长其使用寿命。RFID 技术还可能朝着更高的读取速度和更远的读取距离发展。例如，通过采用多天线技术和波束成形技术，可以显著提高 RFID 系统的读取效率和覆盖范围，为大规模物流和供应链管理提供强有力的支持。

随着 RFID 技术的普及，数据安全和隐私保护也日益成为重要的议题。未来的 RFID 技术将集成更高级别的加密算法和安全协议，确保数据在传输过程中的安全。标准化和法规的建立健全将为 RFID 技术的健康发展提供保障，促进其在全球范围内广泛应用。国际标准的统一、隐私保护法规的强化和跨行业标准的协调将促进建立数据共享机制和保护知识产权，鼓励创新成果的转化和应用。随着相关技术的不断进步，RFID 技术将在更多领域展现其价值，推动社会向智能、高效和可持续的方向发展。

【赛证延伸】 竞赛：全国职业院校技能大赛 "生产单元数字化改造"（6）

"生产单元数字化改造"赛项对 RFID 技术的利用和要求

"生产单元数字化改造"赛项要求能够完成 RFID 数据采集与可视化。

任务 3.1 "智能仓储功能开发与测试"要求"手动分别将载有工件的 3 个托盘放至入库信息读写位，通过触摸屏输入工件信息，经 RFID 读写器将工件信息写入，并通过读操作验证是否写入正确"。图 5-16 所示为智能仓储单元。RFID 的具体流程是在入库阶段的初始状态下，利用 RFID 读写器，根据每个仓位中托盘内放置的工件信息，更新各托盘上 RFID 芯片所存储的状态信息。

除了在智能仓储单元外，在智能视觉单元、装配检测单元都需要更新托盘上 RFID 芯片所存储的状态信息。RFID 技术是记录整个工件信息、流转过程、库存盘点和记录的重要手段。

图 5-16 智能仓储单元

🔖 **单元测评**

1. RFID 系统的核心组成部分是（   ）。

A. RFID 标签、RFID 读写器和天线

B. 激光扫描仪和条形码

C. 磁条和磁头

D. 红外传感器和接收器

2. （　　）技术适用于需要较远读取距离的应用。

A. 低频 RFID

B. 高频 RFID

C. 超高频 RFID

D. 微波 RFID

3. RFID 系统中的数据编码通常采用（　　）。

A. 曼彻斯特编码

B. ASCII 编码

C. Unicode 编码

D. QR 码

4. 在 RFID 技术的历史中，（　　）事件标志着 RFID 技术的初步形成。

A. 第二次世界大战期间雷达技术的开发

B. 20 世纪 70 年代超市条形码的引入

C. 20 世纪 90 年代互联网的普及

D. 21 世纪头 10 年智能手机的出现

5. RFID 技术在医疗保健领域的应用不包括（　　）。

A. 患者身份验证

B. 医疗器械追踪

C. 电子病历管理

D. 远程手术操作

 练习思考

1. 比较低频 RFID 技术与高频 RFID 技术的主要区别，并讨论它们各自的最佳应用场景。

2. 描述 RFID 系统在物流与供应链管理中的具体应用，并探讨其优势。

 考核评价

情境五单元 2 考核评价表见表 5–2。

表 5–2　情境五单元 2 考核评价表

环节	项目	标准分值	实际分值
课前（20%）	平台讨论	10	
	平台资源学习	10	
课中（60%）	课堂考勤	10	
	课堂问题参与	10	
	爱岗敬业、探索创新	10	
	单元测评	10	
	小组任务	20	
课后（20%）	练习思考	10	
	"赛证延伸"实施	10	
总评		100	

单元 3　机器视觉技术

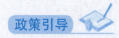

政策引导

《新一代人工智能发展规划》鼓励机器视觉与 AI 的融合，以提高制造业的质量检测水平。2023 年 1 月，由工业和信息化部等十七部门联合印发《"机器人 +"应用行动实施方案》，提出到 2025 年，推动机器人在各行业的深化应用，重点在商贸物流和教育领域推动机器视觉技术的融合应用。2023 年 2 月，工业和信息化部等七部门联合发布《智能检测装备产业发展行动计划（2023—2025 年)》，突出了机器视觉在智能检测装备中的核心地位。这些政策为机器视觉检测技术的创新和应用提供了明确的方向和坚实的基础，确保其在智能制造中发挥关键作用。本单元主要介绍机器视觉检测技术的概念、关键技术、应用及发展趋势。

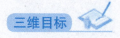

三维目标

■ **知识目标**

（1）理解机器视觉的概念、发展历程和重要性。

（2）熟悉机器视觉的各种方法、关键技术和发展趋势。

（3）了解机器视觉系统的构成及其在不同领域的应用。

■ **能力目标**

（1）能够根据需求搭建和调试机器视觉系统并解决运行问题。

（2）能够利用机器视觉系统进行图像采集、图像处理和质量分析。

■ **素质目标**

（1）通过对机器视觉系统在质量检验中所发挥作用的介绍，培养学生的预防意识、质量意识。

（2）通过对机器视觉系统评价的客观性和准确性的介绍，培养学生客观准确的科学精神。

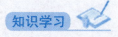

知识学习

5.3.1　机器视觉概述

1. 机器视觉的定义与发展历程

机器视觉是一种模拟人类视觉功能的技术，它通过摄像头和图像处理软件来捕获、分析和解释视觉信息，从而实现自动化检测、识别和测量。机器视觉是计算机视觉的

机器视觉检测
技术（视频）

一个分支，专注于工业自动化和质量控制领域。机器视觉系统能够"看"到物体，分析其特征，做出决策，并将这些信息转化为动作或数据反馈，为生产过程提供智能化支持。

机器视觉技术的起源可以追溯到20世纪70年代，当时工业自动化的需求催生了第一批用于检测和测量的机器视觉系统。早期机器视觉系统基于简单的图像处理算法，能够完成基本的尺寸测量和缺陷检测任务。然而，受限于当时的计算能力和图像处理技术，早期机器视觉系统功能有限，且对环境条件敏感。

随着计算机技术的进步，特别是在20世纪80年代末和90年代初，图像处理软件的复杂度和性能得到了显著提升。在这个时期出现了更为先进的图像分析算法，如边缘检测、形态学运算和傅里叶变换，它们使机器视觉系统能够处理更复杂的任务，如字符识别（OCR）和条形码读取。

进入21世纪，机器视觉技术迎来了重大变革。数字图像传感器的普及和高性能处理器的出现极大地提高了图像质量和处理速度。更重要的是，机器学习和深度学习算法的兴起赋予了机器视觉系统前所未有的智能，使其能够处理高度复杂和变化的视觉任务，如目标识别、分类和定位。

机器视觉技术的发展历程见证了从简单图像处理到智能化视觉分析的飞跃，随着机器视觉技术的不断进步，它将在工业自动化、质量控制、安全监控等领域发挥越来越重要的作用，推动制造业向更高效、更智能的方向发展。近年来，随着物联网和AI技术的融合，机器视觉系统正向着更加智能化和联网化的方向发展。它们不仅能够独立完成视觉任务，还可以与其他自动化设备和信息系统无缝集成，形成智能化的生产链和供应链管理体系。

2. 机器视觉系统的基本组成

典型的机器视觉系统涵盖了从图像采集到决策执行的完整链条，如图5-17所示，其主要包括以下关键组件[①]。

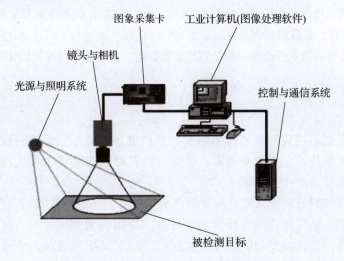

图5-17 机器视觉系统的基本组成

---

① 图5-17中未体现执行机构，特此说明。

1）光源与照明系统

光源是机器视觉系统中至关重要的部分，它直接影响图像的质量。合适的光源能够突出物体的特征，减少阴影和反射，提高图像对比度。常用的光源包括 LED 灯、荧光灯和激光，应根据不同的应用需求选择合适的光源类型和照射方式。

2）镜头与相机

镜头负责将物体的图像聚焦到相机的传感器上。镜头的选择取决于视场角、焦距和分辨率等参数，以确保获得清晰、无畸变的图像。相机是捕获图像的核心设备，现代机器视觉系统通常使用带有 CCD 或 CMOS 传感器的相机，这些相机能够提供高分辨率、高帧率和宽动态范围的图像。

3）图像采集卡

在使用 PC 作为图像处理平台的情况下，图像采集卡用于将相机输出的图像信号转换为数字信号，并传输到工业计算机进行处理。图像采集卡通常支持多种视频标准，如 GigE Vision、USB3 Vision 和 Camera Link，确保与不同类型的相机兼容。

4）图像处理软件

图像处理软件是机器视觉系统的大脑，它负责图像的分析和解读。图像处理软件中包含了各种图像处理算法，如阈值分割、形态学操作、特征提取和模式识别，用于从原始图像中提取有意义的信息。此外，图像处理软件还提供了强大的编程接口，便于用户根据具体应用需求定制视觉任务。

5）执行机构

一旦图像处理软件完成分析，就需要通过执行机构将决策转化为物理动作。执行机构可以是机器手臂、输送带控制器或警报系统，其根据机器视觉系统的输出信号，执行相应的操作，如抓取、放置、分拣或报警。

6）控制与通信系统

为了实现机器视觉系统的自动化和智能化，控制与通信系统扮演着重要角色。它负责协调各组件的工作，确保机器视觉系统稳定运行。此外，通过与工厂自动化网络的连接，机器视觉系统能够与其他生产设备和信息系统交换数据，实现生产过程的优化和监控。

5.3.2 机器视觉关键技术

1. 图像采集

图像采集是机器视觉系统的首要环节，其质量直接关系到后续图像处理和分析的准确性。图像采集技术主要涉及光源、镜头、相机和图像采集卡等关键组件，每部分都对最终图像的质量产生重要影响。

光源的选择和设计对于获取高质量图像至关重要。光源应能够均匀照亮目标物体，减少阴影和反射，确保图像的对比度和清晰度。应根据物体的材质、颜色和形状的不同，选择最适合的光源类型和照射角度。例如，对于高反光表面，环形光源能够有效减少镜面反射；对于三维物体，斜向照明能凸显物体的轮廓和纹理。

镜头决定了图像的成像质量，其参数如焦距、光圈和畸变控制需要根据应用场景精心挑选。相机是图像采集的核心，相机的帧率、感光度和色彩还原能力也是选择时需要考虑的关键因素。

图像采集卡的作用在于将相机输出的模拟或数字信号转换为工业计算机可以处理的形式，并提供高速数据传输。对于高速或高分辨率的图像采集需求，选择适当的图像采集卡尤为关键。

2. 图像预处理

图像预处理是在图像分析之前对原始图像进行的一系列操作，旨在提高图像质量，去除噪声，简化图像特征，为后续的图像分析奠定基础。图像预处理能够显著提高图像分析的准确性和效率，是机器视觉系统不可或缺的环节。

去噪是图像预处理的首要步骤，常用的方法包括中值滤波、均值滤波和高斯滤波等，它们能够有效消除图像中的随机噪声，保持图像边缘和细节。图像增强则用于改善图像的对比度和清晰度，如直方图均衡化、对比度拉伸和锐化等，使图像特征更加突出。

由于镜头畸变、相机倾斜或物体运动等因素，原始图像可能存在几何失真。图像校正能够修正这些失真，恢复图像的真实比例和形状。几何变换，如旋转、缩放和平移，用于调整图像的视角和大小，确保后续分析的一致性和可靠性。

图像分割是将图像分为若干个具有相似特性的区域，是目标检测和特征提取的基础。阈值分割是最简单的图像分割方法之一，其通过设定灰度阈值将图像分为前景和背景两部分。更复杂的图像分割方法，如基于区域生长、边缘检测和分水岭算法，能够处理更复杂的图像场景。

3. 特征提取与模式识别

特征提取是从图像中抽取有意义信息的过程，这些信息可以是形状、纹理、颜色或空间布局等，用于描述图像中物体的属性和关系。特征提取是模式识别的基础，有效的特征能够显著提高识别的准确性和鲁棒性。

形状特征描述了物体的几何特性，如面积、周长、长宽比和圆形度等，适用于识别具有特定形状的物体。边缘检测，如 Sobel 算子、Canny 边缘检测和 Laplacian 算子，能够识别图像中强度突变的边界，为形状特征的提取提供基础。

纹理特征反映了图像中局部区域的纹理结构，如纹理方向、纹理密度和纹理对比度等。颜色特征则用于描述图像的颜色分布，如 RGB 颜色模型、HSV 颜色空间和颜色直方图等。纹理和颜色特征对于区分具有相似形状，但材质或颜色不同的物体尤为重要。

模式识别是根据提取的特征将图像中的物体归类到预定义的类别中。常见的模式识别算法包括支持向量机（Support Vector Machine, SVM）、ANN、决策树和 K 近邻（K - Nearest Neighbor, KNN）算法。深度学习技术，特别是卷积神经网络（Convolutional Neural Network, CNN），近年来在图像分类、目标检测和语义分割等任务中取得了突破性进展，展现出极高的识别准确性和泛化能力。

深度学习模型（如 CNN）能够自动从原始图像中学习到多层次的特征表示，无须手动设计特征。这种端到端的学习方式极大地简化了特征工程，提高了模型的适应性和鲁棒性。通过大量标注数据的训练，深度学习模型能够学习到丰富的特征表达，实现对复杂场景和细粒度差异的识别。

综上所述，机器视觉关键技术涵盖了图像采集、图像预处理、特征提取与模式识别等多个方面，如图5-18所示。每一环节都是构建高效、准确的视觉系统所必需的，它们相互依存，共同构成了机器视觉技术的核心。随着相关技术的不断进步，尤其是深度学习和AI的发展，机器视觉技术将在工业自动化、安防监控、医疗诊断和自动驾驶等领域展现出更广泛的应用前景和更高的智能化水平。

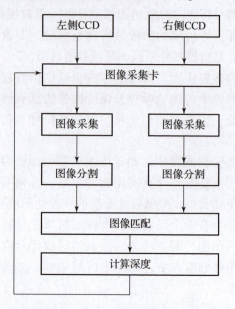

图5-18　机器视觉图像处理过程

5.3.3　机器视觉在工业检测中的应用

1. 产品质量检测

产品质量检测是确保生产过程符合标准的关键步骤。传统的检测方法依赖人工目视检查，存在效率低下、易疲劳和存在主观判断误差等问题。机器视觉通过自动化检测，大幅提高了检测速度和一致性，降低了生产成本，同时提升了产品质量。

在设计机器视觉系统时，首先需要明确检测对象的特征和标准，选择合适的光源、镜头和相机，确保图像质量；接着，利用图像处理算法进行特征提取和分析，识别潜在的质量问题；最后，根据检测结果，自动进行分类或剔除不合格品，实现闭环控制。

案例分析：汽车制造中的质量检测。

在汽车制造领域，机器视觉广泛应用于车身焊接、喷漆、装配和零部件检测。例如，通过高精度相机和深度学习算法，机器视觉系统能够检测车身表面的划痕、凹陷和颜色偏差，确保每辆出厂汽车的外观质量。此外，机器视觉系统还能在发动机装配线上检测零件的安装位置和方向，避免组装错误，提高生产效率和安全性。

2. 产品尺寸测量

产品尺寸的精确测量对于保证产品质量和生产过程控制至关重要。人工测量往往耗时且容易出错，而机器视觉系统能够以微米级的精度快速测量物体的长度、宽度、高度和角度，适用于大批量生产环境。

机器视觉的尺寸测量技术基于图像分析，通过边缘检测、轮廓拟合和模板匹配等算法，从图像中提取物体的边界信息。在进行机器视觉系统设计时需要考虑测量范围、精度要求和环境因素，选择适合的相机分辨率、镜头类型和照明方案，确保测量结果的准确性和稳定性。

案例分析：精密电子元件的尺寸检验。

在精密电子元件制造中，集成电路芯片、连接器和传感器的尺寸公差要求极高。机器视觉系统能够对这些微小元件进行高速、高精度的尺寸测量，包括引脚间距、焊点直径和封装厚度等。通过与 CAD 数据对比，机器视觉系统自动判断尺寸是否符合规格，有效避免了尺寸不符合规格导致的产品故障和返工。

3. 缺陷检测与分类

缺陷检测是机器视觉应用中最常见且最具挑战性的任务之一。它旨在从连续生产线上快速识别出不合格品，包括裂纹、缺口、污染和异物等。缺陷种类繁多，形态各异，对机器视觉系统的鲁棒性和适应性提出了较高要求，如图 5 – 19 所示。

缺陷检测通常采用基于阈值、模板匹配、统计分析和深度学习的综合方法。对于已知类型的缺陷，可以通过设计特定的特征提取算法进行检测；对于未知或复杂缺陷，深度学习模型能够通过学习大量样本，自动识别缺陷模式，实现自动分类。

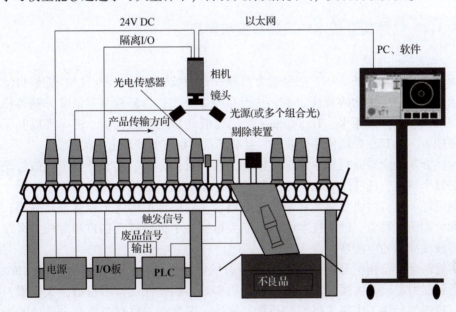

图 5 – 19　机器视觉用于缺陷检测与分类

案例分析：纺织品的瑕疵检测。

在纺织品生产中，布匹表面的瑕疵（如孔洞、色差和污渍等）严重影响成品质量。传统的人工检测难以发现微小或隐蔽的瑕疵。机器视觉系统利用高分辨率相机和深度学习算法，能够对整卷布匹进行连续扫描，自动识别并标记瑕疵位置，为后续的修补或剔除提供依据。机器视觉系统还能够统计缺陷的类型和分布，帮助制造商优化生产工艺，减少瑕疵发生。

综上所述，机器视觉在工业检测中的应用极大地提高了生产效率和产品质量，从产品质量检测到尺寸测量，再到缺陷检测与分类，每项应用都紧密贴合工业生产的实际需求，如图 5－20 所示。通过自动化和智能化的机器视觉系统，企业能够实现对生产过程的精确控制，减小人为因素的影响，确保产品的一致性和可靠性。随着技术的不断创新，机器视觉将在更多领域展现其独特的优势和价值，成为推动工业 4.0 和智能制造的关键力量。

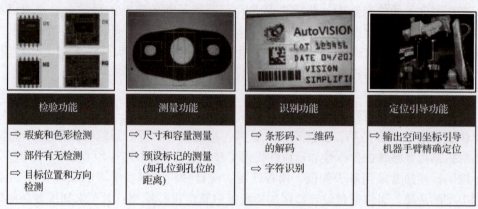

检验功能	测量功能	识别功能	定位引导功能
⇨ 瑕疵和色彩检测 ⇨ 部件有无检测 ⇨ 目标位置和方向检测	⇨ 尺寸和容量测量 ⇨ 预设标记的测量（如孔位到孔位的距离）	⇨ 条形码、二维码的解码 ⇨ 字符识别	⇨ 输出空间坐标引导机器手臂精确定位

图 5－20　机器视觉在工业检测中的应用

5.3.4　机器视觉技术的发展趋势与挑战

1. 深度学习在机器视觉中的应用

深度学习，尤其是 CNN，已经成为机器视觉领域的一场革命。CNN 能够自动从原始图像中学习到层次化的特征表示，从而在图像分类、目标检测、语义分割等任务中取得突破性进展。近年来，Transformer 架构凭借其自注意力机制，进一步提升了模型的处理能力，尤其在处理长序列数据和复杂场景理解方面展现出巨大潜力。

实例分割和全景分割是深度学习推动的两个重要方向。实例分割不仅能够识别图像中的每个对象，还能区分相同的实例，为每个实例生成精确的边界框和掩码。全景分割则更进一步，将语义分割和实例分割结合，对图像中的每个像素进行分类，同时识别和分割所有对象。这些技术的成熟极大地提高了机器视觉在自动驾驶、医疗影像分析等领域应用的可能性。

尽管深度学习在机器视觉中取得了显著成就，但其发展也面临数据标注成本高、模型泛化能力有限等挑战。高质量的标注数据对于训练深度学习模型至关重要，但大规模、精细的标注工作往往耗时且昂贵。此外，深度学习模型在面对未见过的场景或数据分布偏移时容易出现性能下降。解决这些问题，需要探索自动标注技术、无监督和半监督学习方法，以及模型压缩和迁移学习等策略。

2. 三维视觉技术的发展

传统的机器视觉主要基于二维图像，而三维视觉技术则通过获取物体的空间几何信息，实现了对现实世界的更深层次理解。三维视觉技术通过分析两幅或多幅不同视角的图像，利用三角测量原理重建场景的深度信息。结构光技术通过投射已知图案到物体表面，根据图案的变形情况计算物体的三维形状。这两种技术为机器视觉打开了通往三维世界的大门。

随着激光雷达和 ToF（Time of Flight）传感器的普及，点云数据成为三维视觉研究的新热点。点云是由大量离散点组成的三维空间数据，能够提供物体的精确位置和形状信息。然而，点云数据的稀疏性和不规则性对处理算法提出了挑战。近年来，深度学习方法开始应用于点云分析，通过设计专门的神经网络结构，如 PointNet 和 PointNet + + ，实现了对点云数据的有效处理和特征学习。

三维视觉技术在自动驾驶、机器人导航和 VR 等领域展现出巨大应用潜力，但其实时处理能力和环境适应性仍然是亟待解决的问题。如何在保证精度的同时，提高三维视觉系统的响应速度和鲁棒性，成为该领域研究的重点。此外，环境光照、遮挡和动态场景对三维视觉系统的准确性提出了更高要求，需要算法和技术的不断创新。

3. 机器视觉在非工业领域的应用

在医疗领域，机器视觉正逐步改变着传统的影像诊断方式。基于深度学习的图像分析系统能够自动识别 X 光片、CT 扫描和 MRI 图像中的异常区域，辅助医生进行疾病筛查和诊断，如肺癌结节检测、糖尿病视网膜病变分析等。此外，机器视觉还能够通过对大量医学影像数据的学习，提供个性化治疗建议，推动精准医疗的发展。

在安防监控领域，机器视觉的应用日益广泛。人脸识别技术能够快速准确地识别人群中的个体，实现身份验证和黑名单监控。行为分析技术则能够识别和预测人群中的异常行为，如入侵、摔倒和聚集，为公共场所的安全管理提供支持。这些技术的发展不仅提高了监控效率，也为预防犯罪和应急响应提供了有力工具。

机器视觉在文化遗产保护中也发挥着重要作用。通过高精度的三维扫描和重建技术，可以对文物进行数字化存档，防止信息的永久丢失。此外，机器视觉还能够协助文物修复工作，通过对文物表面的损伤分析，指导修复工艺，恢复文物的历史原貌。这些应用促进了文化遗产的保护和传承，让古老的文化遗产以全新的形式展现在世人面前。

机器视觉正处于快速发展的阶段，深度学习、三维视觉和跨领域应用的创新不断涌现。虽然面临数据、算法和环境适应性等方面的挑战，但通过跨学科的合作和持续的技术迭代，机器视觉有望克服这些障碍，实现更广泛、更深入的应用，如图 5 – 21 所示。未来，机器视觉将在人机交互、智能家居、教育娱乐等更多领域展现其独特魅力，为人类社会带来更加智能、便捷和安全的生活体验。

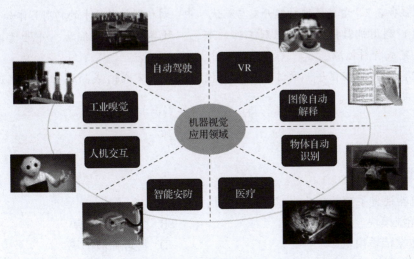

图 5 – 21　机器视觉的扩展应用

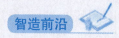 智造前沿

机器视觉检测引领智能化变革

在机械制造领域，机器视觉检测正在引领智能化变革，深度学习技术与3D视觉技术的融合应用尤为关键。

深度学习技术构建复杂神经网络模型，能够自动学习和识别图像特征，在复杂制造环境中高精度地检测缺陷、测量尺寸和识别物体，处理大规模数据集，为自动化生产线提供智能支持。3D视觉技术通过立体相机或激光扫描仪获取物体三维信息，实现全面检测，精确测量形状、尺寸和位置，尤其适用于复杂结构制造。二者结合能够进行更高级的场景理解和物体识别，拓展智能制造的应用前景。

同时，嵌入式视觉系统因体积小、功耗低、性能高，可嵌入生产设备实现实时图像处理和反馈控制，提高生产效率与产品质量。

此外，还有众多相关新技术、新工艺和新方法。高分辨率成像技术能捕捉细微特征，用于精密测量和缺陷检测。多光谱和红外成像可检测材料表面与内部损伤。机器视觉设备通过结构光等技术获取三维形状信息，助力复杂物体测量定位。深度学习算法训练神经网络，提高检测的准确性和智能化程度。实时图像处理确保生产线高效连续。机器视觉引导系统提高生产自动化程度。智能光源技术优化图像对比度清晰度。云计算和大数据处理分析大量图像数据，优化检测算法实现智能质量控制。总之，这些技术融合应用能够提高检测精度和效率，提高适应性灵活性，推动机器视觉检测更智能，为机械制造带来高效可靠的质量保证。

【赛证延伸】 竞赛： 全国职业院校技能大赛 "生产单元数字化改造"（7）

"生产单元数字化改造"赛项对机器视觉技术的利用和要求

"生产单元数字化改造"赛项要求"智能机器人与智能视觉配合完成任意位置物料的检测与抓取，按照任务要求，完成定制产品的组装与检测，根据检测结果将产品放置到指定仓位"。

在任务3.2"智能装配功能开发与测试"中，对机器视觉技术的利用具体如下。

（1）利用机器视觉系统识别工件的颜色、种类、坐标等信息，并进行工件的定位，完成物料抓取。

（2）编写检测程序，通过机器视觉技术对装配完成的成品进行检测识别，并判断产品是否合格。

 单元测评

1. 机器视觉系统的核心组成部分不包括（　　）。

  A. 光源模块　　　　　　　　　　　　B. 图像采集模块

  C. 数据传输模块　　　　　　　　　　D. 物理存储模块

2. 在机器视觉技术中，（　　）技术用于减少图像噪声，改善图像质量。

A. 特征提取   B. 图像采集   C. 图像预处理   D. 模式识别

3. 深度学习在机器视觉系统中的应用不包括（　　）。

A. 图像分类   B. 目标检测   C. 语音识别   D. 实例分割

4. 3D 视觉技术的发展得益于（　　）。

A. RGB 相机   B. 红外传感器   C. 压力传感器   D. 温湿度传感器

5. 机器视觉技术在非工业领域的应用不包括（　　）。

A. 医疗影像分析   B. 智能安防与监控

C. 自动驾驶车辆导航   D. 工业机器人装配

 练习思考

1. 结合实例说明机器视觉技术在产品质量检测中的作用。

2. 讨论机器视觉技术面临的最大挑战是什么，并提出至少两种可能的解决方案。

考核评价

情境五单元 3 考核评价表见表 5 – 3。

表 5 – 3　情境五单元 3 考核评价表

环节	项目	标准分值	实际分值
课前（20%）	平台讨论	10	
	平台资源学习	10	
课中（60%）	课堂考勤	10	
	课堂问题参与	10	
	爱岗敬业、探索创新	10	
	单元测评	10	
	小组任务	20	
课后（20%）	练习思考	10	
	"赛证延伸"实施	10	
总评		100	

单元 4　自动化检测技术

 政策引导

2023 年 2 月，工业和信息化部等七部门联合发布《智能检测装备产业发展行动计划（2023—2025 年)》，提出"智能检测装备作为智能制造的核心装备，是'工业六基'的重要组成和产业基础高级化的重要领域"；明确支持自动化检测技术的创新与应用，特别是在精密制造和质量控制领域；将三坐标测量机、比对仪等高端测量设备作为重点发展对象，旨在促进智能制造的转型升级。这些不仅推动了制造业质量检测水平的提升，也为自动化检测技术在航空航天、汽车制造等领域的广泛应用奠定了坚实基础。本单元主要介绍三坐标测量机、比对仪所涉及的自动化检测技术相关知识。

三维目标

■ 知识目标

（1）了解自动化检测技术的基本概念、发展历程及重要性。

（2）掌握三坐标测量机和比对仪的测量原理、操作规范及数据处理方法。

《智能检测装备产业发展行动计划（2023—2025 年)》（文本）

（3）熟悉自动化检测技术的相关标准和质量控制要求。

■ 能力目标

（1）能够正确操作三坐标测量机和比对仪进行零件的测量和检测任务。

（2）能够对检测数据进行分析和处理，并判断零件是否合格。

三坐标测量机（视频）

■ 素质目标

（1）通过对三坐标测量机和比对仪参数设置的介绍，培养学生操作软件的数字化技能。

（2）通过对三坐标测量机和比对仪操作步骤的介绍，培养学生的规范意识和安全意识。

知识学习

5.4.1　三坐标测量机

1. 三坐标测量机的原理与构造

三坐标测量机（Coordinate Measuring Machining，CMM）是在 20 世纪 60 年代发展起来的一种以精密机械为基础，综合运用电子、计算机、光栅或激光等先进技术的高效、综合测量仪器。它可以与自动机床、数控机床等加工设备配套，便于对复杂形状工件进行快速可靠的测量。电子技术、计算机技术、数字控制技术以及精密加工技术的发展为三坐标测量机的产生提供了技术基础。三坐标测量机作为现代工业测量领域的重要工具，以其高精度、高效率和高自动化的特点，广泛应用于机械制造、航空航天、汽车制造等行业。各种复杂形状的几何表面，只要测头能够采样，就可得到各点的坐标值，并由计算机完成数据处理。测量时，不要求被测工件的基准严格与三坐标测量机的坐标方向一致。可以通过测量实际基准的若干点后建立新的坐标系,从而节省了工件找正的时间,提高了测量效率。由于使用计算机进行控制、采样和处理,并运用误差补偿技术,所以可以达到很高的测量精度。

1)三坐标测量机的原理

三坐标测量机基于三维空间测量原理进行工作。它利用 3 个相互垂直的坐标轴 (X,Y,Z) 建立一个三维坐标系,通过测针在坐标系中的位置变化,实现对被测物体几何形状和尺寸的测量。在测量过程中,首先需要建立一个坐标系,通常采用直角坐标系,坐标系的原点在三坐标测量机的中心位置,3 个坐标轴则相互垂直且互相平行。

三坐标测量机通过电子控制系统来控制运动,以准确移动测针。电动机通过传动装置使三坐标测量机在 3 个坐标轴上运动,确保测针能够精确地定位在被测物体的各位置。运动控制系统负责测量测针在坐标系中的位置变化,并将这些位置变化转化为数字信号,以便后续的数据处理和分析。

测针是三坐标测量机的关键部件之一,它通过机械装置连接到三坐标测量机的运动控制系统。测针可以在 3 个坐标轴上进行运动,以实现对被测物体各方向的测量。当测针接触被测物体表面时,测量仪器会读取相应的坐标值,这些坐标值可以表示被测物体的位置、形状和尺寸等信息。测头的类型多样,包括触发测头、扫描测头等,以适应不同的测量需求。

坐标值被传输到数据处理软件中进行进一步的分析和计算。数据处理软件可以对采集到的坐标值进行处理,通过计算和分析得到需要的处理结果,如长度、角度、曲线等。处理结果通常以数字形式输出,并显示在三坐标测量机的显示屏上或通过计算机软件进行进一步处理和分析。

2)三坐标测量机的结构类型

三坐标测量机是典型的机电一体化设备,如图 5-22 所示。它由机械系统和电气控制系统两大部分组成。机械系统是三坐标测量机的主体部分,它包括 X,Y,Z 3 个坐标轴。机械系统通常采用高强度、高刚性的材料制造,以保证测量精度和稳定性。此外,电气控制系统包括电动机、驱动器等部件,用于驱动机械系统在 3 个坐标轴上进行运动。

常见的三坐标测量机的结构类型如下。

三坐标测量机
(动画)

图 5-22 三坐标测量机实物

（1）悬臂式结构。

悬臂式结构简单，具有很高的敞开性，但当滑架在悬臂上作 Y 方向运动时，会使悬臂变形，故测量精度不高，一般用于测量精度要求不太高的小型三坐标测量机，如图 5-23 所示。

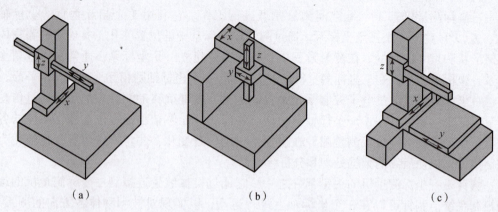

图 5-23　悬臂式三坐标测量机
（a）立柱移动；（b）立柱固定；（c）工作台移动

（2）桥式结构。

桥式结构是目前应用最广泛的一种结构形式，其简单，敞开性高，工件安装在固定工作台上，承载能力强。该结构主要用于中等精度的中小机型三坐标测量机，如图 5-24 所示。

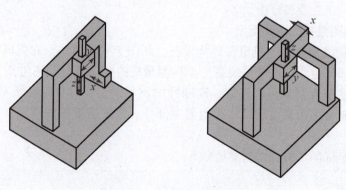

图 5-24　桥式三坐标测量机
（a）移动桥式；（b）L 形桥式

（3）龙门式结构。

龙门式结构与桥式结构的主要区别是它的移动部分只是横梁或工作台，移动部分质量小，整个结构刚性好。其缺点是立柱限制了工件装卸，只用于 Y 方向跨距很大、对精度要求较高的大型三坐标测量机，如图 5-25 所示。

（4）关节臂（柔性）结构。

关节臂结构具有多个可以自由转动的关节臂，能够实现对复杂部位的检测，多用于小型便携式三坐标测量机，如图 5-26 所示。

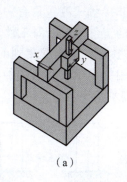
（a）

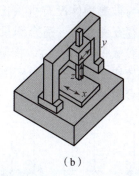
（b）

图 5 – 25　龙门式三坐标测量机

（a）龙门架移动；（b）工作台移动

图 5 – 26　关节臂三坐标测量机

3）三坐标测量机的构造

（1）导轨：三坐标测量机的导向装置，直接影响三坐标测量机的精度，因此要求其具有较高的直线性精度。在三坐标测量机上使用的导轨通常为滑动导轨和气浮导轨。在早期的三坐标测量机中，许多机型采用滑动导轨，滑动导轨精度高，承载能力强，但摩擦阻力大，易磨损，低速运行时易产生爬行现象。目前，多数三坐标测量机已采用气浮导轨（又称为空气静压导轨），它具有许多优点，如制造简单、精度高、摩擦阻力极小、工作平稳等。滚动导轨应用较少，因为滚动导轨的耐磨性较低，刚度也较滑动导轨低。

（2）测头系统：由测头、测针和测座组成。测头是实现与被测物体表面接触或非接触测量的关键部件；测针用于传递测量信号；测座用于安装和固定测头。不同类型的测头适用于不同的测量需求和应用场景。例如，触发测头适用于快速定位和测量；扫描测头适用于对曲面等复杂形状进行测量。测头按结构原理可分为机械式、光学式、电气式；按测量方法可分为接触式、非接触式。

机械接触式测头为刚性测头，根据其触测部位形状的不同有多种类型，如图 5 – 27所示。这类测头的形状简单，制造容易，但是测量力的大小取决于操作者的经验和技能，因此测量精度低、效率低。目前除少数手动三坐标测量机还采用这类测头外，绝大多三坐标数测量机已不再使用这类测头。

光学式测头与被测物体没有机械接触，这种非接触式测量具有一些突出优点，主要体现如下：不存在测量力，适合测量各种软质的工件；可以对工件表面进行快速扫描测量；具有比较大的量程；可以探测工件上一般测头难以探测到的部位。近年来，光学式测头发展较快，目前在三坐标测量机上应用的光学式测头的种类也较多，如三角法测头、激光聚集测头、光纤测头、接触式光栅测头等。

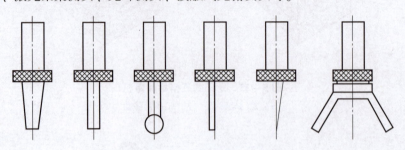

图 5 – 27　机械接触式测头

（3）标尺系统：用于度量各轴的坐标值。目前三坐标测量机所使用的标尺系统种类很多，可以分为机械式标尺系统（如精密丝杠加微分鼓轮、精密齿条及齿轮、滚动直尺等）、光学式标尺系统（如光学读数刻线尺、光学编码器、光栅、激光干涉仪）、电气式标尺系统（如感应同步器、磁栅）。目前使用最多的是光栅，其次是感应同步器和光学编码器。有些高精度三坐标测量机采用激光干涉仪。

（4）电气控制系统：负责控制机械系统和测头系统的运动和数据采集。它包括电动机、驱动器、控制器、传感器等部件。电动机和驱动器用于驱动机械系统的运动；控制器负责接收和处理测量数据；传感器用于实时监测测量过程中的各项参数。电气控制系统的稳定性和可靠性对于保证测量精度和效率至关重要。

（5）数据处理系统：三坐标测量机的核心部分之一。它负责处理和分析采集到的坐标数据，并生成测量报告和数据分析报告。数据处理系统通常包括测量、数据分析和报告生成等模块。这些模块共同协作，确保测量过程的准确性和高效性。测量模块用于控制测量过程和数据采集；数据分析模块用于对采集到的数据进行处理和分析；报告生成模块用于生成测量报告和数据分析报告，方便用户进行结果查看和分析。

（6）测量软件：包含许多种类的数据处理程序，可以满足各种工程需要，因此也称测量软件包。一般将三坐标测量机的测量软件分为通用测量软件和专用测量软件。通用测量软件主要是指针对点、线、面、圆、圆柱、圆锥、球等基本几何元素及其形位误差、相互关系进行测量的软件。通常三坐标测量机都配置这类测量软件。专用测量软件是指三坐标测量机生产厂家针对用户要求开发的各类测量软件，如齿轮、凸轮轴、螺纹、汽车车身、发动机叶片等专用测量软件。

（7）系统调试软件：用于调试三坐标测量机及其电气控制系统。其一般包括：①自检及故障分析软件包，用于检查系统故障并自动显示故障类别；②误差补偿软件包，预先对三坐标测量机的几何误差进行检测，在三坐标测量机工作时，按检测结果对误差进行修正；③系统参数识别及控制参数优化软件包，用于电气控制系统的总调试，并生成具有优化参数的用户运行文件；④精度测试及验收测量软件包，用于按验收标准测量。

三坐标测量机在现代工业测量领域具有重要地位和作用，其高精度、高效率和高自动化的特点使它成为现代制造业不可或缺的重要工具之一。同时，应该注意到，随着科技的不断进步和工业的不断发展，三坐标测量机也在不断地更新换代以适应新的测量需求和应用场景。

2. 三坐标测量机的操作与数据处理

1）操作前的准备

在启动任何测量任务之前，准备工作是确保测量准确性和可靠性的关键。这包括但不限于以下内容。

（1）工件定位：将待测工件精确地放置于工作台上，利用夹具或磁性吸盘固定，确保在整个测量过程中工件位置稳定不变。

（2）环境控制：三坐标测量机对环境条件极为敏感，应确保测量室温度恒定、无振动、无磁场干扰，避免温度波动影响测量精度。同时，减少振动源的影响，确保测量过程不受外界干扰。

（3）测针选择与校准：根据工件材质和测量需求选择合适的测针，进行预校准，确保测针与机械系统协调一致。

2）操作流程

（1）程序编写：使用三坐标测量机自带的编程软件，根据工件图纸和测量需求，编写测量程序，设定测针路径、速度、压力等参数。

（2）自动测量：加载测量程序，启动三坐标测量机进行自动测量，机械系统将沿着预定路径移动测针，采集工件各点的三维坐标数据。

（3）数据采集与存储：三坐标测量机自动记录每次触测的数据，包括测针位置、接触时间、力等信息，这些数据将被存储在数据处理系统中供后续处理。在数据传输过程中，需要确保数据的完整性和准确性，避免数据丢失或损坏。

（4）结果检查与校正：初步查看测量结果，确认无误后，进行必要的数据校正，以消除系统误差和环境因素的影响。

3）数据处理

数据处理是三坐标测量机应用的核心环节，其目的是将原始测量数据转换为有意义的信息，帮助工程师做出正确的决策。数据处理通常包括以下内容。

（1）数据清洗：剔除异常数据，如由测针碰撞或信号干扰产生的错误数据。对数据进行坐标转换和校准处理，确保数据的准确性和一致性。根据需要对数据进行分段处理或插值处理，

（2）数据拟合：使用统计学和几何算法对数据进行拟合，建立工件的三维模型，为后续分析提供基础。

（3）尺寸与形位公差分析：通过比较测量数据与设计标准，计算工件的尺寸偏差和形位公差，评估其符合性，为产品质量控制和改进提供依据。

（4）报告生成：将分析结果汇总成报告，包括图表、测量值、偏差分析等，以便于理解和沟通。

（5）数据管理与存储：建立完善的数据管理系统，对测量数据进行分类、存储和备份。定期对数据进行整理和归档，确保数据的完整性和可追溯性。根据需要设置数

据访问权限和保密措施，保护用户数据的隐私和安全。

4）操作技巧与注意事项

（1）熟悉软件：深入学习三坐标测量机自带的编程软件的功能和操作，掌握高级编程技巧，提高测量效率和精度。

（2）定期维护：定期对三坐标测量机进行维护，包括清洁、润滑、校准，保持设备的最佳状态。

（3）监控环境：持续监控测量环境，及时调整，防止温度变化、振动等因素对测量结果产生负面影响。

三坐标测量机作为现代制造业中不可或缺的测量工具，其操作与数据处理直接关系到产品的质量和生产效率。

3. 三坐标测量机的应用领域与案例

三坐标测量机作为现代制造业中高精度测量的重要工具，其应用范围涵盖汽车、航空航天、模具、电子等多个领域。

在汽车制造领域，三坐标测量机广泛应用于零部件的尺寸检测、质量控制和逆向工程等方面。例如，在汽车零部件的尺寸精度检测中，三坐标测量机可以测量发动机部件、底盘和车身轮廓等关键部位的尺寸，确保零部件的制造精度符合设计要求。同时，在汽车发动机的质量控制中，三坐标测量机可以对已加工的个体零部件进行随机检测，确保每个零部件及其安装工艺符合标准。此外，在逆向工程中，三坐标测量机可以精准明确地测量产品或零件的表面轮廓和形状，为重新设计和复制提供精确的数据支持。例如某知名汽车制造商在发动机缸体加工过程中，使用三坐标测量机对缸体的关键尺寸进行精确测量，通过对比设计数据和实测数据，及时发现并修正了加工过程中的误差，确保了发动机缸体的制造精度和性能。

在航空航天领域，三坐标测量机用于飞机部件的复杂曲面测量、形状偏差分析等。由于航空航天产品对精度和可靠性的要求极高，所以三坐标测量机在该领域的应用显得尤为重要。例如，在飞机发动机叶片的制造过程中，三坐标测量机可以精确测量叶片的轮廓和尺寸，确保叶片的制造精度符合设计要求。同时，在飞机机身的装配过程中，三坐标测量机可以对机身各部件的装配位置进行精确测量，确保机身的装配精度和性能。例如某飞机制造商在飞机机翼的制造过程中，使用三坐标测量机对机翼的关键尺寸和形状进行精确测量，通过对比设计数据和实测数据，及时发现并修正了制造过程中的误差，确保了机翼的制造精度和性能。同时，在机翼的装配过程中，三坐标测量机也发挥了重要作用，确保了机翼与机身的精确装配。

在模具制造领域，三坐标测量机用于模具的尺寸和形状检测。由于模具的精度直接影响产品的质量和生产效率，所以模具制造领域对三坐标测量机的需求尤为迫切。通过三坐标测量机对模具进行精确测量，可以及时发现并修正模具制造过程中的误差和偏差，确保模具的精度和寿命。例如某模具制造商在注塑模具的制造过程中，使用三坐标测量机对模具的凹槽、凸起和孔等细节部分的尺寸和形状进行精确测量，通过对比设计数据和实测数据，及时发现并修正了制造过程中的误差和偏差，确保了模具的精度和寿命。同时，在模具的修模过程中，三坐标测量机也发挥了重要作用，为修模提供了精确的数据支持。

在电子制造领域，三坐标测量机用于 PCB 的尺寸测量、焊接质量检测、组件的形状测量等方面。随着电子产品的不断升级和更新换代，对电子元器件的尺寸和形状要求也越来越高。三坐标测量机的高精度测量能力使它成为电子制造业领域不可或缺的工具。例如某智能手机制造商在智能手机的生产过程中，使用三坐标测量机对屏幕、摄像头模组等关键部件的尺寸和形状进行精确测量，通过对比设计数据和实测数据，及时发现并修正了制造过程中的误差和偏差，确保了智能手机的质量和性能。

随着制造业的不断发展和升级换代，三坐标测量机将继续发挥其在高精度测量方面的重要作用，为制造业的转型升级和高质量发展提供有力支持。

随着工业 4.0 和智能制造的兴起，三坐标测量机朝着更高精度、更快速度、更智能化的方向发展。未来三坐标测量机将更加集成化，与工业机器人、自动化生产线无缝对接，实现在线检测和实时反馈。同时，借助大数据和 AI 技术，三坐标测量机将具备自我诊断、自我优化的能力，进一步提升测量的自动化程度和可靠性。三坐标测量机的发展趋势主要有以下几方面。

（1）普及高速测量。质量与效率一直是衡量各种机器性能、生产过程优劣的两项主要指标。传统的概念是为了保证测量精度，测量速度不宜过高。随着生产节奏不断加快，用户在要求三坐标测量机保证测量精度的同时，对三坐标测量机的测量速度提出越来越高的要求。

（2）电气控制系统的改进。在现代制造系统中测量的目的不能仅局限于成品验收检验，而是提供有关制造过程的信息，为控制提供依据。从这一要求出发，必须要求三坐标测量机具有开放式电气控制系统，具有更高的柔性。为此，要尽可能利用发展迅速的电子技术设计新的高性能电气控制系统。

（3）测头的发展。测头是三坐标测量机达到高精度的关键，也是三坐标测量机的核心，未来非接触式测头将得到更广泛的应用。

（4）软件技术的革新。三坐标测量机的功能主要由软件决定。三坐标测量机的操作、使用的方便性，也首先取决于软件。三坐标测量机每项新技术的发展，都必须有相应配套的软件支持。为了将三坐标测量机纳入生产线，需要发展与网络通信、建模、CAD、反向工程相关的软件。软件的发展将使三坐标测量机向智能化的方向发展。

5.4.2 比对仪

比对仪是一种用于比较两个或多个物体物理特性的精密测量设备。它广泛应用于科学研究、工业生产和质量控制等领域，用于检测长度、角度、厚度等参数的一致性，以及材料的硬度、密度、颜色等属性的差异。比对仪的核心优势在于其高精度和高灵敏度，它能够提供极为细致的测量结果，满足各种高要求的测量需求。

1. 比对仪的工作原理与构造类型

比对仪基于物理学的各种定律和原理，如光学、电磁学、力学等。通过测量目标物体的某物理量（如长度、角度、质量、温度等），比对仪能够将其转化为可读的数值或信号，从而实现对目标物体的精确测量。

比对仪在获取测量数据后，需要进行一系列数据处理和分析，包括数据的滤波、放大、转换等，以确保测量结果的准确性和可靠性。同时，比对仪还需要将处理后的数据以可读的形式显示出来，如数字显示、图形显示等。

比对仪基于比较法，即通过将目标物体与已知标准样本进行直接或间接的对比，来确定目标物体的特性值。这一过程通常涉及光学、机械、电子等多种技术手段的综合运用。

光学比对仪是基于光学原理设计的测量设备，主要用于尺寸测量、形状分析和表面检测。光学比对仪通常配备高分辨率的相机和复杂的光学系统，能够生成目标物体的高清晰度图像，并自动分析图像数据，实现精确的测量。光学比对仪在半导体制造、精密机械加工、PCB 检测等行业中有广泛的应用，具有测量精度高、适用范围广等优点，但成本较高且操作复杂。

机械比对仪主要依靠精密的机械结构实现测量，常见的有千分尺、游标卡尺、高度规等。这些工具通常具有直观的读数显示和良好的操作手感，适用于现场测量和快速检验。虽然机械比对仪在精度上可能略逊于光学或电子比对仪，但其坚固耐用、使用方便的特点使其在很多场合仍然是不可或缺的测量工具。虽然机械比对仪具有结构简单、成本低廉等优点，但其测量精度相对较低。

电子比对仪结合了电子技术和计算机算法，能够实现自动化、高精度的测量。电子比对仪通常包括传感器、信号处理单元和数据分析软件，能够实时采集和处理测量数据，提供精确的测量结果。电子比对仪在材料科学、环境监测、医疗诊断等领域有广泛的应用，特别是对于需要连续监控和数据分析的场景，电子比对仪的优势尤为明显。电子比对仪具有测量速度快、数据处理能力强等优点，但受环境影响较大且需要定期校准。

还有基于其他原理的比对仪，如激光比对仪、超声波比对仪、磁学比对仪等，它们分别利用激光、超声波、磁学等原理实现测量功能。这类比对仪具有独特的测量优势和适用范围，但成本和技术要求也相对较高。

随着技术的发展，越来越多的比对仪开始集成多种测量功能，形成多功能复合比对仪。多功能复合比对仪能够同时测量多种物理特性，如尺寸、形状、硬度、电导率等，大大提高了测量效率和灵活性。多功能复合比对仪在科研实验室、质量控制中心和高端制造领域有重要的应用，它们能够满足复杂产品和材料的全方位检测需求。

机械零件检测中目前常用的有机械比对仪、光学比对仪等，这里主要以 Equator 比对仪为例予以介绍，其实物如图 5-28 所示。

Equator 比对仪是一种适合在工厂环境中使用的产品，主要用于提供精确扫描，此外还支持触发式测量。操作人员通过使用工厂界面软件 MODUS Organiser 与 Equator 比对仪交互运行特定工件的比对测量程序。

Equator 比对仪通过单箱控制器控制运行，不需要额外安装计算机。单箱控制器为比对仪以及前台软件运行供电。Equator 比对仪有一个尺寸为 $\phi300 \text{ mm} \times 150 \text{ mm}$ 的工作区。此外，Equator 比对仪还具有质量小和工作区域尺寸比高的特点，非常适合集成到生产环境中。

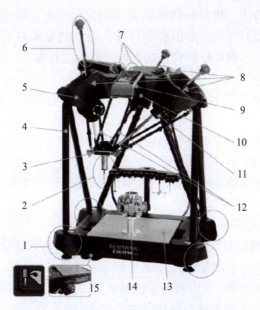

图 5 - 28　Equator 比对仪实物

1—带手持部位的铸件底座；2—SP25 测头总成；3—浮动及运动平台；4—支撑杆；5—头盖板；
6—驱动拉杆；7—平衡机构；8—万向插头；9—并联运动机构支撑臂；10—CE 标志和序列号；
11—伺服驱动装置；12—并联运动机构；13—夹具板；14—工件和夹具；
15—已安装的急停按钮和手动模式按钮（虚拟）

　　Equator 比对仪完整组装交付，并连接单相电源。用户连接 SP25 测头模块，获得 Equator 比对仪使用许可和运行自动化程序，以便在使用 Equator 比对仪之前标定测针自动交换架和随附的测针。

　　基本型 Equator 比对仪的组件如下：主机、控制器装置、纯平显示器（1 280 像素×1 024 像素分辨率 DVI 或 VGA）、键盘、鼠标、SP25 扫描/触发式测头、EQR6、测针自动交换架、标定球和测针、急停按钮或操纵杆、一个或多个夹具板（按照订购数量供应）、MODUS Organiser 软件。此外，编程型 Equator 比对仪还包括以下组件：操纵杆、USB 加密狗（允许启用 MODUS Equator 软件）、MODUS Organiser 软件和 MODUS Equator 软件。

2. 比对仪的操作与实践

1）操作前的准备

　　在启动任何测量任务之前，准备工作是确保测量准确性和可靠性的关键。检查比对仪的电源、气源等是否正常连接，确保比对仪处于良好的工作状态。清洁测量台面，确保无杂质、油污等影响测量精度的因素。根据目标物体的特点，选择合适的测量夹具和工具。温度变化会影响金属材料的尺寸稳定性，因此在操作比对仪时，需要确保环境温度稳定且接近标准温度。此外，避免振动和清理杂质铁屑也是必要的，因为这些因素可能影响测量的准确性。

　　在操作比对仪之前，首先确保其已经过适当的校准。校准通常涉及与标准量块的比较，以确认比对仪的读数准确无误。此外，还需要设定零点或基准点，这通常是通过将比对仪的测头与已知尺寸的量块接触来实现的。

然后，安装目标物体，将目标物体放置在测量台面上，确保其与测量台面接触良好，无晃动现象。根据目标物体的形状和尺寸，调整测量夹具的位置和角度，使其能够牢固地夹持目标物体。确保目标物体的表面清洁，无划痕、凹坑等缺陷。

2）操作流程

将目标物体放置在比对仪的测量台面上。缓慢移动测头，直到它轻轻接触目标物体。

记录比对仪的读数，注意观察任何偏差指示。

3）数据处理与分析

将测量数据记录在表格或电子文档中。对比数据与设计规格，评估工件是否合格。分析偏差原因，采取纠正措施。

4）操作技巧与注意事项

（1）在比对仪上测量的工序包括在工件表面定义一系列测量点。定期在三坐标测量机上测定标准件可为每个测量点建立基准值，然后在比对仪上测量同一标准件的同一测量点（进行基准值控制），以便与经过验证的三坐标测量机建立关联关系。随后，定期采用"重新校准"工序来适应环境条件的变化。

（2）在重新校准之后立即测量的尺寸和位置，相对于验证的标准件的测量将有 ± 0.002 mm的比对不确定度。此规格适用于每个工件都在相对于标准件1 mm范围内夹紧的情况。

（3）按照比对仪生产商的建议，定期对比对仪进行校准，以确保其测量精度。这可能包括使用标准量块进行基准点的重新设置。

（4）清洁比对仪的所有表面，特别是测头和导轨，以避免灰尘或杂质干扰测量。

（5）定期为运动部件添加润滑油，以保持其顺畅运行。

（6）在不使用时，将比对仪存放在干燥、清洁、温度稳定的环境中，最好是在防尘罩内，以保护其免受环境因素的影响。

（7）如果偏差过大，则检查比对仪是否已经过校准；确认目标物体是否清洁；调整测头的压力，确保不会使目标物体变形。

（8）如果测量不稳定，则检查比对仪的固定是否牢固；查看是否有外部振动源影响测量；确保测量环境的温度稳定。

（9）如果工件损伤，则检查在测量前测头的尖端是否损坏；使用适当的测量力，避免对脆弱或软质材料造成损伤。

3. 比对仪的应用领域与案例

在机械加工中，精密零部件的测量是至关重要的一环。比对仪具有高精度、高效率的特点，能够实现对零部件的长度、直径、深度、间距等参数的精确测量。在数控车床、数控铣床、数控磨床等加工设备上，比对仪广泛应用于工件尺寸的检验和加工精度的控制。通过比对仪的测量，可以及时发现加工误差，提高加工精度和产品质量。

例如，某汽车制造企业采用比对仪对发动机零部件进行精密测量。在加工过程中，比对仪实时监测零部件的尺寸变化，并与预设的公差范围进行比较。一旦发现尺寸偏差超过公差范围，就立即停机调整加工参数，确保零部件的加工精度。通过采用比对仪进行精密测量，该企业成功提高了发动机零部件的合格率，降低了生产成本。

又如，英国某专业注塑成型公司，其车间温度波动较大，传统测量设备难以满足需求。该公司引入雷尼绍 Equator 比对仪，利用其温度不敏感性和便携性，将其放置在注塑成型机旁边。比对仪能够快速测量工件的同心度、尺寸等特征。通过使用比对仪，工件测量周期大幅缩短，例如复杂注塑成型工件的测量时间从 25 min 缩短到 4 min，提高了测量效率，消除了测量瓶颈，提升了整体生产能力。

模具是机械加工中的重要工具，其精度和质量直接影响产品的加工精度和表面质量。比对仪可以实现对模具的几何形状、尺寸精度、表面粗糙度等参数的精确测量，为模具的修复和更换提供依据。在模具制造和维修过程中，比对仪的应用可以显著提高模具的精度，延长其寿命，降低生产成本。例如，某模具制造企业采用比对仪对注塑模具进行检测。在模具制造完成后，比对仪对模具的型腔尺寸、分型面精度、浇口位置等关键参数进行测量。通过比对仪的测量数据，该企业可以及时发现模具的缺陷和误差，并进行修复和调整。采用比对仪进行模具检测后，该企业的模具合格率显著提高，生产中的不良品率降低。

比对仪在机械加工中的应用广泛，涵盖了精密零部件测量、模具检测、质量控制等多个方面。通过采用比对仪进行高精度测量和实时反馈，企业可以及时发现并纠正加工误差，提高加工精度和产品质量。同时，比对仪的应用还可以降低生产成本和不良品率，提高企业的竞争力和市场地位。

智造前沿

在线检测与实时反馈

三坐标测量机、比对仪等正通过新技术、新工艺和新方法的不断融合与创新，实现着更高水平的精密测量与质量控制。

三坐标测量机作为精密测量的代表，结合了高精度传感器、先进的光栅技术和精密机械结构，实现了微米级的测量精度。其自动化程度极高，能够自动测点、自动计算并生成检测报告，显著提高了检测的效率和精度。同时，随着 AI 和大数据技术的应用，三坐标测量机正逐步向智能化的方向发展，能够自动学习并优化测量策略，进一步提升测量的精度和效率。

比对仪通过高精度测量和比对技术，对制造过程中的关键尺寸和形状进行实时监测和控制。随着机器视觉技术和图像处理技术的发展，比对仪能够更快速地识别并定位缺陷，实现更高效的在线检测。此外，通过与自动化生产线的无缝对接，比对仪能够实时反馈检测结果，指导生产过程的调整和优化。

激光跟踪测量技术逐渐兴起，其利用激光束精确追踪目标反射器，实时获取空间坐标，具有精度高、测量范围大和测量快速的特点。多传感器融合检测工艺也备受关注，其将多种检测手段的数据融合，综合分析物体参数，充分发挥不同传感器的优势。在线检测与实时反馈控制方法成为趋势，在生产线上直接检测，实时获取数据并调整加工参数。未来，随着技术的不断进步和应用领域的不断拓展，自动化检测技术将在机械制造领域发挥更加重要的作用。

【赛证延伸】 竞赛：全国职业院校技能大赛 "模具数字化设计与制造工艺"

1. "模具数字化设计与制造工艺"赛项介绍

"模具数字化设计与制造工艺"赛项聚焦模具数字化设计与制造全生命周期的各环节，以行业企业模具工作全流程为主线，包括"模具数字化设计""模具数字化制造""智能化注塑成型"3个模块，以及任务1"塑料制件三维模型设计"～任务10"模具调试与产品成型"等10个职业典型工作任务。

2. "模具数字化设计与制造工艺"赛项中的"自动化检测技术"能力要求

在"模具数字化设计与制造工艺"赛项中，模块二"模具数字化制造"的任务8的内容是"根据模具零件精度要求，完成模具部分零件的加工与检测"，要求具有运用三坐标测量、在线测量、三维数字化智能检测等现代检测手段，对工业产品进行数字化质量检测的能力；具有撰写工业产品质量检测报告的能力；具有对工业产品质量进行数据分析和质量管控的能力。

单元测评

1. 三坐标测量机的主要用途是（　　　）。

A. 表面清洁　　　　　　　　　　　　B. 材料切割

C. 精密测量　　　　　　　　　　　　D. 温度控制

2. 在三坐标测量机的操作中，（　　　）不是数据处理的一部分。

A. 数据采集　　　　　　　　　　　　B. 数据分析

C. 机器维护　　　　　　　　　　　　D. 数据转换

3. 比对仪主要用于比较（　　　）。

A. 材料硬度　　　　　　　　　　　　B. 尺寸差异

C. 质量大小　　　　　　　　　　　　D. 颜色差异

4. 比对仪的类型不包括（　　　）。

A. 光学比对仪　　　　　　　　　　　B. 机械比对仪

C. 电子比对仪　　　　　　　　　　　D. 激光比对仪

5. 在三坐标测量机的行业应用中，（　　　）不属于其应用范围。

A. 汽车零件制造　　　　　　　　　　B. 航空航天部件检测

C. 食品加工　　　　　　　　　　　　D. 精密工程组件制造

练习思考

1. 简述三坐标测量机的基本原理和构造，并举例说明其在工业领域的应用。

2. 描述比对仪的工作原理，并解释为什么在某些应用领域比对仪比传统的测量方法更为有效。

考核评价

情境五单元 4 考核评价表见表 5 – 4。

表 5 – 4　情境五单元 4 考核评价表

环节	项目	标准分值	实际分值
课前（20%）	平台讨论	10	
	平台资源学习	10	
课中（60%）	课堂考勤	10	
	课堂问题参与	10	
	数字化技能、安全意识、规范意识	10	
	单元测评	10	
	小组任务	20	
课后（20%）	练习思考	10	
	"赛证延伸"实施	10	
总评		100	

情境六　新一代信息技术与智能制造系统

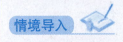 情境导入

　　在智能制造领域，大数据、云计算、物联网和 AI 等新一代信息技术不仅是推动制造业转型升级的核心驱动力，更是实现生产智能化、管理精细化和决策科学化的关键支撑。大数据是智能制造的"决策引擎"，云计算是智能制造的"资源平台"，物联网是智能制造的"神经网络"，AI 是智能制造的"智慧大脑"。这些技术相互融合、相互促进，共同构成了智能制造的技术基础，为制造业的高质量发展提供了强大的动力。

　　MES 和 ERP 系统是智能制造体系中的两大核心管理系统，它们在推动制造业智能化转型中发挥着至关重要的作用。MES 和 ERP 系统相互补充、协同工作，实现了从企业战略规划到生产执行的无缝衔接，是智能制造体系中不可或缺的组成部分。车间智能制造系统是各种先进技术在车间中的综合应用，是建设智能车间、智能工厂的基础和前提。

　　通过本情境的学习，学生能够了解 AI 的基本概念、特点和典型技术，熟悉 AI 的应用领域；了解工业物联网的基本概念和技术架构，熟悉工业物联网的应用领域和 5G 技术；了解工业大数据的本概念、特点和数据采集方式，熟悉云计算的概念、类型、边云协同的概念，了解工业大数据、云计算在智能制造中的典型应用；掌握 MES 的概念和功能，了解 MES 的发展历程、应用；了解 ERP 的基本概念和类型，熟悉 ERP 的应用领域；了解车间智能制造系统的基本概念和特征，熟悉车间智能制造系统的体系架构和特征。图 6-0 所示为本情境思维导图。

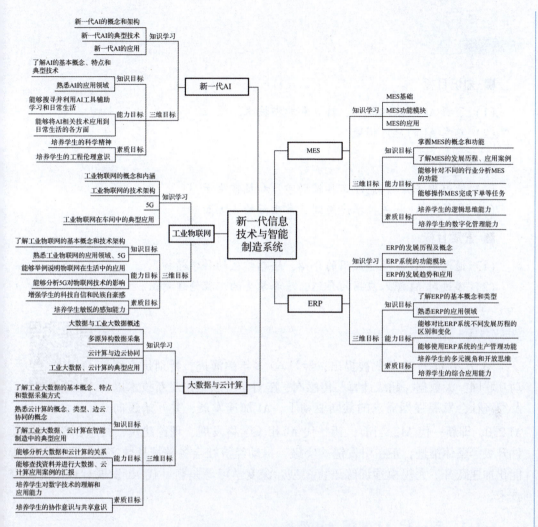

图6-0 情境六思维导图

单元1 新一代 AI

2017年7月，国务院印发《新一代人工智能发展规划》，明确指出"坚持科技引领、系统布局、市场主导、开源开放等基本原则，以加快人工智能与经济、社会、国防深度融合为主线，以提升新一代人工智能科技创新能力为主攻方向，构建开放协同的人工智能科技创新体系，全面支撑科技、经济、社会发展和国家安全"，并提出"到2030年人工智能理论、技术与应用总体达到世界领先水平，成为世界主要人工智能创新中心，智能经济、智能社会取得明显成效，为跻身创新型国家前列和经济强国奠定重要基础"。本单元主要讲解新一代 AI 的概念、架构、典型技术和应用。

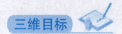 三维目标

■ 知识目标

(1) 了解 AI 的基本概念、特点和典型技术。

(2) 熟悉 AI 的应用领域。

■ 能力目标

(1) 能够搜寻并利用 AI 工具辅助学习和日常生活。

(2) 能够将 AI 相关技术应用到日常生活的各方面。

■ 素质目标

(1) 通过对 AI 发展和应用的介绍，培养学生的科学精神。

(2) 通过对 AI 深入应用的介绍，培养学生的工程伦理意识。

 知识学习

AI 于 20 世纪 50 年代被提出，经过 60 多年的演进，特别是在移动互联网、大数据、超级计算、传感网、脑科学等新理论、新技术以及经济社会发展强烈需求的共同驱动下，AI 加速发展，并开始迈向

AI 的概念及应用（视频）

AI 2.0，即新一代 AI。当前，新一代 AI 相关学科发展、理论建模、技术创新、软/硬件升级等整体推进，正在引发链式突破，推动经济社会各领域从数字化、网络化向智能化加速跃升。大规模预训练语言模型、深度学习等是新一代 AI 发展过程中的典型技术。

6.1.1 新一代 AI 的概念和架构

AI 是计算机科学的一个分支，它试图理解智能的实质，并生产出一种新的能以与人类智能相似的方式做出反应的智能机器。AI 的研究包括机器人、语言识别、图像识别、NLP 和专家系统等。AI 的概念最早可以追溯到古希腊时期，人们梦想着创造出能像人类一样思考的机器。现代意义上的 AI 概念是在 20 世纪 40—50 年代由一些科学家和数学家提出的。

1950 年，艾伦·图灵提出了著名的"图灵测试"，作为判断机器是否具有智能的标准。

1956 年，约翰·麦卡锡在达特茅斯会议上首次提出了"人工智能"这个术语，标志着 AI 学科的正式诞生。

1956—1974 年是 AI 发展的黄金时代，出现了许多重要的理论和发现，如反向传播算法。

1974—1980 年是第一次 AI 冬天，由于技术限制和过高的期望，AI 研究遭遇了资金和兴趣方面的瓶颈。

1980—1987 年，进入知识工程时代，专家系统的发展带来了 AI 的复兴。

1987—1993 年是第二次 AI 冬天，由于硬件限制和专家系统的局限性，AI 研究再次遭遇挑战。

1993 年至今，随着机器学习与深度学习的兴起，特别是计算能力的提升和大数据的出现，AI 迎来了快速发展。

目前被广泛接受的 AI 定义如下：AI 是主要研究如何用人工的方法和技术，使用各种自动化机器或智能机器（主要指计算机）模仿、延伸和扩展人的智能的理论、方法、技术和应用的一门新的科学技术。广义地讲，AI 是关于人造物的智能行为，而智能行为包括知觉、推理、学习、交流和在复杂环境中的行为。

新一代 AI 是建立在大数据基础上的，受脑科学启发的，综合类脑智能机理的理论、技术、方法而形成的智能系统。新一代 AI 的内核是"会学习"，相较于传统 AI，新一代 AI 需要在学习过程中解决新的问题。新一代 AI 将推动基于工业 4.0 发展纲领，以高度自动化的智能感知为核心，主动排除生产障碍，具有适应性、资源效率高、人机协同的智能工厂。在车间智能制造系统中，新一代 AI 是实现智能车间自感知、自学习、自认知、自决策、自优化、自执行等自治生产过程的关键。根据上述定义，新一代 AI 主要呈现出深度学习、跨界融合、人机协同、群智开放、自主操控等新特征。

（1）深度学习。深度学习已成为新一代 AI 的核心，使得机器能够通过大量的数据学习复杂的模式和功能，从而实现图像识别、语音识别和 NLP 等高级任务。

（2）跨界融合。新一代 AI 与其他领域（如生物科技、医疗健康、工业制造等）的深度融合，创造出跨学科的创新解决方案，提高了相关 AI 系统的智能化水平和应用广度。

（3）人机协同。新一代 AI 强调人机协作，通过 AR、VR 和机器人技术等工具，提高人类的决策能力、效率和创造力。人机协同不仅能提高工作效率，还能开拓新的工作模式和业务流程。

（4）群智开放。通过开放的平台和共享的资源，促进知识的积累和共享。这包括开放的数据集、共享的算法库和协作的研发平台，使更广泛的社群能参与新一代 AI 的研究和应用。

（5）自主操控。新一代 AI 具备更高的自主性，可以在没有人类直接干预的情况下完成复杂的任务和决策。这种自主性不仅体现在自动驾驶汽车和无人机等移动设备上，也体现在智能车间和服务机器人等领域。

新一代 AI 不仅推动了 AI 技术的进步，也加速了新一代信息技术与智能制造的深度融合。新一代 AI 技术架构在原有技术架构的基础上进行了技术创新和扩展，通过引入前沿的支撑技术，深化基础理论，发展共性技术，并构建综合性平台，极大地扩展了 AI 技术的能力和应用范围。新一代 AI 技术架构如图 6－1 所示。

（1）支撑技术：是新一代 AI 的支撑基础，主要包括大数据、物联网、边云协同、智能传感器、数据存储与传输设备等，为处理大规模数据集和复杂算法提供了必要的数据计算资源。此外，高效的数据存储解决方案和快速的网络技术支持数据的高速传输和访问，确保相关 AI 系统能够实时、有效地运行。

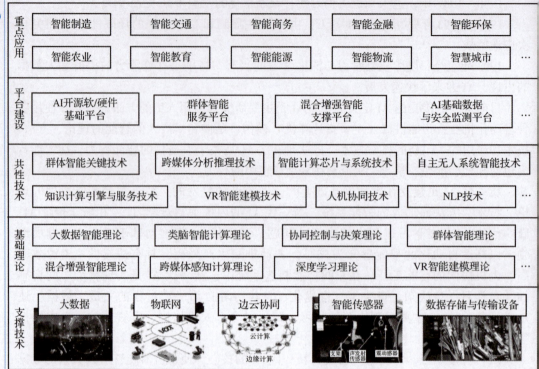

图6-1 新一代 AI 技术架构

（2）基础理论：涵盖了机器学习、深度学习、统计学、认知科学和数学等领域的理论基础。发展健全的基础理论是推动 AI 技术创新的核心，不断深化的理论研究支持了算法的优化和新模型的开发。

（3）共性技术：指的是能广泛应用于不同 AI 系统和行业的技术，如 NLP 技术、群体智能技术、智能计算芯片与系统技术等。这些技术的发展使 AI 迈入新的发展阶段，并扩大了其应用范围。

（4）平台建设：通过有效整合技术资源、产业链资源和金融资源，构建开放共享的新一代 AI 平台，以着力提升技术创新研发实力和基础软/硬件开放共享服务能力，支持企业和开发者实现灵活的 AI 应用部署和管理，使 AI 成为驱动实体经济建设和社会事业发展的新引擎。

（5）重点应用：根据国务院印发的《新一代人工智能发展规划》（国发〔2017〕35 号），结合当前 AI 应用发展态势，确定新一代 AI 标准化重点行业应用领域包括智能制造、智能农业、智能交通、智能医疗、智能教育、智能商务、智能能源、智能物流、智能金融、智能家居、智能政务、智慧城市、公共安全、智能环保、智能法庭、智能游戏等。

6.1.2　新一代 AI 的典型技术

以大规模预训练语言模型、深度学习等为发展里程碑的技术革新，推动 AI 发展进入全新的 2.0 时代，也成为新一代 AI 发展的关键驱动力与重点方向。

（1）大规模预训练语言模型也被称为"基座模型"或"大模型"，其特点在于拥有巨大的参数量，构成了复杂的 ANN 模型。这种模型通过在广泛的文本数据集上进行预训练，学习语言的深层次结构和语义，从而能够理解和生成人类语言。这使大规模预训练语言模型在多种语言处理任务上表现出卓越的能力，包括文本生成、语言理解、自动翻译等，为 AI 在处理自然语言方面提供了强大的支持。典型的大模型包括谷歌公司基于 OpenAI 开发的一系列模型，包括 GPT，GPT－2，GPT－3 等。这些模型基于 Transformer 架构进行预训练，并在多种语言生成任务中展示了卓越的性能。此外，还包括谷歌公司开发的 BERT 模型、微软公司开发的 Turing－NLG 以及百度公司开发的文心一言模型等。

（2）深度学习是一种基于 ANN 的机器学习技术，尤其指具有多层（或称为"深层"）结构的神经网络。深度学习模仿了人脑的工作方式，通过构建大量层次化的处理单元来学习数据的复杂模式，这使其擅长从大量非结构化数据中提取特征。随着硬件能力的增强和数据量的增加，深度学习已经成为 AI 领域最为活跃和成功的研究领域之一，不断推动着 AI 技术的发展。典型的深度神经网络模型如下：①CNN，特别适用于处理图像和视频识别任务，通过利用卷积层来识别图像中的局部特征，逐层抽取更复杂的特征；②循环神经网络（Recurrent Neural Network，RNN），用于处理序列数据，如时间序列分析或自然语言处理，能够在时间点之间传递状态信息；③长短期记忆网络（Long Short－Term Memory，LSTM）和门控循环单元（Gated Recurrent Unit，GRU），这两种是 RNN 的变体，用于解决标准 RNN 在处理长序列数据时遇到的梯度消失问题。这些模型在故障诊断、工件质量预测以及其他需要分析时间数据或序列数据的应用中都显示出强大的性能。

6.1.3 新一代 AI 的应用

1. 新一代 AI 的典型应用

AI 与各行业进行深度融合，在制造、农业、安防、金融、家居、教育、交通等重点行业已经有了广泛应用，使人们的生活更加智能、高效、便捷。

（1）智能制造。AI 在智能制造中的应用已经取得了显著进展，广泛覆盖了研发设计、生产制造、物流仓储、销售服务等多个环节，推动了制造业的智能化转型。在研发设计环节可以采用 AI 辅助设计、虚拟试验和调试。在制造环节，利用 AI 算法对生产参数进行深度学习和实时监控，优化生产过程，进行设备智能诊断与运维，完成智能质检。在物流仓储环节，利用 AI 实现仓储布局优化、柔性物流运输。在销售服务环节，利用 AI 进行智能营销和售后。通过各环节全面使用 AI 技术，推进制造全生命周期活动智能化。

（2）智慧农业。AI 在农业方面有广泛应用，涵盖作物种植、畜牧养殖、数据平台与农业可持续管理等多方面。在作物种植方面，AI 可以监测农田的环境状况，进行种植方案制定、病虫害管理和灌溉管理，另外，可以结合 AI 研制无人驾驶的智能农机。在畜牧养殖方面，可以利用 AI 进行动物个体识别、健康检测和饲养方案制定。在数据平台与农业可持续管理方面，可以利用 AI 建立数据平台，进行市场预测、决策支持和供应链优化。

（3）智能安防。智能安防涉及的领域十分广泛，不仅关系到个人和家庭，还与社区、城市和国家安全息息相关。目前智能安防的应用主要包括视频监控与智能分析、智能安防设备与系统、物体识别与生物识别。视频监控与智能分析利用 AI 实现目标识别、行为分析等功能，能够实时监测异常行为，提高安防监控的效率和准确性。智能安防设备与系统可以通过人脸识别、指纹识别等技术实现门禁管理，安全监测等功能。

（4）智能金融。AI 在金融领域的应用主要包括智能获客、大数据风控、智能投资顾问等。在风险评估和投资决策方面，利用 AI 算法分析海量金融交易数据和用户行为数据，更精准地预测市场趋势、评估信用风险，为投资顾问提供决策支持，帮助银行等金融机构优化信贷审批流程。

（5）智能家居。AI 在家居领域的应用正在深刻改变人们的生活方式，通过智能语音助手、智能照明、智能家电、温控系统、安防监控、家居管理等功能，AI 实现了家居设备的互连互通和自动化控制，为用户提供更加便捷、舒适、安全和节能的居住体验，同时也推动智能家居向更加个性化和智能化的方向发展。

（6）智能教育。AI 在教育领域的典型应用包括教师教学辅助和学生个性化学习系统。智能教育工具可以辅助教师进行备课、教学过程数据统计、教学辅导答疑。基于 AI 的个性化学习系统可以根据学生的学习进度、知识掌握情况等，为学生提供个性化的学习方案和学习内容，并对学生进行学习分析与行为预测。

（7）智能医疗。AI 在医疗领域的应用已经取得了显著进展，广泛覆盖了医学影像诊断、药物研发、临床决策支持、健康管理、医疗机器人等多个方面。利用 AI 能够快速分析医学影像，辅助医生识别病变区域，提高诊断准确率。在药物研发中，AI 助力疾病机理研究、靶点发现、化合物筛选等环节，显著缩短研发时间和降低研发成本。此外，还可以利用 AI，通过智能可穿戴设备实时监测用户健康数据，提供个性化健康管理建议。在手术领域，AI 驱动的机器人能够与人配合，精准地执行复杂手术操作。

（8）智能交通。AI 在交通领域的应用正在深刻改变出行方式和交通管理效率。可以利用 AI，通过智能交通信号灯实现交通流量的动态优化，利用自动驾驶技术提升驾驶安全性并缓解拥堵，借助智能停车系统解决城市停车难题，并通过车联网技术实现车辆与基础设施的互连互通。此外，AI 还广泛应用于交通监控、事故预警与处理，以及公共交通的智能调度。

（9）AI 艺术。AI 在艺术、搜索方面的应用正在不断拓展，深刻改变着人们的生活和创作方式。在艺术领域，AI 能够创作出具有独特风格的文本、绘画、音乐和视频作品，为艺术家提供了新的创作工具和灵感来源。在搜索方面，AI 工具（如 ChatGPT 和纳米搜索等）支持文字、语音、拍照和视频等多种搜索方式，能够快速生成创作内容，极大地提高了信息获取和创作的效率。

2. 新一代 AI 在车间中的应用

1）基于深度学习的加工特征识别与刀具选配

利用深度学习模型，可以自动识别待加工的特征，进一步通过加工特征库中预定义的加工特征与刀具的映射关系，实现加工特征与刀具的智能选配，减少对工艺专家经验的依赖，如图 6-2 所示。

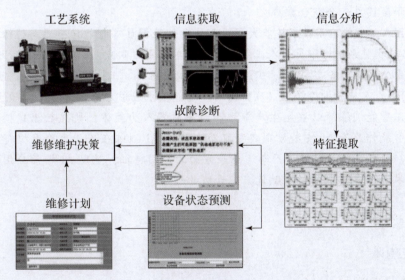

图 6 - 2　基于深度学习的加工特征识别与刀具选配

2）工艺系统故障诊断与预测

传统工艺系统故障诊断判定与维护计划的制定依赖相关工作人员的经验，通过使用深度学习模型，基于历史采集的数据信息，可以实现深度学习模型对工艺系统故障诊断判定与预测性维护决策，如图 6 - 3 所示。

图 6 - 3　工艺系统故障诊断与预测

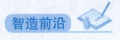

AI 绘画创作

The Next Rembrandt 是由 ING 银行与微软合作的一个开创性项目，旨在利用 AI 技术

重现荷兰著名画家伦勃朗的绘画风格。该项目通过深度学习和先进的图像处理技术，成功生成了一幅全新的伦勃朗风格画作，展示了 AI 技术在艺术创作中的巨大潜力。项目团队首先收集了伦勃朗的 346 幅作品，并对其进行了高分辨率的 3D 扫描和分析。AI 系统通过深度学习算法，识别伦勃朗作品中的图案、笔触和主题，学习其独特的绘画风格。随后，AI 系统生成了一幅全新的画作，如图 6 – 4 所示。画作内容是一位虚构的男性人物，年龄为 30 ~ 40 岁，身穿黑色服装，佩戴白色领巾，面带微笑。这幅画作不仅在风格上高度还原了伦勃朗的技法，还通过 3D 打印技术还原了纹理和质感。项目团队通过将 AI 技术与艺术创作结合，成功地将伦勃朗的绘画风格延续到现代，为艺术创作开辟了新的可能性。

图 6 – 4　利用 AI 技术生成的画作

The Next Rembrandt 项目不仅证明了 AI 技术在艺术创作中的潜力，还为艺术家和创作者提供了新的工具和灵感来源。它展示了 AI 技术如何通过分析大量数据并生成新的艺术作品，拓展艺术创作的边界。此外，该项目也引发了关于 AI 技术在艺术领域的伦理和法律问题的讨论，例如版权归属和创作的真实性。

【赛证延伸】　竞赛：全国人工智能应用技术技能大赛

全国人工智能应用技术技能大赛由中国机械工业联合会、人力资源社会保障部、中华全国总工会联合举办。

全国人工智能应用技术技能大赛设智能硬件装调员（智能传感器与边缘计算方向）、工业视觉系统运维员（人工智能视觉技术应用方向）、人工智能训练师（人工智能工业应用场景搭建方向）、工业机器人系统运维员（工业机器人人工智能技术应用方向）、无人机装调检修工（飞行器人工智能技术应用方向）等 5 个赛项。

人工智能训练师以智能生产单元和服务机器人为载体，聚焦数据建模、模型训练、智能作业等 AI 技术应用典型环节，展现 AI 训练在工业生产数据标注、系统设计、业务分析和智能排产与运维等方面的应用特征，呈现 AI 场景应用较为完整的技术链，突出"AI +"赋能产业升级的作用。

单元测评

1. AI 的核心目标是（　　）。

A. 模仿人类的智能行为　　　　　　　　B. 提高计算机的计算速度

C. 自动化所有工作任务　　　　　　　　D. 替代人类进行所有决策

2. （　　）不属于 AI 的研究领域。

A. 机器学习　　　　　B. 自然语言处理　　　　C. 计算机视觉　　　　D. 数据存储技术

3. 深度学习是（　　）。

A. 一种传统的机器学习算法

B. 一种基于 ANN 的机器学习方法

C. 仅限于处理文本数据的技术

D. 与 AI 无关的技术

4. 在 AI 中，"监督学习" 是指（   ）。

A. 从无标注数据中学习模式

B. 从有标注数据中学习映射关系

C. 通过与环境交互进行学习

D. 仅依赖于先验知识进行学习

5. NLP 的主要目标是（   ）。

A. 使计算机能够理解、解释和生成人类语言

B. 提高计算机的运算速度

C. 开发新的编程语言

D. 优化数据库查询性能

6. （   ）不能用于图像识别。

A. CNN

B. RNN

C. SVM

D. 特征提取算法

练习思考

1. AI 的基本概念是什么？其核心要素有哪些？

2. AI 技术在装备制造领域有哪些用途？

考核评价

情境六单元 1 考核评价表见表 6 – 1。

表 6 – 1　情境六单元 1 考核评价表

环节	项目	标准分值	实际分值
课前（20%）	平台讨论	10	
	平台资源学习	10	
课中（60%）	课堂考勤	10	
	课堂问题参与	10	
	工程伦理、科学精神	10	
	单元测评	10	
	小组任务	20	
课后（20%）	练习思考	10	
	"赛证延伸" 实施	10	
	总评	100	

单元 2　工业物联网

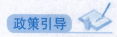
政策引导

　　2024 年 8 月，工业和信息化部等两部门联合印发《物联网标准体系建设指南（2024 版）》，提到"物联网是以感知技术和网络通信技术为主要手段，实现人、机、物的泛在连接，提供信息感知、信息传输、信息处理等服务的基础设施，在推进新型工业化，加快建设制造强国和网络强国等方面发挥着重要作用"；面对工业应用场景，提出"面向工业物联网设备平台的研制、生产、应用，规范工业制造中信息感知、自主控制、生产环境监测、设备健康管理、物料实时监测等方面的技术要求"。本单元主要介绍工业物联网的基本概念和类型、技术架构和应用。

三维目标

■ 知识目标

（1）了解工业物联网的基本概念和技术架构。

（2）熟悉工业物联网的应用领域、5G。

■ 能力目标

（1）能够举例说明物联网在生活中的应用。

（2）能够分析 5G 对物联网技术的影响。

工业物联网的概念
及应用（视频）

■ 素质目标

（1）通过对我国在 5G 方面巨大成就的介绍，增强学生的科技自信和民族自豪感。

（2）通过对工业物联网特征的介绍，培养学生敏锐的感知能力。

知识学习

6.2.1　工业物联网的概念和内涵

　　物联网是指通过信息传感设备（如 RFID 设备、红外感应器、全球定位系统、激光扫描器等）识别、采集和感知获取物品的标识信息和自身属性信息、周边环境信息，将各种物品与互联网连接起来，实现智能化识别、定位、跟踪、监控和管理的一种网络技术。

　　工业物联网（Industrial Internet of Things，IIoT）是物联网在工业领域的应用和演化。它的侧重点是将工业设备、系统与高级的数据分析和机器学习技术结合，从而实现更高效、自动化和智能化的工业生产和运营。工业物联网将具有感知、交互能力的智能终端以及泛在技术、智能分析技术应用到工业生产过程的各环节，从而提高制造效率，改善产品质量，降低产品成本和资源消耗，实现传统工业智能化升级。从使用需求的角度来说，工业物联网可以通过传感器、仪器仪表实时监控生产设备、原材料、在制品及工作人员的状态，实现制造过程的智能执行，提高生产效率和产品质量；通过 RFID 等识别技术建设智能仓储，并与生产过程进行连接，提高制造原料的高效配置；通过感知手段获取生产设备的运行状态数据，提供预测性预警、远程维护等服务，提高设备产品的附加值。

工业物联网包含智能感知、泛在连通、数字建模、实时分析、精准控制和迭代优化六大基本特征，如图 6-5 所示。

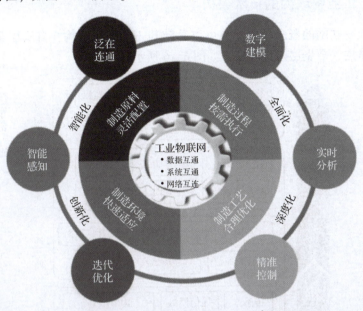

图 6-5　工业物联网的基本特征

（1）智能感知。智能感知是工业物联网的基础。通过各种先进的技术手段，如传感器、RFID 设备、摄像头等，感知层可持续、实时地获取全生命周期内不同维度的数据，具体包括人员、机器、物料和环境等工业资源状态信息。这些感知数据为后续的数据分析、决策优化等提供了基础。

（2）泛在连通。泛在连通是工业物联网的前提。工业物联网使工业资源能够通过有线或无线的方式彼此连接，形成便捷、高效的工业物联网信息通道，实现工业资源数据的互连互通，拓展了机器与机器、机器与人、机器与环境之间连接的广度和深度。

（3）数字建模。数字建模是工业物联网的方法。通过数字建模，工业物联网能够将各种工业资源，如设备、生产线、工艺流程等，映射到数字世界中，进而构建一个虚拟的工业生产流程模型。在虚拟空间中，可以对模型进行各种试验、分析和优化，以发现潜在问题，优化生产流程，提高生产效率。

（4）实时分析。实时分析是工业物联网的手段。针对感知的工业资源数据，通过技术分析手段，在数字空间中进行实时处理，获取工业资源状态在虚拟空间和现实空间中的内在联系，将抽象的数据进一步直观化和可视化，完成对外部物理实体的实时响应。

（5）精准控制。精准控制是工业物联网的目的。在工业物联网的框架下，通过实现信息互连与数字建模的紧密结合，系统能够生成精确的工业控制命令。这种精准控制不仅显著提高了生产效率，而且通过优化生产流程、减小浪费和误差，极大地提升了产品质量。

（6）迭代优化。迭代优化是工业物联网的独特优势和持续发展的潜力。通过持续的数据搜集和自我学习能力，工业物联网能够不断地评估自身性能，识别改进空间，并自动调整和优化其功能。这种自我成长和提升的过程使工业物联网系统能够适应不断变化的生产环境和需求，确保其始终保持竞争力和生命力。

6.2.2　工业物联网的技术架构

基于工业物联网的概念与内涵，可以总结其 4 层技术架构，自底层至上层分别为感知层、网络层、数据层与应用层，如图 6-6 所示。

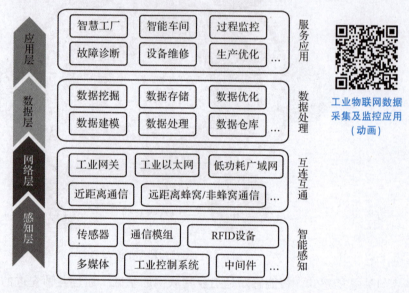

工业物联网数据
采集及监控应用
（动画）

图 6-6　工业物联网的技术架构

（1）感知层主要实现工业物联网泛在化的末端智能感知，持续不断地从各种设备、机器和环境中获取数据，可以被视为工业物联网的"眼睛和耳朵"，它由多样化采集和控制模块组成。价格低廉、性能良好的传感器是工业物联网应用的基石，是实现智能感知特征的基础。

（2）网络层扮演着桥梁的角色，它连接了前端的各种传感器、设备和后端的云平台。通过工业网关、无线通信、广域网等技术，实现异构网络的安全、高效融合，确保数据在传输过程中的完整性和安全性。

（3）数据层利用数据挖掘等技术手段，基于云计算，进行数据建模、分析和优化。在数据层，数据不仅被存储，更重要的是，它们被转化为有价值的信息。通过数据挖掘等技术，可以深入挖掘数据中的隐藏模式和趋势。同时，云计算平台为工业物联网带来了弹性、可扩展和高可用性的计算资源，有效支撑数据决策。

（4）应用层是工业物联网中为用户提供各种专业服务的部分。集中定制服务针对特定的客户需求，为客户提供量身定制的解决方案，确保完美地适应其特定的业务环境。增值服务则为客户提供超出基础功能的附加价值，例如高级数据分析、报告生成或业务咨询等。运维服务关注设备等资源的日常运行和维护，确保资源的稳定运行、高效性和安全性，同时可能包括故障排查和修复等服务。

6.2.3　5G

目前物联网的传输技术包括有线传输技术和无线传输技术两种。

有线传输技术包括以太网、串行通信和 USB。

无线传输技术分为短距离无线传输、低功耗广域网（LPWAN）和蜂窝网络。其中短距离无线传输包括蓝牙、Wi-Fi、ZigBee。低功耗广域网包括 LoRa，NB-IoT 等。蜂窝网络包括 2G/3G/4G/5G。目前 5G 由于其高速传输、超低时延、高可靠性和安全性等特点成为重点发展的无线传输技术。

1. 5G 的概念和内涵

5G 的全称是第五代移动通信技术（5th Generation Mobile Communication Technology），是一种具有高速率、低时延和大连接特点的新一代宽带移动通信技术，其继承了 4G 的优点，且在传输速率和资源利用率等方面较 4G 提高了一个量级（或以上）。5G 的出现为制造业的高度模块化和柔性生产系统提供多样化、高质量的通信保障，其主要特征如下。

（1）高速度。依靠全新网络架构，在数据、信息传播速率方面，5G 的数据传输速率远高于 4G，理论上可以达到 10 Gbit/s 以上，支持 0.1~1 Gbit/s 的用户体验速率。

（2）低功耗海量连接。5G 网络能够支持每平方千米上百万个设备的连接，大大高于 4G 网络的连接密度，频谱效率提升 5~15 倍，能效和成本效率提升 100 倍以上。

（3）超低延时、高可靠性。超低时延和高可靠性对工业控制等垂直行业极为重要。5G 可以提供 10 ms 以内的端到端时延和接近 100% 的业务可靠性，这对工业自动化、远程医疗和紧急响应等领域非常重要。

2. 5G 的技术架构

5G 满足了车间智能生产对通信技术的需求，专注于为高度自动化和互连的生产制造环境提供支持。车间智能制造系统中 5G 的技术架构自底层至上层分别为资源要素层、网络传输层与应用层，如图 6-7 所示。

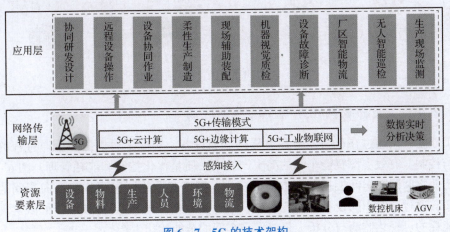

图 6-7　5G 的技术架构

（1）资源要素层涵盖了车间内所有参与生产过程的要素，如设备、物料、人员等。通过智能感知设备，不同要素的信息被精确和实时地捕捉，这是实现车间不同要素互连互通的前提。

（2）网络传输层负责将感知的数据信息高效、安全地传输，满足车间智能生产对通信技术的要求，是5G的技术架构的核心。5G通过其高带宽和低延迟等特性，为数据传输提供了快速和可靠的通道。例如，5G+工业物联网提升了车间生产过程感知与控制速度；5G+边缘计算提升了边缘端对数据的处理和分析能力，实现了快速响应；5G+云计算使大量数据能够被快速上传到云端，提升了云端数据处理和分析决策的能力。

（3）应用层面向车间生产的不同应用场景，基于5G+传输模式，实现车间生产的高效率、高可靠性与安全性，尤其通过增强实时数据分析与决策能力，有助于车间对扰动信息的快速处理与响应，从而提高生产的适应性和灵活性。

3. 5G在车间中的典型应用

传统生产车间人工缺陷检测存在效率低，难以回溯等问题，在引入图像识别技术后存在带宽不足、响应时间长等缺点。利用5G网络，可以将4K超高清工业摄像头拍摄得到的待检测产品上传至MEC边缘计算节点进行图像识别及分析，实现缺陷的实时识别检测。5G+MEC的云计算能力在提高准确率的同时，大大缩短了缺陷识别时间，如图6-8所示。

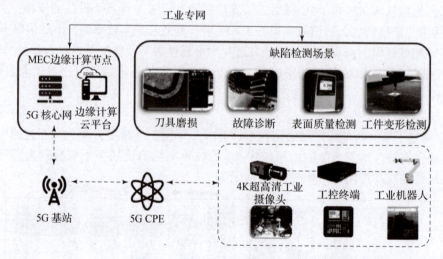

图6-8　基于5G的产品缺陷检测

6.2.4　工业物联网在车间中的典型应用

工业物联网通过在车间部署各类传感器和设备，实现了对机器和生产过程的实时监控与控制，有效支撑智能车间的高生产效率、质量优化控制和能耗管理。图6-9所示为工业物联网在车间能耗管理方面的应用。基于工业物联网可构建面向车间的能耗工具集，通过感知车间设备的能耗数据，结合大数据分析与AI等技术，可以实现车间加工能耗的可视化监测与分析，最终实现车间的节能优化生产。

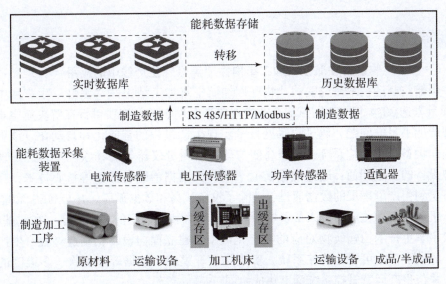

图 6 - 9　工业物联网在车间能耗管理方面的应用

　　具体地，基于工业物联网的机床能耗预测分析如图 6 - 10 所示，通过能耗传感器在机床上的配置，可以感知机床实时能耗数据，从而有效支撑机床能耗的预测与优化。

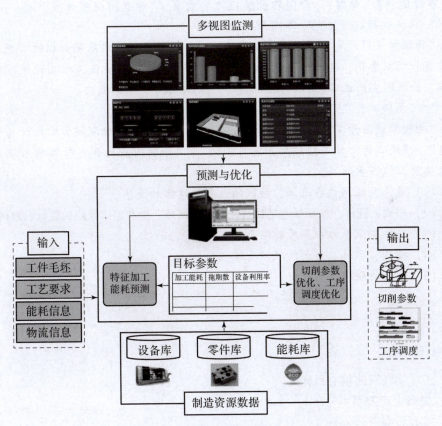

图 6 - 10　基于工业物联网的机床能耗预测分析

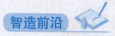
智造前沿

物联网在航空难加工结构件"黑灯"生产线中的应用

中国航空制造技术研究院的"物联网在航空难加工结构件'黑灯'生产线中的应用"项目入选 2024 年物联网赋能行业发展典型案例名单。该项目旨在解决航空难加工结构件产能不足的问题，通过物联网技术实现生产过程的智能化和自动化。该项目构建了面向设备、自动化系统、智能仓储与配送、测量仪器等的物联网平台，实现了异构多源设备的互连互通；通过数据实时采集、大数据治理与计算等核心技术，打通了从设备层到生产管理层的数据通道，消除了设备孤岛和数据孤岛，并与 MES 无缝集成，实现了机床、自动化设备、人员及资源的智能物联和系统间的信息共享。在此基础上，基于数字孪生技术构建实物对应的数字化模型，建立面向设备、制造过程、生产线等分层次的数字孪生可视化管控系统，实现场景、模型、数据等多层次、多维度的信息融合，并与生产运营管控系统深度集成协同。

通过使用工业物联网等技术，企业实现了柔性生产线自动排产与动态调度、自动平衡负荷、资源动态重构和分时段无人生产，设备综合利用率（Overall Equipment Effectiveness，OEE）达到 90% 以上，全年交付零件数量增大 20 余倍。

【赛证延伸】 竞赛： 全国职业院校技能大赛 "物联网应用开发"

1. "物联网应用开发"赛项介绍

"物联网应用开发"赛项考察参赛选手对物联网技术应用基础知识的掌握、综合技能和职业素养，包括传感器应用、网络通信、物联网项目工程实施等方面的知识，物联网生产施工、物联技术服务、系统运维等方面的能力。

2. "物联网应用开发"赛项对物联网技术的利用和要求

"物联网应用开发"赛项中分为两个模块，模块一为"物联网方案设计与升级改造"，模块二为"物联网应用开发与调试"。"物联网应用开发"赛项所涵盖的职业典型工作任务如下。

(1) 建立物联网设备之间、物联网设备与网络的连接。

(2) 布设、检修、维护信息通信线缆和无线网络，进行网络系统的设计和组网。

(3) 安装测试、维护、管理综合布线系统。

(4) 操作、调试、维护物联网系统。

(5) 进行物联网应用开发。

 单元测评

1. 工业物联网的核心目标是（　　）。

A. 提高生产效率

B. 实现设备互连互通

C. 优化供应链管理

D. 以上都是，但 B 项是技术基础

2. （　　）不属于工业物联网的关键技术。

A. 传感技术　　　　　　　　　　　　B. 大数据技术

C. 云计算技术　　　　　　　　　　　D. 传统网络技术

3. 5G 在物联网发展中起着重要作用，它特别适用于（　　）场景。

A. 远程医疗手术　　　　　　　　　　B. 高清视频流媒体

C. 大规模设备连接和数据传输　　　　D. 虚拟现实游戏

4. 关于 5G 对经济社会发展的影响，以下说法不正确的是（　　）。

A. 促进产业升级和转型　　　　　　　B. 创造大量新的就业机会

C. 缩小城乡数字鸿沟　　　　　　　　D. 对传统行业没有显著影响

5. 云边协同是指（　　）。

A. 云计算和边缘计算的简单结合

B. 云计算与物联网技术的融合

C. 云计算中心与边缘设备之间的协同工作，以计算和应用的优化分配

D. 一种新的数据存储技术

练习思考

1. 工业物联网的基本定义是什么？它有哪些关键技术？

2. 工业物联网在智能制造中的作用是什么？列举几个典型应用场景。

考核评价

情境六单元 2 考核评价表见表 6 - 2。

表 6 - 2　情境六单元 2 考核评价表

环节	项目	标准分值	实际分值
课前（20%）	平台讨论	10	
	平台资源学习	10	
课中（60%）	课堂考勤	10	
	课堂问题参与	10	
	科技自信、民族自豪感、敏锐的感知能力	10	
	单元测评	10	
	小组任务	20	
课后（20%）	练习思考	10	
	"赛证延伸"实施	10	
	总评	100	

单元 3　大数据与云计算

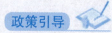
　　2019 年 4 月，中国电子技术标准化研究院等部门合作编写的《工业大数据白皮书》正式发布，文中提到"无论是欧美老牌国家制造业的重振，还是中国制造业的转型提升，工业大数据都将发挥不可替代的作用。可以说，工业大数据的创新发展，必将成为未来提升制造业生产力和竞争力的关键要素。而工业大数据分析技术可将工业大数据转换为'生产力'，是促进制造业数字化转型的核心技术"。2024 年 7 月，中国信息通信研究院发布的《云计算白皮书（2024 年）》中提到"深化推进云计算和实体经济融合升级，是技术革命性突破、生产要素创新性配置产业深度转型升级的重要路径，是助力新型工业化发展、加快中国式现代化进程的催化剂"。本单元主要介绍大数据和工业大数据的概念和特点、多源异构数据采集方式、云计算与边云协同。

《工业大数据
白皮书》（文本）

《云计算白皮书
（2024 年）》（文本）

 三维目标

■ 知识目标

（1）了解工业大数据的基本概念、特点和数据采集方式。
（2）熟悉云计算的概念、类型、边云协同的概念。
（3）了解工业大数据、云计算在智能制造中的典型应用。

■ 能力目标

（1）能够分析大数据和云计算的关系。
（2）能够查找资料并进行大数据、云计算应用案例的汇报。

■ 素质目标

（1）通过大数据应用案例的学习，培养学生对数字技术的理解和应用能力。
（2）通过云计算技术的原理分析，培养学生的协作意识与共享意识。

大数据的概念
及应用（视频）

 知识学习

6.3.1　大数据与工业大数据概述

　　大数据的概念最早由未来学家阿尔文·托夫勒在 1980 年提出。他在著作《第三次浪潮》中将大数据称为"第三次浪潮的华彩乐章"，并指出"数据就是财富"。

我国《大数据白皮书》对大数据的定义如下：大数据是具有体量大、结构多样、时效强等特征的数据；处理大数据需要采用新型计算架构和智能算法等新技术；大数据强调将新的理念应用于辅助决策、发现新的知识，以及进行在线闭环的业务流程优化。大数据具有以下 4 个基本特点。

（1）海量性。大数据涉及的数据量非常庞大，可以达到 TB 或 PB 级别。

（2）多样性。大数据的来源非常广泛，涵盖来自机器设备、工业产品、管理系统、互联网等各环节的数据，包括结构化数据（如数据库表）、非结构化数据（如文本、图片、视频）和半结构化数据（如 XML 文件）。

（3）实时性。工业环境中的数据采集设备需要以极高的频率实时收集数据，而分析系统则需要即时处理这些数据，以满足生产现场对数据分析毫秒级的处理要求。

（4）低价值密度。在庞大的数据体量中，仅有一小部分数据含有对决策过程有实质性帮助的信息。如何通过强大的机器算法迅速地完成数据的价值"提纯"成为目前大数据背景下亟待解决的难题。

随着互联网与工业融合创新，智能制造时代到来，工业大数据及其应用将成为未来提升制造业生产力、竞争力、创新能力的关键要素，是驱动产品智能化、生产过程智能化、管理智能化、服务智能化、新业态新模式智能化，支撑制造业转型和构建开放、共享、协作的智能制造产业生态的重要基础，对实施智能制造战略具有十分重要的推动作用。

我国《工业大数据白皮书》对工业大数据的定义如下：在工业领域围绕典型智能制造模式，从客户需求到销售、订单、计划、研发、设计、工艺、制造、采购、供应、库存、发货和交付、售后服务、运维、报废或回收再制造等整个产品全生命周期各环节所产生的各类数据及相关技术和应用的总称。工业大数据具有一般大数据的特征（海量性、多样性等），在此基础上还具有 4 个典型的特征：价值性、实时性、准确性、闭环性。

（1）价值性。工业大数据更加强调用户价值驱动和数据本身的可用性，包括提升创新能力和生产经营效率，促进个性化定制、服务化转型等智能制造新模式变革。

（2）实时性。工业大数据主要来源于生产制造和产品运维环节，在数据采集频率、数据处理、数据分析、异常发现和应对等方面均具有很高的实时性要求。

（3）准确性。准确性指数据的真实性、完整性和可靠性。工业大数据更加关注数据质量，以及处理、分析技术和方法的可靠性。

（4）闭环性。闭环性包括产品全生命周期横向过程中数据链条的封闭和关联，以及智能制造纵向数据采集和处理过程中，需要支撑状态感知、分析、反馈、控制等闭环场景下的动态持续调整和优化。

工业大数据的主要来源有三类。

第一类是生产经营相关业务数据，主要来自传统企业信息化范围，被收集存储在企业信息系统内部，包括传统工业设计和制造类系统、ERP 系统、PLM 系统、SCM 系统、CRM 系统和环境管理系统（Environment Management System，EMS）等。这些企业信息系统累积了大量的产品研发数据、生产性数据、经营性数据、客户信息数据、物流供应数据及环境数据。此类数据是工业领域传统的数据资产，在移动互联网等新技术应用环境中正在逐步扩大范围。

第二类是制造过程数据，主要指工业生产过程中，装备、物料及产品加工过程的工况状态参数、环境参数等生产情况数据，其通过 MES 实时传递，目前在智能装备大量应用的情况下，此类数据量增长最快。

第三类是外部数据，包括工业企业产品售出之后的使用、运营情况数据，还包括大量客户名单、供应商名单、外部的互联网信息等数据。

6.3.2　多源异构数据采集

1. 智能装备与生产线数据采集需求分析

在现代工业，尤其是自动化生产的过程中，智能装备与生产线每时每刻都在进行工作，在生产过程中会源源不断地产生数据信息，这些信息呈现多类型、多层次的特点，从不同信息源设备采集的信息容易形成信息孤岛，不同信息间无法实现交互共享。为了给上层某信息系统或平台（如 MES）提供有效的信息支持，需要对这些多源异构数据进行集成。首先应当明确数据采集的需求，对生产过程数据进行分类，并且按照不同的数据类型选择最佳采集方案，在该基础上才能进一步对数据进行解析、标准化和存储。

1）数据分类

以离散制造车间为例，制造过程描述的是通过对原材料进行加工和装配，使其转化为产品的一系列运行过程，涉及设备、工装、物料、人员、配送车辆等多种生产要素，以及生产、质检、监测、管理、控制等多项活动，综合考虑这些生产要素及生产活动，可以将数据分为设备数据、人员数据、环境数据、物料数据、质量数据等。

（1）设备数据：车间生产设备相关的数据。设备数据可以分为 3 种：设备自身静态数据，如设备型号、生产厂家、投入运行时间等；设备运行统计数据，如已工作时长、加工某工件使用时长等；设备当前运行数据，如机床的进给速度、主轴转速、AGV 的所处位置、运行速度等。完善的设备数据可以为设备维护、产品质量分析提供依据。

（2）人员数据：车间工作人员相关的数据。不同类型人员有不同的操作权限和任务，如车间管理人员负责配送任务下达及跟踪监控，车间配送人员负责物料配送。人员数据包含员工编号、姓名、所属部门等。人员数据是保证生产进度、追溯产品质量的保障之一。

（3）环境数据：车间生产环境数据，如当前加工车间的温/湿度、粉尘浓度、噪声大小等数据。良好的环境数据保证了车间生产安全以及产品质量。

（4）物料数据：车间加工物料的数据，包括物料的静态数据（如物料批次、材料、物料库存）以及动态数据（如当前加工状态、加工时长等）。物料数据反映了生产过程以及产品库存状况。

（5）质量数据：加工过程中的质量数据，如加工精度、报废率、报废原因等。质量数据为产品质量追溯、加工质量分析优化提供依据。

2) 数据采集技术

根据上述数据分类，对于不同的类型数据应当选择最合适的采集方式以获得完整和准确的数据。车间的生产设备包括各种数控机床、AGV、工业机器人等。数控机床数据可以使用传感器或者通信接口采集。工业机器人、AGV 等数据可直接通过通信接口或软件二次开发获取。

人员数据包含员工编号、姓名、所属部门等信息，可以通过员工编号关联数据库中的其他信息。员工用员工卡在车间或工位通过读卡器可以进行人员数据采集，通过串口或以太网等上传。

环境数据可以根据需要部署特定的传感器（如温度传感器）进行采集。

物料数据包含物料种类、批次、型号以及加工状态等信息。可以通过 RFID 标签、条形码、二维码等对其进行标记，方便物料或产品的追踪和回溯，并通过以太网或串口将物料数据上传。

质量数据依赖于机器检测和人工检测。对于机器检测，可以通过部署视觉传感器采集质量数据并通过通信接口上传。对于人工检测，需要通过工业 PAD 或计算机直接录入并上传质量数据。

2. 传感器、RFID 设备、数控机床等数据采集方法

车间中存在大量多源异构设备，具有多样化的数据采集方式，本节通过 3 种典型数据的采集方法，结合相应的示例程序，讲解多源异构数据采集方法。

1) 传感器数据采集方法

常见的传感器包括温湿度传感器、切削力传感器、烟雾报警传感器以及光栅传感器等。传感器数据采集通常需要结合相应的数据采集装置，常见的如 51 单片机、STM32 单片机 [图 6-11 (a)]、树莓派等。

传感器通常通过串口协议进行数据传输，因此在进行数据采集之前，需要确定波特率、数据位、停止位等串口参数。

下面以 DHT11 温湿度传感器为例进行介绍。DHT11 温湿度传感器 [图 6-11 (b)] 是一款含有已校准数字信号输出的温湿度复合传感器，它应用专用的数字模块采集技术和温湿度传感技术，确保产品具有极高的可靠性和卓越的长期稳定性。DHT11 温湿度传感器包括一个电阻式感湿元件和一个 NTC 测温元件，并与一个 8 位单片机连接，用于内部程序的运行。DHT11 温湿度传感器有 4 个引脚，分别为 VDD，DATA，N/A，GND，见表 6-3。

（a） （b）

图 6-11 STM32 单片机与 DHT11 温湿度传感器

（a）STM32 单片机；（b）DHT11 温湿度传感器

表 6 – 3　DHT11 温湿度传感器引脚定义

引脚名称	功能
VDD	供电引脚（电压为 3 ~ 5.5 V DC）
DATA	串行数据，单总线
N/A	悬空引脚
GND	接地引脚，用于接入电源负极

DHT11 温湿度传感器数据为 40 位字节数据，如图 6 – 12 所示。

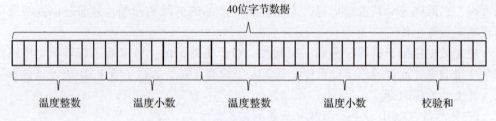

图 6 – 12　DHT11 温湿度传感器数据格式

DHT11 温湿度传感器数据的整体采集过程如下。

（1）主机发起开始信号，拉低总线等待 DHT11 温湿度传感器响应，初始化 I/O 通信接口。

（2）DHT11 温湿度传感器接收开始信号并等待信号结束，之后发送低电平响应信号。

（3）主机在开始信号结束后进入延时等待阶段，在等待完毕后，开始读取 DHT11 温湿度传感器的响应信号。

（4）DHT11 温湿度传感器发送响应信号，拉高总线电平，准备发送数据。

（5）40 位字节数据按照等延迟进行发送，电平的高、低代表数据位是 0 还是 1。

（6）当最后一位数据发送完毕后，DHT11 温湿度传感器拉低总线电平，随后进入空闲状态。

2）RFID 设备数据采集方法

RFID 设备是一种非接触式的自动识别设备，它通过射频信号自动识别目标并获取相关数据。其因抗干扰能力强，无须人工干预以及具有多样化的数据识别方式而广泛应用于多个领域。下面以思谷公司的 SG – HR – I2 一体式 RFID 设备为例，其数据采集过程。

（1）配置 RFID 设备为交互模式。

（2）通过上位机发送数据写入指令，设置 RFID 标签内部的数据值。

（3）保持上位机与 RFID 读写器的通信，当 RFID 标签达到读写范围时，可以通过上位机发送指定的数据读取指令，获取相应的数据。

3）数控数据采集方法

数控机床是智能车间的核心生产设备，对数控机床状态的监测是实现车间智能化生产调度的关键。由于数控机床的数据协议高度定制化，不同厂商的数据协议有不同的数据采集方案，所以实际的数据采集需要参考数控机床厂商所提供的手册进行。

数控机床数据的采集通常需要依靠接入数控系统来实现。下面以 KND 数控系统为例进行介绍。其数据链路基于工业以太网，通过 KND REST 协议进行数据传输。

数控机床数据采集过程如下。

(1) 基于 REST 接口的 API，建立对应的实体类型。

(2) 通过网络访问工具类访问对应的 REST 接口，获取网络流中的字符数据（以 JSON 数据为主）。

(3) 通过序列化工具将对应的字符数据转化为相应的实体类型，获取其数据。

数控机床数据采集的示例代码如下（采用 Java 语言实现，其中使用了网络通信工具包 OkHttp 以及序列化工具 Jackson，需要读者提前准备相关的工具与环境）。

```java
public static void main(String[] args)throws IOException {
    //代表状态数据的实体类
    /*JSON 数据示例
    {
        "runStatus": 0,
        "oprMode": 0,
        "ready": false,
        "notReadyReason": 1,
        "alarms":["ps","prm-switch"]
    }
    */
    class Status {
        Integer runStatus;
        Integer oprMode;
        Boolean ready;
        Integer notReadyReason;
        List<String> alarms;

        /* 默认的 Getter Setter 方法 */
    }

    //Jackson 序列化工具类,用于反序列化 JSON 数据,需要导入相应依赖项
        //地址:https://github.com/FasterXML/jackson
    ObjectMapper mapper = new ObjectMapper();

    //OkHttp 客户端工具类,用于实现 HTTP REST 通信,需要导入相应依赖项
        //地址:https://github.com/square/okhttp
```

```
OkHttpClient client = new OkHttpClient();

//REST API 地址
String restApi = "http://192-168.1.101:8000/v1/status";

//发送的 HTTP 请求
Request request = new Request.Builder().url(restApi).build();

//执行请求指令,获取返回的响应
Response response = client.newCall(request).execute();

//从响应体中获取返回的 JSON 数据
String json = response.body().string();

//执行 JSON 数据的反序列化,获取实际的数控机床数据
Status status = mapper.readValue(json,Status.class);

/* 提取 status 中的数据进行其他操作 */
}
```

3. 数据预处理方法

由于数据源设备生产厂商不同,采用的协议不同,所以其应用场景和实现功能存在差异,采集到的数据呈现多源异构的特点。在实际应用中,不论数据的信息源是哪一种,数据噪声、冗余和缺失都是不可避免的。在多源数据的环境中,这样的问题会更加复杂,多源数据还存在数据量大、异构、多维、多尺度、不同步等问题。这些问题会导致后续操作代价高、决策不准确等结果,因此数据预处理是十分重要的环节。数据预处理的结果作为后续步骤的数据源,其质量直接影响解析和标准化的结果,良好的数据预处理结果可以有效提高系统数据处理的速度。下面介绍常规数据预处理和多源数据预处理的常用方法。

1) 常规数据预处理方法

常规数据预处理的步骤与方法如下。

(1) 数据清洗。数据清洗是提高数据质量的手段,数据清洗的环节如下:填充缺失的数据值,即对于记录中空缺的数据值填充合理的期望值,常用方法有期望最大(Expectation Maximization,EM)算法;噪声数据平滑处理,噪声指被测量变量的随机误差或方差,常用的方法有模糊 C 均值聚类(Fuzzy C-Means,FCM)算法。

(2) 数据集成。数据集成是指合并来自多个数据源的数据成为一个数据集的过程。数据集成的目的是在数据源逻辑上建立统一的访问接口,从而屏蔽底层数据源的差异,使用户不必考虑底层数据模型不同、位置不同等问题。数据集成面临的问题主要是多个数据源中字段的语义差异、结构差异、字段间的联系,以及数据的冗余重复。

（3）数据规约。数据集成后得到的数据集可能很大，因此需要数据规约，即对大数据集进行一定程度的压缩，但仍然保持原始数据的完整性。数据规约有以下3种类型：数量规约，用替代的、较小的数据表示原始数据，最简单的方法如简单抽样（以抽样的数据表示原始数据）等；数据压缩，对原始数据使用变换从而得到数据的压缩形式，通过压缩算法可以保留数据中的主要内容和特征，从而达到数据规约的目的；维规约，从原始数据中提取主要的维度，从而减少数据中的变量或属性的个数，主要的方法有小波变换方法等。

（4）数据变换。数据变换主要解决数据类型存在差异、数据格式不一致等问题。数据变换包含以下几种类型：数据规范化，某属性中最大值和最小值可能存在很大的差距，这样会使一些算法的性能下降很多，如神经网络算法，因此需要将数据按比例缩放，将这些数据映射到一个较小的区间内；数据聚集，根据数据分析需要的粒度对数据进行汇总和聚集；属性构造，由原始数据中的某几个属性生成一个新属性；离散化，用区间标签替换数值类型的原始值，替换的方式根据分析内容可以不同。

2）多源数据预处理方法

多源数据预处理是在常规数据预处理的基础上更多地关注多个数据源集成时出现的问题，其主要任务和方法如下。

（1）提高处理效率。多源数据具有数量大、增长快、维度高等特征，这些特征会使运算效率变得低下。多源数据维度过高时会出现"维度灾难"，使分类算法的精度降低，同时导致处理时冗余数据较多，影响处理效率。典型的解决方法是使用主成分分析（Principal Component Analysis，PCA）算法进行特征降维。

（2）异构数据集成。每个单独的数据源都是一个完整的体系，将它们结合成多源数据时，各系统的数据类型、格式和产生模式不尽相同，缺乏统一的数据模型，这就是多源数据的异构问题。对此可以采用的预处理方法是基于模式的数据集成，即在构建集成系统时将各数据源共享的视图集成为全局模式，用户可以通过统一的查询接口直接获取多个数据源的查询结果，而不必关心数据的存放位置。

（3）统一数据尺度。不同数据源对同一对象可能采用不同的衡量尺度或不同的参考系，导致得到的结果不同。解决多尺度问题的思路是建立不同坐标系间的映射，常用的方法有尺度分离、多尺度建模等，主要思路是描述不同参考系之间的映射关系，在该基础上转换得到统一尺度下的数据。

4. 智能制造单元数据采集案例

下面分析智能制造单元的数据采集需求，进而针对不同的设备设计数据采集的具体方案。

1）智能制造单元数据采集需求分析

智能制造单元作为智能制造车间的基本单元。

智能制造车间的功能大致分为3个部分：物料转运、物料加工和物料追踪。

物料转运部分涉及各运输设备的运动学、动力学数据，同时要求各运输设备的PLC信号进行配合。

物料加工部分的数据涉及数控机床等主要加工设备的状态信息，以及工件的当前加工信息，同时包含加工过程中加工设备的功耗以及动力学数据。

物料追踪部分主要是结合 RFID 设备数据，追踪物料当前的加工位置，时间信息以及工件当前的加工状态信息等。

2）数据采集方案设计

智能制造单元涉及大量的设备、传感器等，下面通过两个典型的设备——AGV 与数控机床，来讲解数据采集方案设计。

以途灵智能运输 AGV 为例，数据通过串口或 TCP/IP 的方式进行传输，发送与接收的数据均为 16 位的二进制数据。采用 Socket 方式建立与现场 AGV 的连接，按照厂商提供的数据协议手册，发送指定的协议帧数据，并针对接收到的响应帧进行对应的数据预处理，提取有用的状态数据与运动数据等信息，将其进行输出，或存储至对应的数据库中。

以创金数控机床为例，它配备 KND 2100Ti 系列数控系统，基于 HTTP REST 的方式进行数据传输，数据格式为 JSON。对于数控机床 3 轴运动数据、当前加工 G 代码、加工件以及系统信息等数据，通过 HTTP 请求 SDK，访问对应的 REST 接口，将接收到的原始 JSON 数据根据程序语言转化为对应的结构实体数据，同时去除冗余元数据等。对于批量的数据可执行数据预处理操作（数据去重、降噪等），将预处理后的数据导出为相应的 CSV 文件，或存储在关系型数据库中。

云计算的概念
及应用（视频）

6.3.3　云计算与边云协同

1. 云计算的概念

云计算诞生于 2006 年，经过不断的发展已经成为信息化领域的主流计算存储模式，在互联网、电商、工业、政务、金融等行业的应用快速增长。据《云计算白皮书（2024 年）》统计，2023 年，全球云计算市场规模为 5 864 亿美元，同比增长 19.4%，在生成式 AI、大模型的算力与应用需求的刺激下，预计 2027 年全球云计算市场将突破万亿美元。2023 年，我国云计算市场规模达 6 165 亿元，同比增长 35.5%，仍保持较大的活力。AI 原生带来的云技术革新和企业战略调整，正带动我国云计算开启新一轮增长，预计 2027 年我国云计算市场将突破 2.1 万亿元。

"云"是网络、互联网的一种比喻。计算是指一台足够强大的计算机提供的包括计算在内的各种服务。美国国家标准技术研究所对云计算的定义如下：云计算是一种 IT 资源按使用量付费的模式，对共享的可配置资源（如网络、服务器、存储、应用和服务等）提供普适的、方便的、按需的网络访问，与此同时资源的使用和释放可以快速进行，不需要很大的管理代价。

中国云计算专家刘鹏教授对云计算做了长、短两种定义。长定义如下："云计算是一种商业计算模型。它将计算机任务分布在大量计算机构成的资源池上，使各种应用系统能够根据需要获取计算能力、存储空间和信息服务"。短定义如下："云计算通过网络按需提供可动态伸缩的廉价计算服务。"

典型的云计算模式是用户通过终端接入网络，向云端提出请求，云端接受请求后组织资源，通过网络为终端提供服务。可以像购买水、电一样按照需求购买云计算的服务，这是一种按使用量付费的模式。

2. 云计算的特点

云计算的特点如下。

1）超大规模

云计算具有相当大的规模，谷歌云计算平台已拥有上百万台服务器，微软、华为、阿里等云服务也拥有几十万台服务器。云计算能赋予用户前所未有的计算能力。

2）虚拟化

云计算采用虚拟化技术，用户并不需要关注具体的硬件实体，只需要选择一家云服务商，注册一个账号，登录云控制台购买和配置服务。

3）按需分配服务

云计算是一个庞大的资源池，用户按需购买，就像购买水、电一样计费。

4）广泛的网络访问

云计算资源可以通过标准的网络协议随时随地访问，支持多种设备（如 PC、手机、平板电脑等）接入。

5）高可靠性

使用云计算比使用本地计算机更加可靠，因为云端使用数据多副本容错机制、计算节点同构可互换措施、分布式集群技术等来保障服务的高可靠性，以最大限度地缩短发生灾难时的停机时间。

6）可度量性

所有云服务和资源都可以被度量，云计算系统能够自动地控制、监控、优化、报告和取消资源的使用，为服务商和用户提供透明的使用情况统计和实时结算等服务。

7）可动态伸缩性

对于云服务商来说，资源能够灵活配置、弹性扩容、等量伸缩和快速下发。对于用户来说，云服务商可以提供的资源看起来通常是无限的，可以随时购买任意数量的资源。

3. 云计算分类

云计算根据其提供的服务层次可以分为三类：基础设施即服务、平台即服务、软件即服务（图 6-13）。

（1）基础设施即服务（Infrastructure as a Service，IaaS）：提供虚拟化的计算资源，如虚拟机和网络。用户可以租用这些资源来部署和运行操作系统、应用程序等。IaaS 的特点是用户对底层硬件有较高的控制权，但需要自行管理操作系统、软件和数据。IaaS 适用于需要灵活配置计算资源的企业，如开发测试环境、高性能计算等。其典型代表有亚马逊 AWS、微软 Azure、阿里云。

（2）平台即服务（Platform as a Service，PaaS）：提供开发平台和工具，用户可以在平台上开发、部署和管理应用程序，而无须关心底层的基础设施。其特点是用户专注于应用程序的开发和部署，平台提供者负责管理底层的硬件和软件。IaaS 适用于软件开发团队，尤其是需要快速开发和部署应用程序的场景。其典型代表有谷歌 App Engine、微软 Azure、阿里云。

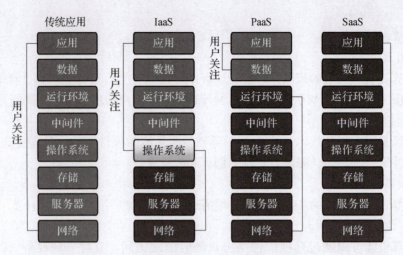

图 6 - 13　云计算的类型

（3）软件即服务（Software as a Service，SaaS）：通过网络提供软件应用，用户无须安装和维护软件，直接通过浏览器或客户端访问软件。其特点是用户按需使用软件功能，无须关心软件的部署和维护。SaaS 适用于各种通用软件应用，如办公软件、CRM 软件、ERP 软件等。其典型代表有用友、金蝶等。

当前，由于 AI 技术迅猛发展，智能算力逐渐成为算力结构的主要组成，传统的通用云计算正在加速与智能算力融合，升级成为可服务于 AI 技术和应用发展的智能云。从体系架构来看，智能云包括智能云基础设施服务 AIaaS、智能云平台服务 AIPaaS、大模型服务 MaaS、智能云应用服务 AISaaS 等。

按照云计算部署方式的不同，可以将云计算分为公有云、私有云和混合云 3 种。

（1）公有云一般由第三方提供商为用户提供通过互联网访问使用的云，用户可以使用相应的云服务，但并不拥有云资源。公有云的优势是成本低、扩展性高，非常适合中小型企业和个人用户。

（2）私有云是企业自行搭建的云计算基础设施，可以为企业自身或者外部用户提供独享的云计算服务，基础设施搭建方拥有云计算资源的自主权。私有云的成本一般较公有云高，但是安全性更有保障。在通常情况下私有云比较适合信息化需求大、业务系统安全可控性要求高的大型企业或者政府部门。

（3）混合云融合了公有云和私有云的优点，是近年来云计算的主要模式和发展方向。出于安全考虑，企业更愿意将数据存放在私有云中，但是同时希望可以获得公有云的计算资源，在这种情况下混合云被越来越多地采用，它将公有云和私有云进行混合和匹配，以获得最佳的效果，这种个性化的解决方案达到了既省钱又安全的目的。

4. 边云协同的概念与内涵

边云协同是一种分布式计算架构，它结合了云计算的强大处理能力和大规模数据存储能力，以及边缘计算的地理位置优势和低延迟特点。在这种架构中，数据处理和存储任务在云端和网络边缘之间进行动态分配和协调，实现了边缘支撑云端应用、云端助力边缘本地化需求的协同优化目标。边云协同的主要优势如下。

（1）实时性：边云协同能够提供更高的响应速度，对于需要即时处理的应用（如自动驾驶、实时监控系统等）来说至关重要。

（2）带宽优化：边云协同通过在边缘节点处理大量数据，只将必要的数据发送到云端，能够有效减少数据传输，优化网络带宽使用。

（3）可扩展性：边云协同支持按需扩展，无论在云端还是在边缘，都可以根据处理需求增加计算资源和存储容量。

（4）数据安全和隐私保护：在数据源近旁处理数据可以提高数据安全性和增强隐私保护，尤其是对于敏感数据，边缘计算可以在数据离开现场之前进行加密处理。

（5）成本效益：通过智能地在边缘和云之间分配资源，边云协同可以降低运营成本，提高数据处理效率。

（6）容错性和可靠性：分布式的处理节点可以提供冗余，即使一部分系统发生故障，其他部分仍可继续运行，提高了整体系统的容错性和可靠性。

5. 边云协同的技术架构

边云协同的技术架构如图 6－14 所示，其主要包括终端设备、边缘端与云端三部分。

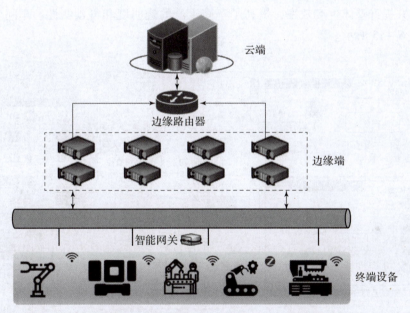

云端

边缘路由器

边缘端

智能网关

终端设备

图 6－14　边云协同的技术架构

（1）终端设备：包含智能车间实际物理环境中的生产要素，例如环境参数、工作人员、生产线的设备、工件等，通过对智能车间生产要素的数据进行采集感知，可以将其传递至边缘端服务器，判定实时生产状态。

（2）边缘端：主要包含提供数据传输与数据处理的各类设备与服务器，结合大数据分析技术等，可以对来自终端设备的实时数据进行预测分析，并做出快速响应。同时，上传计算密集型制造扰动任务相关数据至云基础设施进行进一步的分析和决策。

（3）云端：利用其强大的计算能力和广泛的存储资源，对来自边缘端的数据进行深入分析和长期存储。在云端，可以运行更复杂的数据分析模型和机器学习算法，以提供对生产过程优化、加工质量预测以及维护预警等高级决策的支持。在云端还可以实现跨工厂的数据整合，支持更广泛的运营优化和资源规划。通过云端与边缘端的紧密合作，智能车间能够实现更加高效和自动化的运营管理，从而优化生产流程，降低成本，提高生产效率和产品质量。

在智能车间生产过程中，为了提升复杂工件的加工质量，构建"云端理论工艺规划 + 边缘端在线仿真验证与实时反馈机制"模型，其中，云端理论工艺规划主要基于深度学习方法，解决了复杂工件理论工艺智能决策问题；边缘端面向实际加工过程，实现了复杂工件几何精度与物理性能的在线调控。

6.3.4　工业大数据、云计算的典型应用

1. 工业大数据的典型应用

1）车间生产优化

通过工业大数据分析技术，车间操作人员可以有效利用从机床和生产线收集的实时数据，从而动态调整生产计划和工艺方案，优化资源配置，缩短故障发生导致的停机时间，并提升整体生产效率，提高了车间生产的透明度和可预测性。车间生产过程监控如图 6 – 15 所示。

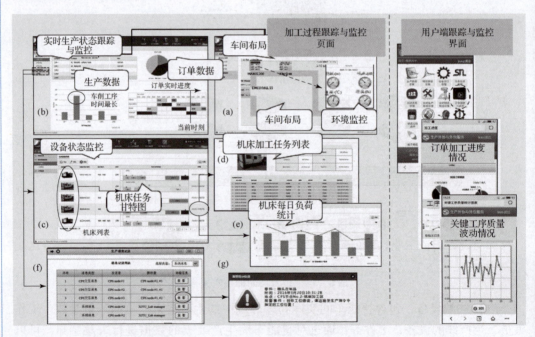

图 6 – 15　车间生产过程监控

2）汽车产品创新优化

某汽车公司将大数据技术应用于其产品创新和优化，这款汽车成为名副其实的"大数据电动车"。电动车在驾驶和停车时产生大量数据。在行驶中，驾驶员持续地更新车辆的加速度、刹车、电池充电和位置信息。在车辆处于静止状态时也会持续将车

辆胎压和电池系统的数据传送给最近的智能终端。这些大数据为驾驶员、汽车工程师、电力公司及其他供应商都提供了诸多便利。驾驶员可以实时了解车辆状态。工程师可以通过驾驶数据了解用户的驾驶习惯，包括如何、何时以及何处充电，从而制订产品改进计划，并实施产品创新。电力公司和其他供应商可以分析大量的驾驶数据，以决定在何处建立新的充电站。

3）飞机故障诊断与预测

在波音飞机上，发动机、燃油系统、液压和电力系统等数以百计的变量组成了在航状态，这些数据不到几微秒就被测量和发送一次。以波音737为例，发动机在飞行中每30 min就能产生10 TB数据。这些数据不仅是未来某个时间点能够分析的工程遥测数据，而且促进了实时自适应控制、燃油使用、零件故障预测和飞行员通报，能有效实现故障诊断和预测。

2. 云计算的典型应用

1）制造企业SAP上云

（1）企业介绍。广东拓斯达股份有限公司（以下简称"拓斯达"）是一家创业板上市的智能制造综合服务商，专注于以工业机器人为代表的智能装备的研发、制造、销售，致力于打造系统集成 + 本体制造 + 软件开发三位一体的工业机器人生态系统和整体自动化解决方案。

（2）面临挑战。在有限的资源下，拓斯达需要将ERP，MES，CRM，CAD，CAE，OA等各种信息系统连接起来，实现智能生产和生产服务化，快速应对工业4.0环境中的业务挑战。原先的信息管理系统孤岛亟需一个可以扩展无限可能的智能化云平台来承接新的业务形式。

（3）解决方案：拓斯达联合华为云率先实现了SAP系统上云，成为华为云首个制造企业SAP上云项目。通过华为云工业互联网平台Fusion Plant，拓斯达仅用4 h就完成了系统部署上线。上云后，拓斯达的业务上线速度整体提升，利用云MES实现了厂线自动排产报工，提高了生产效率。同时，云上设计仿真让设计工作更加方便、快速，且大大降低了投入成本。在自身智能化转型成功之后，拓斯达与华为云展开合作，转身成为智能制造综合服务商，为制造企业提供智能工厂整体解决方案。

2）数码大方CAXA研发制造上云

（1）企业介绍：北京数码大方科技股份有限公司（以下简称"数码大方"）是中国自主的设计制造工业软件公司，提供数字化设计CAD、数字化管理PLM和数字化制造MES等产品及服务，贯通企业研发设计和生产制造全流程，赋能智能制造和数字化转型及数智化创新人才培养。

（2）面临挑战：数码大方面临设计工具正版化、自研替代要求高、设计效率不足、设计工具不统一、标准化执行难、工艺管理欠缺、生产计划复杂、设备管理不足、异常处理不及时、质量问题记录困难的问题。

（3）解决方案：数码大方基于华为云构建研发制造一体化解决方案，如图6 - 16所示。该方案为用户提供CAD，PLM，MES等多个云上业务系统，各系统通过公有云实现数据互连互通，打破系统隔阂，支持系统的在线更新，云资源可以按需使用，在云上统一运维，保障数据安全。

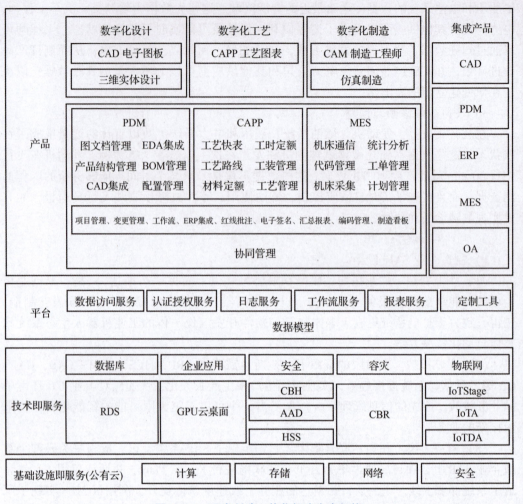

图 6-16　研发制造一体化解决方案架构

模型即服务

模型即服务（Model as a Service，MaaS）是一种新兴的服务模式，是智能云体系架构的组成之一。作为 AI 时代的基础设施，MaaS 为下游应用提供安全、高效、低成本的模型使用与开发支持。用户可以直接在云端调用、开发与部署模型，而无须投资构建和维护自己的模型所需的基础设施、硬件和专业知识。

MaaS 提供丰富的基础 AI 云服务，赋予了企业定制开发 AI 应用的能力，支撑各行业生产力变革。随着 ChatGPT 等 AI 大模型的涌现，AI 2.0 时代已经来临，各行业都在积极探索更加智能化、自动化的 AI 大模型应用落地。在政府、金融、制造等行业，智能办公、文档写作等应用需求日益增长，而智能交互、应用商店则成为零售电商、文娱等行业的关键需求。针对这些 AI 应用需求，MaaS 提供了丰富的基础 AI 云服务，赋予了企业定制开发 AI 应用的能力，企业只需要选择需要的 AI 应用类型和功能，上传企业专有训练数据，即可获得企业专属的 AI 应用，这进一步降低了企业开发专属 AI 应用的难度。

学习笔记

【赛证延伸】 竞赛： 全国职业院校技能大赛 "大数据应用开发"

1. "大数据应用开发" 赛项介绍

"大数据应用开发" 赛项涉及的典型工作任务包括大数据平台搭建、离线数据处理、数据挖掘、数据采集与实时计算、数据可视化、综合分析。

2. "大数据应用开发" 赛项对 "大数据" 的利用和要求

"大数据应用开发" 赛项围绕大数据相关产业的实际技能需求，主要分为以下模块。

（1）大数据平台搭建：在容器环境中对大数据平台及相关组件的安装、配置、可用性进行验证。

（2）离线数据处理：完成离线数据抽取、数据清洗、数据指标统计等操作。

（3）数据挖掘：运用常用的机器学习方法对数据进行数据挖掘。

（4）数据采集与实时计算：基于 Flume 和 Kafka 进行实时数据采集，使用 Scala 开发语言完成实时数据流相关数据指标的分析、计算等操作，并存入 HBase、Redis、MySQL。

（5）数据可视化：使用 Vue.js、ECharts 等工具进行数据可视化。

（6）综合应用：结合实际应用场景，完成离线和实时数据处理。

单元测评

1. 工业大数据测评的主要目的是（　　　）。

A. 评估工业数据的存储能力

B. 分析工业数据的价值和应用潜力

C. 测试工业数据的安全性

D. 比较不同工业数据源的质量

2. 在进行工业大数据测评时，（　　）不是必须考虑的因素。

A. 数据的实时性 　　　　　　　　　B. 数据的完整性

C. 数据的格式和标准化程度 　　　　D. 数据的来源和采集方式

3. 在工业大数据测评中，数据质量评估的关键指标不包括（　　）。

A. 数据的准确性 　　　　　　　　　B. 数据的时效性

C. 数据的可解释性 　　　　　　　　D. 数据的多样性

4. （　　）不是工业大数据测评中常用的数据处理技术。

A. 数据清洗 　　　　B. 数据集成 　　　　C. 数据可视化 　　　D. 数据加密

5. 为了保障工业大数据测评结果的准确性和可靠性，（　　　）是可以采取的措施。

A. 使用多种测评工具和方法进行交叉验证

B. 确保测评环境的稳定性和一致性

C. 对测评结果进行主观判断和调整

D. 公开测评过程和结果，接受外部监督

6. 工业大数据测评的结果可以用于（　　）。

A. 指导工业数据的应用和开发 　　　B. 优化工业生产流程和提高生产效率

C. 评估工业企业的数据治理水平 　　　D. 制定工业数据的相关政策和标准

练习思考

1. 工业大数据的定义是什么？它有什么特点？
2. 云计算有什么特点？它和大数据有什么关系？

考核评价

情境六单元3考核评价表见表6－4。

表6－4　情境六单元3考核评价表

环节	项目	标准分值	实际分值
课前（20%）	平台讨论	10	
	平台资源学习	10	
课中（60%）	课堂考勤	10	
	课堂问题参与	10	
	数字技术应用能力、协作意识	10	
	单元测评	10	
	小组任务	20	
课后（20%）	练习思考	10	
	"赛证延伸"实施	10	
总评		100	

单元4　MES

政策引导

2021年12月，工业和信息化部联合国家发展和改革委员会等八部门印发《"十四五"智能制造发展规划》，提出"要聚力研发工业软件产品，多方联合开发面向产品全生命周期和制造全过程的核心软件"，其中包括 MES 的研发。MES 是企业信息集成的纽带，是实施企业敏捷制造战略和实现车间生产敏捷化的基本技术手段。MES 适用于不同行业（家电、汽车、半导体、通信、信息技术、医药），能够对单一的大批量生产和既有多品种小批量生产又有大批量生产的混合型制造企业提供良好的企业信息管理支持。本单元主要介绍 MES 的概念、功能、发展历程和应用。

三维目标

■ 知识目标

（1）掌握 MES 的概念和功能。
（2）了解 MES 的发展历程、应用案例。

■ 能力目标

（1）能够针对不同的行业分析 MES 的功能。
（2）能够操作 MES 完成下单等任务。

■ 素质目标

（1）通过 MES 功能的分解，培养学生的逻辑思维能力。
（2）通过 MES 界面认知，培养学生的数字化管理能力。

MES 的概念及应用
（视频）

知识学习

6.4.1　MES 基础

1. MES 的定义

MES 最早由美国先进制造研究机构（Advanced Manufacturing Research，AMR）提出。MES 作为面向车间的制造执行系统，是实现智能制造的关键一环。制造执行系统协会（Manufacturing Execution System Association International，MESA）在 1997 年开始陆续发表有关 MES 的白皮书，对 MES 的定义进行了详细的描述：MES 能通过向上层或下层系统传递信息的方式，对从接收订单、下达订单直到产品制造完成的整个生产过程进行优化管理。MES 能捕捉车间实时发生的事件，快速对发生的事件做出反应，并向系统报告，利用收集的数据对生产过程进行指导和管理。

MES 通过集成上层 ERP 系统和下层现场过程控制系统（Field Process Control System，FPCS），将企业信息集成为三层功能模型（图 6 - 17），打破企业内部信息孤岛，通过透明的物料流实现计划精确执行，通过连续的信息流实现企业信息集成，通过生产过程的整体优化实现完整的生产闭环。现场控制层主要包括 PLC、系列计量及检测仪器仪表、条形码、机器手臂、数据采集器等。

在 MES 三层功能模型中，计划层的主要功能是为生产企业提供全面的管理和决策，强调企业的计划，根据客户的订单和市场的需求，调动企业资源，合理生产，减少库存，

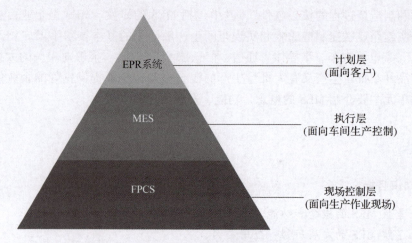

图 6-17　MES 三层功能模型

提高产品周转率；现场控制层直接负责工厂车间的生产管理控制；执行层是沟通计划层与现场控制层的信息管理系统，能够为车间管理人员提供生产计划的管理、跟踪，主要功能是进行生产管理和资源调度，其他功能还有装配、包装、物料跟踪。

2. MES 的发展历程

MES 的起源可以追溯到 20 世纪 60 年代，当时美国的德纳公司（Dana Corporation）为了解决生产过程中的信息传递问题，开发了第一个 MES。随后，随着计算机技术的发展，MES 逐渐成为制造业生产过程的重要组成部分。从 20 世纪 90 年代开始，随着全球化竞争的加剧，MES 在全球范围内得到了广泛的应用和推广。

MES 可以反映各环节活动和交换数据的节点，实时贯通各环节，是工厂所有活动的核心，也是智能制造、工业 4.0 和中国制造 2025 的基础性管控平台。然而，通用的 MES 由于缺乏工业知识、缺少制造经验、缺失解决行业瓶颈问题的能力，实施效果普遍达不到预期。另外，随着智能制造的高速发展，企业对 MES 的需求也从以往的生产管理、协调生产管理推进到制造营运管理。近年来在工业 4.0 的背景下，MES 在生产运营环境中的核心作用及其在工业物联网和服务互联网发展下的功能又进一步扩充，到目前为止，在智能制造、信息化和成熟工业系统的推动下，MES 的发展经历了专用 MES、集成 MES、可集成 MES 及智能 MES 四个阶段。

（1）专用 MES（Point MES）：主要针对某个特定领域的问题而开发，如车间维护、生产监控、有限能力调度或 SCADA 等。专用 MES 的弊端在于模块可重用性较低，无法与其他应用系统集成，因此它并未得到大面积推广，越来越多的研究人员将研究重点转向集成化 MES。

（2）集成 MES（Integrated MES）：起初是针对特定的、规范化的环境而设计的，目前已拓展到许多领域，如航空航天、装配、半导体、食品和卫生等行业，在功能上它已实现了与上层事务处理系统和下层实时控制系统的集成。集成 MES 比专用 MES 迈进了一大步，具有良好的集成性、统一的数据模型等。然而，人们在对 MES 的结构和框架的进一步探索中发现，很多企业因为市场环境的变化对自身生产规模和形式、主体业务或者相关规则做出一定改变，造成专用 MES 现实生产需要，面临生产资源快速重组的问题，为此，许多专家学者进行探索，在集成 MES 的基础上延伸了一种新模式，即可集成 MES。

（3）可集成 MES 系统（Integratable MES，I–MES）：是一种通过对软件进行配置的方式进行生产业务的定制，利用企业需求和生产特点将模块连接在一起而建立的可配置系统。它将模块化和组件技术应用到 MES 的开发中，是两类传统 MES 的结合。从表现形式上看，可集成 MES 具有专用 MES 的特点，即可集成 MES 的部分功能可以作为可重用组件单独销售。同时，它又具有集成 MES 的特点，即能实现上、下两层之间的集成。此外，可集成 MES 还具有客户化、可重构、可扩展和互操作等特性，能方便地实现不同厂商之间的集成和原有系统的保护以及即插即用（P&P）等功能。

（4）智能 MES（Intelligent MES）：是在工业物联网和服务互联网的引领下发展起来的新产物，其核心目标是通过更精确的过程状态跟踪和更完整的数据记录来获取更多的数据，以更方便地进行生产管理，它通过分布在设备中的智能来保证车间生产的自动化。

目前，人们正在发展下一代 MES。其显著特点是强调生产同步性（协同），支持网络化制造。它通过 MES 引擎在一个和几个地点进行工厂的实时生产信息和过程管理以协同企业的所有生产活动，建立过程化、敏捷化、有效的组织和级别化的管理，使企业的生产经营达到同步化。

今后，MES 作为智能工厂信息技术的核心软件和运行平台，将继续受到新一代信息技术（如大数据、云计算、物联网、操作技术、移动应用等）发展趋势的深刻影响。未来，将层级架构转变为网状控制结构是 MES 发展的重要方向。

第十四届 MES 开发与应用专题研讨会认为，MES 在未来将有如下发展趋势。

（1）MES 具有整体优化的计划与设计、事件能触发的实时数据处理、应对突发事件的实时调度、生产状态的实时监控等四大功能，这也是实现智能制造的重要基础。

（2）工业 4.0 体现了纵向、横向、端到端的集成，MES 也将体现纵向、横向的综合集成。

（3）MES 构建全流程订单跟踪、全流程质量跟踪与控制、全流程资源供应与物料、生产计划与排程、成品发货计划"五个一贯"的管理模式。

（4）以 MES 为核心的整体架构涵盖以下方面：基于知识的制造智能闭环管理，用于改善工艺；基于知识的设备预防性维修管理，用于支持制造现场多工序一贯质量控制分析；集中智慧监控与可视化；CPS 管控一体化，用于改善在线表面检测质量控制；预测制造的工厂生产仿真系统；移动应用，用于实现智能化的设备点检管理，以及备件全生命周期跟踪管理；实时可视化的智慧供应链；与无人化行车仓库的有机集成。

MES（动画）

（5）将当前的 MES 层级架构变为网状控制结构是 MES 发展的终极目标。

6.4.2　MES 功能模块

MES 功能模块是随着 MES 理论和体系的完善，以及生产制造管理新需求的出现而不断被完善、扩充的。最初的 MES 仅包含 4 个功能模块：工厂管理功能模块、工厂工艺设计功能模块、过程管理功能模块以及质量管理功能模块。

德国工程师协会根据"VDI 指南 5600"对 MES 可以完成的任务进行了粗略的概述，主要划分了订单管理、计划和精细控制、资源管理、物资管理、人力资源管理、数据采集、绩效分析、质量管理、信息管理等主要功能。

根据国家标准《智能化生产车间通用性技术标准》和《智能工厂通用性技术标准》，全方位的 MES 需要具有产品和加工工艺管理方法、方案生产调度、企业生产管理、原材料仓储管理、产品质量管理、生产车间设备维护管理等基础控制模块。除此之外，MES 还可以包含生产制造资源优化配置等控制模块。针对智能制造系统的 MES，还务必具有信息系统集成和机器设备插口控制模块，否则无法建立生产车间内部各种信息内容的互连互通，支撑智能车间所需要的智能化生产调度、数据可视化等应用。

之后，MESA 对 MES 的标准化模型进行研究与开发，将 MES 功能模型扩充到了 11 个功能模块，如图 6-18 所示，这也奠定了 MES 的基本集成模型的基础。此后，MES 开发商对 MES 的功能开发均以这 11 个功能模块为基础进行扩充与延展。

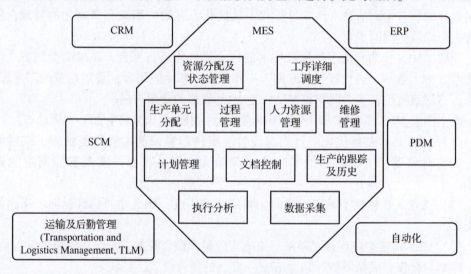

图 6-18　MES 功能模型

在我国行业标准 SJ/T 11666.9—2016 中对机械加工 MES 的功能进行了分析和定义，具体包括如下 17 个功能（其中带"＊"标识的为可选配功能）。

（1）基础数据管理：实现系统运行所必需的基本配置和公用基本数据的管理。具体功能包括公共数据管理、资源管理、物料数据管理、产品数据管理和工艺数据管理。

（2）生产计划管理：负责车间产成品计划的编制。具体功能包括订单管理、车间主计划制定、生产组批次管理、生产准备管理、订单跟踪。

（3）详细作业调度：负责车间作业计划的编制，从微观和执行角度对作业计划内容进行明确，帮助生产调度人员快速合理地调整作业计划。具体功能包括作业计划的创建、作业计划排程、物料齐套检查。

（4）生产分派管理：负责车间流转卡生成及维护，安排人员、设备、工装、刀具、物料，帮助生产人员下发任务，生成生产单据，满足现场生产管理的需要。具体功能包括工序流转卡管理、工票管理、领料单管理。

（5）操作管理：反馈车间的生产完成情况，监控生产过程中的操作。具体功能包括作业计划执行、作业计划跟踪、放错预警、工作日志。

（6）现场数据采集：实时采集生产现场的数据。具体功能包括生产状态信息采集、物料状态信息采集、资源状态信息采集、质量状态信息采集、人员状态信息采集和工艺状态信息采集。

（7）产品跟踪管理（*）：跟踪产品的生产过程。具体功能包括可视化监控和物料追溯。

（8）质量管理：通过对车间生产节点的质量控制，确保产品质量符合标准。具体功能包括基础数据管理、质检计划管理、质检派发管理、质检执行管理、质检信息采集、质检跟踪追溯、质检决策分析。

（9）车间物料管理：管理车间内的物料流动。具体功能包括基础数据管理、库存作业计划、库存操作管理、库存信息采集、库存物料跟踪、库存决策分析。

（10）设备管理：监控设备状态，进行预防性维护。具体功能包括设备基础信息、设备运用管理、备件管理、设备故障管理、设备维修、统计分析。

（11）工装管理（*）：管理工具和工装。具体功能包括工装基础数据管理、工装运用管理、工装库存管理、工装检验管理、工装维护管理和工装统计分析。

（12）刀具管理（*）：在车间范围内为刀具基础数据和业务过程提供管理。具体功能包括刀具基础数据管理、刀具运用管理、刀具库存管理、刀具刃磨管理和刀具统计分析。

（13）劳动力管理（*）：对车间人力资源进行动态了解和管理。具体功能包括基础数据管理、车间考勤管理、车间工资管理、人事变动管理、劳动力统计分析。

（14）文档管理（*）：管理生产相关工作说明、图纸、工艺文件、加工程序等文档。具体功能包括文档获取和文档浏览。

（15）车间成本管理（*）：监控和优化车间成本。具体功能包括成本基础数据管理、成本维护费用管理、成本计算管理、成本统计分析。

（16）绩效管理（*）：汇总并整合生产、质量、库存等数据，提供各类分析评价报告。具体功能包括生产绩效管理、质量绩效管理、库存绩效管理、维护绩效管理。

（17）系统管理：一方面系统平台为管理员提供用户赋权相关功能集合，另一方面用户通过有效身份识别进入系统平台，并区分相应权限和功能。具体功能包括系统基础数据管理、用户权限配置、人员认证管理、日志管理。

6.4.3 MES 的应用

1. 国外应用

西方国家的工业信息化开始得比较早，因此在 MES 应用方面有较好的实施案例，相关企业从中获得了较大收益。

从 20 世纪 80 年代后期开始，传统的 MES 逐渐被大众接受，每年的市场销售额均大幅增长。在这个过程中，因为市场更急于将企业的大多数问题一起解决，所以相较于专用 MES，集成 MES 更畅销，且其销售额增幅较大。在 1995 年，可集成 MES 的引入使集成 MES 市场份额减小，到 1999 年，可集成 MES 达到 35 亿美元的市场份额。

21 世纪以来，AMR 提出了 MES 要重点面向车间生产问题，并相继出现了一系列的 MES 开发公司和产品。例如，美国 Consilium 公司面向半导体和电子行业相继开发了 workstrema（MESI）和 AFB300（MESII）；美国 Honeywell 公司面向制药行业开发了 POMSMES；美国 Intellution 公司面向多种行业开发了 Fix for Windows；美国 Rockwell 公司开发了 RSsql，RSBatch，Arena 等；日本横河电机公司面向石油相关行业开发了终端自动化系统 Exatas。

2. 国内应用

我国在 20 世纪 90 年代初期就开始对 MES 和 ERP 系统进行跟踪研究，推广应用试点，还曾提出了"管控一体化"等具有中国特色的 CIMS，MES，ERP，SCM 等管理理念。

20 世纪 70—80 年代的 MES 以工厂自动化为主，20 世纪 80—90 年代的 MES 以管理信息为主。21 世纪初，为了提升工厂自动化水平，MES 的开发与推广应用引起政府及业界的重视。我国已制定和执行"十五"企业信息化建设任务，并开发了一些相对成型、成熟和有规模、有影响的国产 MES 产品及相关软件。

然而，我国大部分制造企业仍过度依赖人力进行生产，这就导致收集完整的、可靠的、经过过滤和分析的信息非常困难。此外，制造企业的信息系统都是由许多独立、多品牌的子系统组成的，包括基于事务处理的子系统（如 ERP 系统）和基于实时操作的工厂子系统，集成的难度非常高。

为了解决这一困难，从 2002 年开始，国家 863 CIMS 高新科技研发计划将 MES 作为重点发展项目，并出台了具体扶持办法，从战略的高度给予了相当的重视，提出信息化带动工业化，以促进信息化的发展战略，将信息流、物流、资金流实现最佳集成。例如，我国科学技术部在"十五"863 项目中首次资助宝信企业通过与大学院校合作，采用产、学、研相结合的办法，进行冶金企业 MES 产品化软件的研究工作，形成了具有独立知识产权的 MES 产品化软件，并在全国钢铁企业进行成功的实施，取得直接效益 8.6 亿元左右人民币，填补了国内冶金行业在 MES 研究和产品化应用方面的空白。

目前来看，我国 MES 行业市场增长良好，受益于我国智能制造及数字经济等重大战略的实施，正在迎来新的发展机遇，市场规模仍将快速增长。随着信息技术的高速发展，MES 的应用范围迅速扩大，未来离散型行业将是 MES 市场开拓的重点。此外，在市场竞争方面，内资企业追赶外资企业的局面仍在持续，未来内资企业有望通过兼并扩大市场份额。

3. MES 应用案例

图 6-19 所示为机械加工智能生产线中的 MES 界面，该 MES 具有系统管理、计划管理、工艺资源管理、设备管理、质量管理、刀具和库存管理等模块。

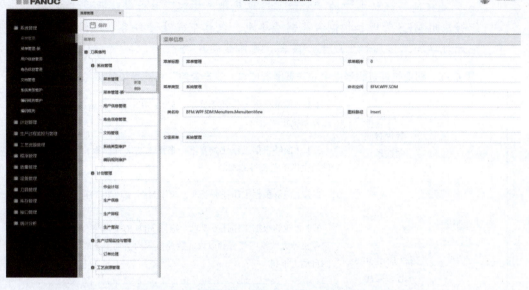

图 6-19　机械加工智能生产线中的 MES 界面

　　系统管理模块主要负责对菜单界面、用户信息、角色信息、文档信息等进行管理。计划管理模块主要包括作业计划、生产排程、生产查询、生产统计等功能，负责生产订单的下达和生产过程的监控与生产数据的统计。工艺资源管理模块包括工作日历、工厂布局、生产线设置、产品 BOM、物料主数据、工艺路线和工艺路线明细等内容。设备管理模块主要用于降低设备维修保养成本，提升设备使用效率，包括基础数据和预防性维护与检查、维修管理、设备 OEE 等功能。质量管理模块主要用于对生产节点进行管控，对车间的半成品、成品进行管理，保证产品加工质量，包括设备质检台账、质检 SPC、质检参数、质检任务管理和统计分析等功能。

MES 的智能化

　　MES 的智能化是当前的重要发展方向之一。通过引入 AI、机器学习和大数据分析等技术，MES 能够实现对生产过程的智能监控和预测。其具体表现如下：①实时预测设备故障：通过数据分析，MES 可以实时预测设备的故障情况，提前安排维护，缩短停机时间；②优化生产计划：利用 AI 算法，MES 可以优化生产计划，提高生产效率，减少资源浪费；③智能决策支持：MES 可以根据实时数据，提供智能决策支持，帮助管理者做出更科学的决策。

　　某大型制造企业引入了智能化 MES 后，利用机器学习算法对生产数据进行分析，成功实现了生产计划的优化。MES 能够根据实时数据自动调整生产计划，将生产效率提高了约20%。此外，通过实时监控设备运行状态，MES 提前预测并处理了多次潜在设备故障，显著缩短了设备停机时间，提高了设备利用率。

【赛证延伸】 证书：1+X "智能制造生产管理与控制"（1）

1. 职业技能等级证书中的"智能制造单元生产管理"技能等级要求（中级）

能够应用 MES 管理和控制智能制造单元，包括下发生产任务、返修和调整订单、统计订单加工信息和生成生产报告，具体见表 6-5。

表 6-5　职业技能等级证书中的"智能制造单元生产管控"技能等级要求（中级）

3. 智能制造单元管控	3.1 应用 MES 管理智能制造单元	3.1.1 能够根据工作任务要求，应用 MES 进行设备故障的排查，保障系统正常运行
		3.1.2 能够根据工作任务要求，根据工艺文件模板，完成加工零件的生产工艺文件的编制
	3.2 应用 MES 控制智能制造单元	3.2.1 能够根据工作任务要求，应用 MES 实现生产任务的下发
		3.2.2 能够根据工作任务要求，应用 MES 的手动排程功能，实现工业机器人快换工具自动取放、数控机床的自动上下料和立体仓库的自动上下料
		3.2.3 能够根据工作任务要求，应用 MES 实现订单管理，按照据工艺流程调整要求及加工结果，对零件订单进行返修和调整
		3.2.4 能够根据工作任务要求，对零件订单加工信息进行统计，并生成生产报告，满足管控要求

2. 赛题中的 MES 考核要求

在模块二的"智能制造单元管控"任务中需要操作 MES 进行产品及其零件创建、零件加工工艺创建、生产订单创建、料仓盘点、排产和工单下发，完成基座零件加工生产管控。MES 下发订单界面如图 6-20 所示。

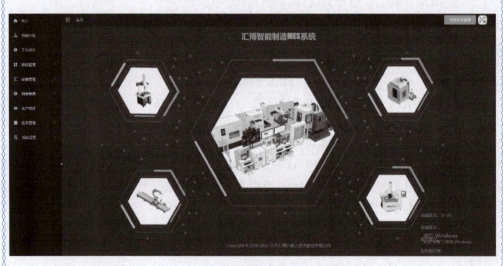

图 6-20　MES 下发订单界面

单元测评

1. （   ） 不是 MES 的典型功能。

A. 实时生产数据监控   B. 产品质量管理

C. 原材料采购管理   D. 生产调度与优化

2. MES 与 ERP 系统协同工作的关系是（   ）。

A. MES 提供实时生产数据给 ERP 系统，ERP 系统进行长期规划

B. ERP 系统制定生产计划，MES 负责执行并反馈

C. 两者独立工作，不互相通信

D. MES 主导生产计划，ERP 系统负责资源分配

3. 在智能制造环境中，MES 支持个性化定制的方式是（   ）。

A. 通过灵活的生产线进行配置和调度

B. 利用大数据分析和预测客户需求

C. 直接与客户系统对接，获取定制信息

D. 以上都是个性化定制的支持方式，但 A 项是 MES 直接相关的功能

4. （判断）MES 能够提供生产过程中的实时数据，帮助提高生产效率。 （   ）

5. （判断）在数字化生产管理中，MES 和 ERP 系统的功能重叠，可以相互替代。
（   ）

练习思考

1. MES 的基本定义和核心功能是什么？

2. MES 在智能制造体系中的作用是什么？MES 如何与其他系统（如 ERP 系统、SCADA 系统）协同工作？

考核评价

情境六单元 4 考核评价表见表 6-6。

表 6-6　情境六单元 4 考核评价表

环节	项目	标准分值	实际分值
课前（20%）	平台讨论	10	
	平台资源学习	10	
课中（60%）	课堂考勤	10	
	课堂问题参与	10	
	逻辑思维、数字化管理能力	10	

环节	项目	标准分值	实际分值
课中（60%）	单元测评	10	
	小组任务	20	
课后（20%）	练习思考	10	
	"赛证延伸"实施	10	
总评		100	

单元 5　ERP

 政策引导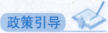

2017 年 1 月，工业和信息化部发布《关于进一步推进中小企业信息化的指导意见》，提到要"进一步推广经营管理信息化软件（ERP/OA/CRM 等）的应用，并逐步向商业智能（BI）转变，全面优化业务流程，推动关键环节的整合与创新，提高经营效率和管理水平"。

ERP 对企业的发展和运营有着极其重要的意义。ERP 系统能够整合企业内部的各种资源，包括人力、物力、财力等，使企业的各部门之间能够协同工作，打破信息孤岛，有效提高企业的运营效率和管理水平。本单元主要介绍 ERP 的发展历程、概念、ERP 系统的功能模块，ERP 的发展趋势和应用。

三维目标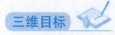

■ **知识目标**

（1）了解 ERP 的基本概念和类型。
（2）熟悉 ERP 的应用领域。

■ **能力目标**

（1）能够对比 ERP 系统不同发展历程的区别和变化。
（2）能够使用 ERP 系统的生产管理功能。

■ **素质目标**

（1）通过从不同角度对 ERP 进行定义，培养学生的多元视角和开放思维。
（2）通过对 ERP 发展历程的介绍，培养学生的综合应用能力。

6.5.1 ERP 的发展历程及概念

1. ERP 的概念

ERP 的概念及应用
（视频）

到目前为止，还没有关于 ERP 的统一定义。可以从管理思想、软件产品、系统 3 个层次来理解 ERP 的概念。

（1）ERP 思想是由美国加特纳公司在 20 世纪 90 年代提出的一整套企业管理系统体系标准，其实质是在 MRP Ⅱ 的基础上进一步发展而成的面向供应链的管理思想。

（2）ERP 软件产品是综合应用了 C/S 体系、关系数据库系统、网络通信等信息技术，以 ERP 管理思想为灵魂的软件产品。

（3）ERP 系统是整合了企业管理理念、业务流程、基础数据、人力物力、计算机硬件和软件于一体的信息管理系统。

概括地说，ERP 系统是指建立在信息技术的基础上，利用现代企业的先进管理思想，全面地集成了企业所有资源信息，为企业提供决策、计划、控制与经营业绩评估的全方位和系统化的管理平台；ERP 系统集信息技术与先进的管理思想于一身，成为现代企业的运行模式，反映对企业资源的合理调配，是企业在信息时代生存、发展的基石。

在企业资源中，厂房、生产线、加工设备、检测设备、运输工具等是企业的硬件资源，人力、管理、信誉、资金、组织结构等是企业的软件资源。在企业的运行发展中，这些资源相互作用，形成企业进行生产活动、完成客户订单、实现增值的基础。

ERP 系统的管理对象便是上述各种资源及生产要素，ERP 系统使企业能够及时、高质量地完成客户的订单，最大限度地发挥企业资源的作用，并根据客户订单及生产状况做出调整企业资源的决策。

2. ERP 的发展历程

20 世纪 30 年代，物料库存计划通常采用订货点法。所谓订货点法，就是对生产中需要的各种物料，根据生产需要量及其供应和存取条件，规定一个安全库存量和订货点库存量，各种物料的库存量在日常消耗中不得小于它的安全库存量。随着物料逐渐被耗用，当剩余的库存量可供耗用的时间刚好等于订货所需时间时，就要下达订单（包括加工单和采购单）以补充库存，这时的库存量称为订货点，即订货提前期的消耗量和安全库存之和。订货点法主要根据历史记录或经验来推测未来的需求，适用于需求或消耗量比较稳定的物料，但对需求量随时间变化的物料，由于订货点会随消耗速度的快慢而增减，所以订货点法并不适用。订货点法原理如图 6-21 所示。

很明显，订货点法之所以会造成库存过多的问题是它没有按照各种物料真正需用的时间来确定订货日期，因此往往会造成较多的库存积压。于是，人们提出了这样的问题："怎样才能在规定的时间、规定的地点、按照规定的数量得到真正需用的物料？"

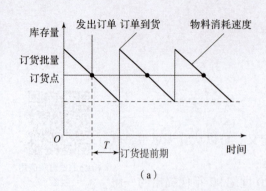

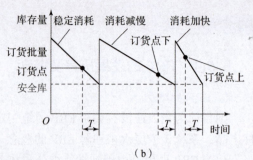

(a)   (b)

图 6-21　订货点法原理
(a) 稳定的物料消耗；(b) 变化的物料消耗

换句话说，库存管理怎样才能符合生产计划的要求？这是当时生产与库存管理专家们不断探索的核心问题。在订货点法的基础上，ERP 经过了 5 个发展阶段。

1）基本 MRP 阶段（20 世纪 60 年代）

基本 MRP 仍然被作为一种库存订货计划方法，在这一阶段中，实现了从订货点法到 MRP 的转化。MRP 作为一种库存订货计划可以回答 4 个问题："要生产什么""要用到什么""已经有了什么，还缺什么""什么时候下达计划"。

2）闭环 MRP 阶段（20 世纪 70 年代）

闭环 MRP（closed-loop MRP）在基本 MRP 的基础上增加了能力需求计划，并以此为反馈，它不仅被作为库存订货计划方法，还可以实现生产计划与控制功能。

3）MRP Ⅱ 阶段（20 世纪 80 年代）

MRP Ⅱ 的英文缩写是为了区别于 MRP。MRP Ⅱ 涵盖的管理范围更加广泛，是一种企业经营生产管理计划系统。它增加了对企业生产中心、加工工时、生产能力等方面的管理，以实现使用计算机进行生产排程的功能，同时将财务的功能囊括进来，可以动态监察产、供、销的全部生产过程。

4）ERP 阶段（20 世纪 90 年代）

ERP 弥补了 MRP Ⅱ 的缺陷，对物流、资金流、信息流进行全面集成管理，配合企业实现 JIT 管理、全面质量管理和生产资源调度管理及辅助决策的功能，成为企业进行生产管理及决策的平台工具。

5）ERP Ⅱ 阶段（21 世纪初）

ERP Ⅱ 是 ERP 发展的最新阶段。随着 Internet 的应用和普及，电子商务、SCM、SCM、电子化采购等前端应用系统的出现，迫切需要以 ERP 为后台核心，实现这些系统的无缝集成。

图 6-22 所示为 ERP 的 5 个发展阶段（图中标注的年代只作参考）。

6.5.2　ERP 系统的功能模块

1. 财务管理模块

财务管理模块是 ERP 系统的核心模块，用于管理企业的财务活动和资金流动，具体包含以下功能。

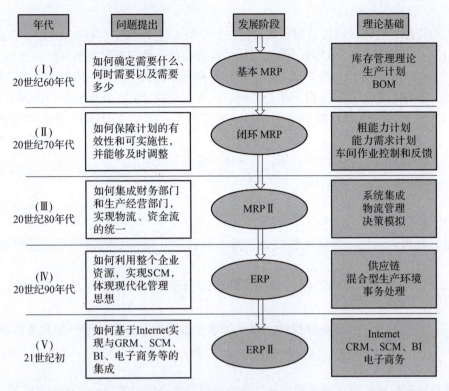

年代	问题提出	发展阶段	理论基础
（Ⅰ） 20世纪60年代	如何确定需要什么、何时需要以及需要多少	基本 MRP	库存管理理论 生产计划 BOM
（Ⅱ） 20世纪70年代	如何保障计划的有效性和可实施性，并能够及时调整	闭环 MRP	粗能力计划 能力需求计划 车间作业控制和反馈
（Ⅲ） 20世纪80年代	如何集成财务部门和生产经营部门，实现物流、资金流的统一	MRP Ⅱ	系统集成 物流管理 决策模拟
（Ⅳ） 20世纪90年代	如何利用整个企业资源，实现SCM，体现现代化管理思想	ERP	供应链 混合型生产环境 事务处理
（Ⅴ） 21世纪初	如何基于Internet实现与GRM、SCM、BI、电子商务等的集成	ERP Ⅱ	Internet CRM、SCM、BI 电子商务

图 6 – 22 ERP 的 5 个发展阶段

（1）总账管理：记录所有财务交易；生成总账、分类账和明细账；支持多币种、多会计准则的财务处理；自动生成财务报表（如资产负债表、利润表、现金流量表）。

（2）应收应付管理。

①应收账款：管理客户账单，收款，进行信用控制。

②应付账款：管理供应商账单，付款，进行发票核对。

（3）固定资产管理：记录固定资产的购置、折旧、报废和转移；自动计算折旧费用；生成资产报表。

（4）成本管理：核算生产成本、销售成本和管理费用；支持标准成本法、实际成本法和作业成本法。

（5）预算管理：制定财务预算，监控预算执行情况；支持预算调整和偏差分析。

2. 供应链管理模块

供应链管理模块用于优化从采购到交付的整个流程，具体包含以下功能。

（1）采购管理：管理采购申请、采购订单、供应商报价和合同；支持供应商评估和采购成本分析。

（2）库存管理：实时监控库存水平，支持多仓库管理；提供库存预警、批次管理和保质期管理；支持库存盘点、调拨和报废。

（3）销售管理：管理销售订单、报价、合同和发货；支持客户信用管理和销售预测。

（4）物流管理：优化运输路线和配送计划；管理运输费用和承运商。

3. 人力资源管理模块

人力资源管理模块覆盖从招聘到退休的整个员工生命周期，具体包含以下功能。

（1）招聘管理：发布职位，筛选简历，安排面试；管理招聘渠道和招聘成本。

（2）员工信息管理：维护员工档案、合同和考勤记录；支持组织架构和职位管理。

（3）薪酬管理：计算工资、奖金和福利；支持个税计算、社保缴纳和薪酬报表。

（4）绩效管理：制定绩效考核指标，评估员工绩效；支持360°评估和绩效改进计划。

（5）培训管理：制定培训计划；管理培训资源和效果。

4. CRM 模块

CRM 模块用于帮助企业管理和分析客户关系，提升客户满意度，具体包含以下功能。

（1）销售自动化：管理销售线索、商机和客户互动；支持销售漏斗分析和销售预测。

（2）市场营销：策划营销活动，管理营销预算；分析营销效果，生成客户细分报告。

（3）客户服务：管理客户投诉、服务请求和售后服务；支持客户满意度调查和服务水平协议（Service Level Agreement，SLA）管理。

5. 项目管理模块

项目管理模块适用于项目型企业，支持项目全生命周期管理，具体包含以下功能。

（1）项目计划：制定项目计划，分配任务和资源；支持甘特图、关键路径法（Critical Path Method，CPM）等工具。

（2）项目跟踪：监控项目进度、成本和质量；支持项目风险管理和问题跟踪。

（3）项目结算：核算项目成本，生成项目结算报告；支持项目利润分析和绩效评估。

6. 报表与分析模块

报表与分析模块用于提供数据驱动的决策支持，具体包含以下功能。

（1）财务报表：生成资产负债表、利润表和现金流量表；支持财务比率分析和趋势分析。

（2）业务分析：提供销售、库存、生产等方面的分析报告；支持多维数据分析和数据可视化。

（3）决策支持：通过数据挖掘和预测分析支持管理层决策；支持自定义报表和仪表盘。

7. 系统管理模块

系统管理模块用于确保 ERP 系统的安全性和稳定性，具体包含以下功能。

（1）用户权限管理：设置用户角色和权限，确保数据安全；支持单点登录（Single Sign-On，SSO）和多因素认证（Multi-Factor Authentication，MFA）。

（2）数据备份与恢复：定期备份数据；支持灾难恢复。

（3）系统配置：根据企业需求配置系统参数和业务流程。

（4）日志管理：记录用户操作和系统事件；支持审计。

8. 其他模块

（1）电子商务：集成在线销售、支付和订单管理功能；支持多渠道销售（如电商平台、社交媒体）。

（2）移动应用：提供移动端访问；支持远程办公和实时数据更新。

（3）物联网集成：连接生产设备和传感器，实现智能制造。

（4）AI 与机器学习：支持预测分析、自动化流程和智能推荐。

6.5.3 ERP 的发展趋势和应用

1. ERP 的发展趋势

ERP 代表了当代的先进企业管理模式与技术，并能够解决企业提高整体管理效率和市场竞争力的问题。近年来 ERP 系统在国内外得到了广泛推广应用。随着信息技术、先进制造技术的发展，企业对 ERP 的需求日益增加，进一步促进了 ERP 向新一代 ERP 的发展。ERP 的发展趋势如下。

（1）ERP 与 CRM 的进一步整合。ERP 将更加面向市场和面向客户，通过基于知识的市场预测、订单处理与生产调度、基于约束的调度功能等进一步提高企业在全球化市场环境中的优化能力；进一步与 CRM 结合，实现市场、销售、服务的一体化，使 CRM 的前台客户服务与 ERP 后台处理过程集成，提供客户个性化服务，使企业具有更高的客户满意度。

（2）ERP 与电子商务、供应链、协同商务的进一步整合。ERP 将面向协同商务，支持企业与贸易共同体的业务伙伴、客户之间的协作，支持数字化的交互过程。ERP 的 SCM 功能将进一步加强，并通过电子商务进行企业供需协作。ERP 将支持企业面向全球化市场环境，建立供应商、制造商与分销商间基于价值链共享的新伙伴关系。

（3）ERP 与 PDM 的进一步整合。PDM 将企业中的产品设计和制造全过程的各种信息、产品不同设计阶段的数据和文档组织在统一的环境中。近年来 ERP 软件商纷纷在 ERP 中纳入 PDM 功能或实现与 PDM 系统的集成，增加了对设计数据、过程、文档的应用和管理，减小了 ERP 庞大的数据管理和数据准备工作量，并进一步加强了企业管理系统与 CAD，CAM 系统的集成，提高了企业的系统集成度和整体效率。

（4）ERP 与 MES 的进一步整合。为了加强 ERP 对生产过程的控制能力，ERP 将与 MES、车间层操作控制系统更紧密地结合，形成一体化系统。该趋势在流程工业企业的管控一体化系统中体现得最为明显。

（5）ERP 与工作流管理系统的进一步整合。全面的工作流规则保证与时间相关的业务信息能够自动地在正确的时间被传送到指定的地点。ERP 的工作流管理功能将进一步增强，通过工作流实现企业的人员、财务、制造与分销之间的集成，并支持企业经营过程的重组，这也使 ERP 的功能扩展到办公自动化和业务流程控制方面。

（6）数据仓库和联机分析处理功能的加强。为了辅助企业高层领导的管理与决策，ERP 集成将数据仓库、数据挖掘和联机分析处理等功能，提供企业级宏观决策的分析工具集。

（7）ERP 动态可重构性的提高。为了适应企业的过程重组和业务变化，人们越来越多地强调 ERP 的动态可重构性。为此，ERP 系统动态建模工具、ERP 系统快速配置工具、ERP 系统界面封装技术、软构件技术等均被采用。ERP 也引入了新的模块化软件、业务应用程序接口、逐个更新模块增强系统等概念，ERP 的功能组件被分割成更细的构件以便进行动态重构。

2. ERP 在我国的发展和应用

我国开展 MRP Ⅱ/ERP 的研究与应用已有 20 多年的历史，经历了由初步应用到推广应用、由 MRP 到 ERP、由 ERP 技术研究到 ERP 软件产品开发进而发展成 ERP 产业的不同阶段。

（1）MRP 初步应用阶段（20 世纪 80 年代）。我国于 20 世纪 80 年代初开始应用 MRP 系统，如沈阳第一机床厂率先实施了以 MRP 为核心的计算机辅助生产管理系统。我国的有些高校和研究所也开始关于 MRP 的技术研究工作。早期的 MRP 比较强调物料库存管理与生产计划，且多采用主机/终端式计算机系统。早期应用 MRPI 的企业取得了较明显的效益，并为我国制造企业展示了现代企业管理模式。

（2）ERP 推广应用及 ERP 产业初创阶段（20 世纪 90 年代）。20 世纪 90 年以来，我国开始有较多企业应用 ERP。特别地，国家 863 高技术计划 CIS 应用示范工程在很大程度上大大推动了我国制造业应用 MRP Ⅱ/ERP 的进程。这使 MRP Ⅱ/ERP 在 CIMS 环境中迈上了一个台阶，并给企业带来了更大的经济效益。其中，北京第一机床厂通过实施 CIMS 与 ERP 应用示范工程取得明显效果，获得美国制造工程师协会颁发的"工业领先奖"，该企业还培育出国产化的 ERP 软件产品。"九五"期间，863 高技术计划还支持了国产化 ERP 软件产品的研发与应用，推动了我国 ERP 产业早期的发展。

（3）ERP 深入应用与 ERP 产业蓬勃发展阶段（21 世纪）。进入 21 世纪以来，随着中央提出"以信息化带动工业化"战略，我国企业信息化与现代化发展步伐明显加快。特别是科学技术部提出了"制造业信息化工程"、国家经济贸易委员会提出了"企业信息化"行动，带动和掀起了我国企业应用 ERP 的高潮。近两年，我国众多企业在积极实施 ERP，先进的 ERP 提高了企业的市场竞争力，使企业获得显著的经济效益。巨大的 ERP 市场也刺激了国产化 ERP 软件产品应用的不断深入和我国 ERP 软件产业的迅速发展，现已有国产化 ERP 软件厂商数十家。在"十五"期间，863 高技术计划也在大力支持和推动 ERP 的研究，并重点支持了 10 个 ERP 软件产品的研发，对 ERP 应用实施和产业发展产生了较大的影响和推动作用。ERP 应用实施的热潮正在全国各省市全面铺开，并在制造业信息化工程中发挥着积极的推动作用。

智造前沿

ERP 云技术解决方案

随着云计算技术的发展，ERP 系统开始向云端迁移，这种 SaaS 模式的 ERP 交付方式，使 ERP 系统在远程服务器网络上运行，而不是在企业机房内运行。这种方式减小了企业的资本支出和运营支出，并且使得 ERP 系统能够持续更新，保持最新状态。

浪潮通用软件有限公司发布的新一代大型企业智能 ERP GS Cloud6.0，支持超大规模集团应用，并具备业财纵横一体、领域大模型应用、强韧数据中台等特性，这标志着国产高端 ERP 在智能制造领域的突破。

这些进展显示了 ERP 在智能制造领域的前沿应用，它们不仅提高了企业的运营效率，还增强了数据安全，提高了 ERP 系统的智能化水平。随着技术的不断进步，ERP 将继续在智能制造领域扮演重要的角色。

【赛证延伸】 竞赛： 全国管理决策模拟大赛

全国管理决策模拟大赛以派金商道远程教育软件作为官方竞赛平台。竞赛平台模拟创业经营管理全过程的真实环境，参赛队伍在竞赛平台中扮演企业高管团队进行虚拟企业运营，与同一虚拟行业的其他参赛队伍的虚拟企业展开仿真运营竞争，通过 ERP 系统进行 6 个虚拟年度的经营决策。运营决策涉及企业生存发展的人、财、物、供、产、销等各方面，同时融入了投资、贸易、财务、会计、电子商务等众多领域的知识体系。平台拥有近 300 个决策变量，高度仿真企业在瞬息万变的国际化市场竞争条件下的真实运作状况。

竞赛通过公司销售收入、每股收益、投资回报率、债券评级、股票市值、战略评分等要素自动形成综合评分作为竞赛成绩。

单元测评

1. ERP 系统的核心是 （　　）。
   A. 财务管理　　　　　B. 物料需求计划　　　C. 生产计划　　　　D. 销售管理
2. 下列不属于 ERP 系统模块的是 （　　）。
   A. 人力资源管理　　　B. 客户关系管理　　　C. 项目管理　　　　D. 供应链管理
3. 实施 ERP 的主要目的是 （　　）。
   A. 提高企业的信息化水平　　　　　　　B. 提高企业的生产效率
   C. 优化企业的资源配置　　　　　　　　D. 增加企业的员工数量
4. 在 ERP 系统中，BOM 指 （　　）。
   A. 物料清单　　　　　B. 财务报表　　　　　C. 生产订单　　　　D. 客户订单
5. 下列关于 ERP 实施的说法正确的是 （　　）。
   A. 只需要企业高层的支持　　　　　　　B. 只需要信息技术部门的参与
   C. 需要企业全员的参与　　　　　　　　D. 只需要财务部门的参与
6. ERP 系统中的库存管理模块不包括 （　　）。
   A. 库存盘点　　　　　　　　　　　　　B. 库存预警
   C. 库存成本分析　　　　　　　　　　　D. 库存采购计划

练习思考

1. ERP 系统对企业运营带来的主要好处有哪些？
2. ERP 实施过程中需要考虑的主要因素有哪些？

考核评价

情境六单元 5 考核评价表见表 6-7。

表 6-7 情境六单元 5 考核评价表

环节	项目	标准分值	实际分值
课前（20%）	平台讨论	10	
	平台资源学习	10	
课中（60%）	课堂考勤	10	
	课堂问题参与	10	
	逻辑思维、数字化管理能力	10	
	单元测评	10	
	小组任务	20	
课后（20%）	练习思考	10	
	"赛证延伸"实施	10	
总评		100	

情境七　智能制造应用案例

情境导入

　　智能制造工厂和智能生产线是推动制造业高质量发展的核心力量。它们通过集成先进的信息技术（如物联网、大数据、AI）和自动化设备（如工业机器人、智能机床）实现生产过程的智能化、自动化和高效化。对于装备制造大类专业的学生而言，通过前述各情境的学习，需要以学校、企业建设的智能生产线、智能车间为例，更加具体深入地了解智能生产线的综合技术和实施成效。

　　编者所在学校通过校企合作建设的智能制造综合生产线如图7-0（1）所示，其中包括了从毛坯到成品全流程自动化生产及过程控制所需的所有软/硬件技术。为了掌握智能制造各项关键技术的综合应用，需要对本情境的具体案例进行进一步学习和分析。

图7-0（1）　智能制造综合生产线

　　通过本情境的学习，学生能够熟悉智能制造综合生产线的组成及功能；掌握智能制造综合生产线中典型产品的加工流程；掌握智能制造综合生产线中物料的加工工艺和周转过程；能够分析智能制造综合生产线各模块的关键技术及各模块之间的关系；熟悉中车青岛四方公司转向架产品智能化改造的项目背景；了解中车青岛四方公司智能化改造的具体路径和成效；能够分析企业智能化改造路径中各要素的联系；能够分析并总结其他企业智能制造转型的路径。图7-0（2）所示为本情境思维导图。

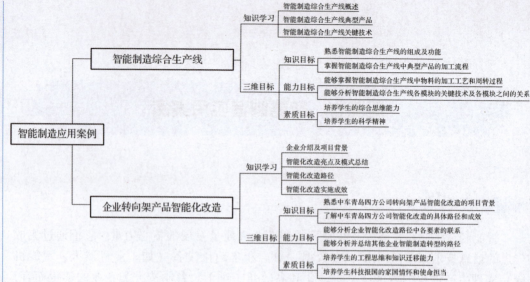

图 7 - 0（2）　情境七思维导图

单元 1　智能制造综合生产线

政策引导

　　2024 年，工业和信息化部等多部门印发了《智能工厂梯度培育行动实施方案》，提到"智能工厂通过部署智能制造装备、工业软件和系统，推动生产设备和信息系统互连互通，开展业务模式和企业形态创新，实现产品全生命周期、生产制造全过程和供应链全环节的综合优化和效率、效益全面提升。智能工厂作为实现智能制造的主要载体，是制造业数字化转型智能化升级的主战场，是发展新质生产力、建设现代化产业体系的重要支撑"。本单元主要介绍编者所在学校通过校企合作建设的智能制造综合生产线，及其典型产品和关键技术。

《智能工厂梯度培育
行动实施方案》
（文本）

三维目标

■ **知识目标**

（1）熟悉智能制造综合生产线的组成及功能。

（2）掌握智能制造综合生产线中典型产品的加工流程。

■ **能力目标**

（1）能够掌握智能制造综合生产线中物料的加工工艺和周转过程。

（2）能够分析智能制造综合生产线各模块的关键技术及各模块之间的关系。

■ 素质目标

(1) 通过对智能制造关键技术的融会贯通，培养学生的综合思维能力。
(2) 通过分析并优化典型产品的周转方案，培养学生的科学精神。

7.1.1　智能制造综合生产线概述

　　智能制造综合生产线是融合了自动化控制、物流管理、识别与传感、人机交互、智能生产及管理、PLC 控制、智能装配、智能检测等先进技术的实训生产线。

　　智能制造综合生产线的总控系统通过工业人机界面下达订单要求，通过 SAP 的 ERP 系统下发 MES 生产计划，然后根据生产计划，AGV 到立体料库完成原材料的领料，再转运到生产加工单元进行生产加工，实现工件的全自动化加工生产装配，最后完成成品的入库。同时生产线监控系统对现场设备的工作状态及设备故障等工作属性进行监控管理。

　　智能制造综合生产线的布局如图 7-1 所示。其主要包含 4 个单元，分别仓储单元、车削加工单元、立加加工单元和装配检测单元，具体包括三维散堆识别模块、立体料库、数控车床和立式加工中心、工业机器人、上下料接驳料架、物料缓存台、清洁装置、检测单元、AGV、打标机、装配单元、生产线监控系统以及总控系统等。

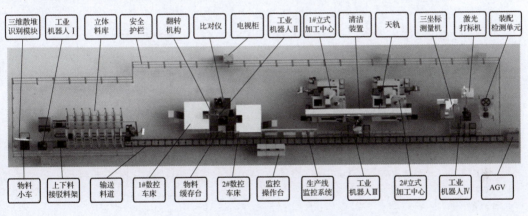

图 7-1　智能制造综合生产线的布局

7.1.2　智能制造综合生产线典型产品

1. 产品介绍

　　在此智能制造综合生产线上可以完成火箭和法兰产品的加工。火箭产品模型如图 7-2 所示。其由一级主体、二级主体、助推器和插接杆组成，说明见表 7-1。一级主体、二级主体、助推器和插接杆毛坯均为棒料，在生产线上经过机械加工变成零件，插接杆为标准件，直接配备于装配检测单元。法兰产品的成品和毛坯分别如图 7-3 和图 7-4 所示。

表 7 – 1　火箭产品模型组成说明

序号	名称	图示	数量/件	机械加工/标准件
1	助推器		4	机械加工
2	一级主体		1	机械加工
3	二级主体		1	机械加工
4	插接杆		4	标准件

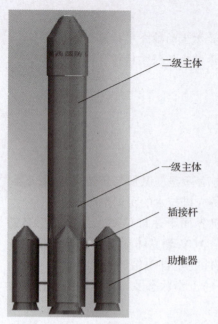

二级主体

一级主体

插接杆

助推器

图 7 – 2　火箭产品模型

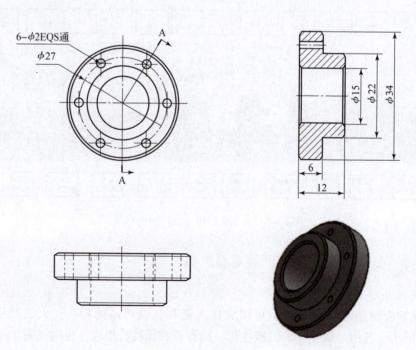

6–φ2EQS通

φ27

φ15　φ22　φ34

6

12

A

A

图 7 – 3　法兰产品的成品

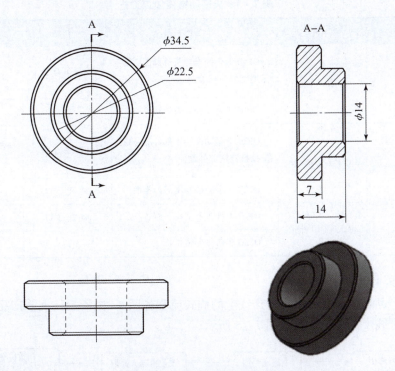

图 7 – 4　法兰产品的毛坯

2. 产品加工工艺

法兰产品加工工艺见表 7 – 2。主要利用数控车床和立式加工中心完成切削加工任务。

火箭产品需要完成一级主体、二级主体、助推器零件的切削加工，最后在装配检测单元完成成品装配任务，各零件的加工都需要用到数控车床和立式加工中心。火箭助推器加工工艺见表 7 – 3。

表 7 – 2　法兰产品加工工艺

工序	设备	工艺内容	刀具	节拍/s
OP10	1#数控车床	OP10.1 车法兰大头外圆端面至 13；车法兰大头外圆 $\phi34$	外圆车刀 T1	40
		OP10.2 工件姿态翻转	—	15
OP20	2#数控车床	车法兰小头端面至 12；车法兰小头外圆 $\phi22$；	外圆车刀 T1	40
OP30	1#立式加工中心	OP30.1 钻 $\phi2$ 通孔	钻头 T1	55
		OP30.2 $\phi2$ 通孔孔口倒角	倒角刀 T2	20
OP40	2#立式加工中心	钻内孔 $\phi15$	$\phi12$ 铣刀 T1	20

表 7-3　火箭助推器加工工艺

工序	设备	工艺内容	刀具	节拍/s
OP10	1#数控车床	OP10.1 车助推器头部圆面 $\phi22$；车助推器头部锥面	外圆车刀 T1	555
		OP10.2 将工件姿态掉转	—	15
OP20	2#数控车床	OP20.1 车助推器尾部外圆 $\phi22$；车助推器尾部外锥面	外圆车刀 T1	405
		OP20.2 车助推器尾部内锥面	$\phi4$ 铣刀 T1	25
OP30	2#立式加工中心	OP30.1 铣 2 个钻孔平面 $\phi4$	$\phi4$ 铣刀 T1	25
		OP30.2 钻 2 个钻孔 $\phi4.5$	$\phi4.5$ 钻头 T2	10

3. 产品周转流程

法兰产品在智能制造综合生产线上的周转流程如图 7-5 所示，火箭产品在智能制造综合生产线上的周转流程如图 7-6 所示。

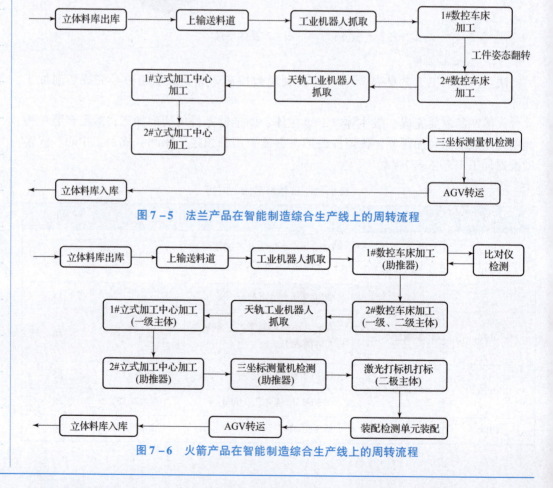

图 7-5　法兰产品在智能制造综合生产线上的周转流程

图 7-6　火箭产品在智能制造综合生产线上的周转流程

7.1.3　智能制造综合生产线关键技术

1. 智能设计相关技术

1）CAD 技术

使用 CAD 技术进行法兰产品、火箭产品的三维建模和装配，完成生产线各模型的构建，为生产线加工流程虚拟仿真提供基础。

2）CAPP 及 CAM 技术

利用 CAPP 工具设计产品加工工艺卡片，利用 CAM 工具编制法兰产品、火箭产品的数控加工程序，并进行相应的后处理，将数控程序导入数控机床。

2. 智能加工相关技术

1）数控机床

为了满足产品自动化加工、智能化监控的基本要求，智能制造综合生产线所选用的数控机床包括数控车床、立式加工中心，数控车床和立式加工中心与工业机器人配合组成智能制造单元（车削加工单元、立式加工中心单元），完成产品切削加工任务。

2）工业机器人

智能制造综合生产线各单元均选用 FANUC M-20iA 系列工业机器人。其手腕部可搬运质量为 20 kg，并且可以使用 ROBOGUIDE 软件进行离线编程，从而缩短示教时间。工业机器人配备内置视觉系统，可以使用智能应用功能，实现物料的准确定位和识别。使用工业机器人完成物料搬运是实现整个生产线自动化运行的核心。

3）激光打标机

激光打标技术是激光加工最大的应用领域之一。激光打标是利用高能量密度的激光对工件进行局部照射，使表层材料汽化或发生颜色变化的化学反应，从而留下永久性标记的一种方法。智能制造综合生产线上使用的激光打标机如图 7-7 所示，它可以完成火箭产品特定图案的标记。

3. 智能控制相关技术

1）PLC 控制技术

智能制造综合生产线主要采用 PLC 进行各单元的控制。智能制造综合生产线 PLC 控制系统如图 7-8 所示。

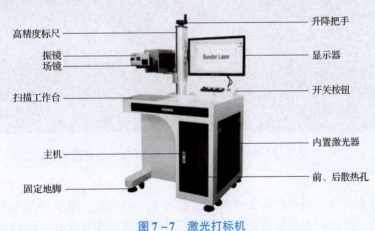

图 7-7　激光打标机

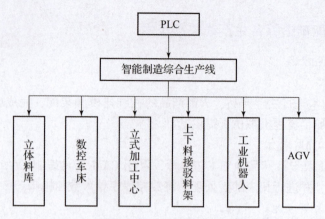

图7-8 智能制造综合生产线 PLC 控制系统

智能制造综合生产采用西门子 PLC，运用工业人机界面对整个系统的运行状态进行监控，并使用工业以太网总线实现系统中实时和非实时数据的传输，具有高度可靠性和可维护性。安全设备采用安全门开关，用于工业机器人工作区域的安全防护，完全实现人机隔离，确保系统自动运行中的人员安全。

2）工业人机界面和组态技术

采用组态软件进行工业人机界面设计，图7-9所示为智能制造综合生产线的工业人机界面。通过工业人机界面既可以对生产线中的设备状态进行监控，也可以进行设备的手动操作。

图7-9 智能制造综合生产线的工业人机界面

3）AGV 自动导航技术

智能制造综合生产线的配备2台 AGV，如图7-10所示。AGV 主要通过 MES 调度进行各单元和生产线托盘的取放处理，可以实现单元间的物料周转，同时当 AGV 处理非工作时间时，AGV 前往指定充电区域进行自动充电，以备后续使用。AGV 的导航方式为激光导航，其机械结构为背负式结构并配有滚道输送机构。

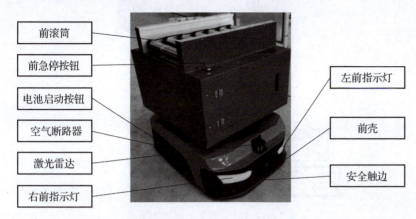

图 7 – 10 AGV

4. 智能检测与识别相关技术

1）二维视觉技术

智能制造综合生产线的二维视觉系统如图 7 – 11 所示，它由工业机器人、相机和视觉处理系统组成。通过视觉系统软件设置，建立视觉画面上的点位与工业机器人位置的对应关系。对工件进行视觉成像，与已标定的工件进行比较，得出偏差值，即工业机器人抓放位置的补偿值，实现工业机器人自动抓放。该系统实现了工业机器人在无夹具定位工件情况下的自动柔性搬运。

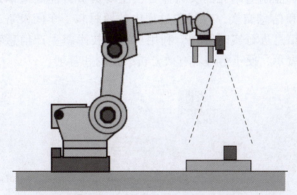

图 7 – 11 智能制造综合生产线的二维视觉系统

2）三维散堆识别技术

智能制造综合生产线采用三维散堆识别技术，使用 1 个投影仪和 2 个相机组成一个区域检测视觉系统，通过投射条纹光，获取一个大范围空间内的三维点云数据。区域检测视觉系统一次拍摄就能够实现工件的定位。该系统记忆多个工件位置，实现一拍多抓，可以实现多种空间位置信息的获取，对于散堆物料的识别具高效率、低能耗的特点。

3）三坐标测量机

智能制造综合生产线上配备海克斯康三坐标测量机，如图 7 – 12 所示。三坐标测量机用于完成法兰产品和火箭助推器的自动化检测，快速准确地评价产品质量。

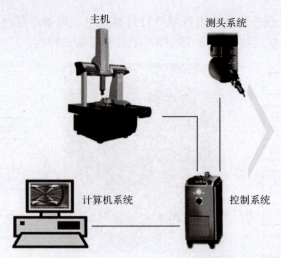

图7-12 海克斯康三坐标测量机

4）比对仪

智能制造综合生产线上配备雷尼绍比对仪 Equator 300，用于法兰产品的自动化检测。比对仪是一种适合在工厂环境中使用的产品，由主机、控制器和 SP25 测头系统组成。利用比对仪编写测量程序可以完成生产线上的检测任务，其重复性定位精度高，不受车间温度的影响，可以实现批量产品的百分之百检测。

5. 新一代信息技术和智能制造系统

智能制造综合生产线的信息化系统层级架构如图 7-13 所示。信息化系统主要通过显示大屏实现对智能制造单元的实时监控，主要负责智能制造单元的数据处理、控制计算、分析决策和信息交换，对制造过程中的原材料、车间设备、工艺状态、生产进度和质量等生产信息进行实时管理，利用可视化技术将生产信息转化为图表、图像和表格等形式进行展示，便于管理者有效分析、控制和管理。

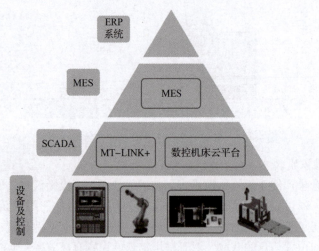

图7-13 智能制造综合生产线的信息化系统层级架构

1）MES

智能制造综合生产线上配备的 MES 具有系统管理、计划管理、工艺资源管理、质量管理、设备管理、刀具和库存管理等多种功能，可以完成从订单下达到产品生产完成整个生产过程的监控并能进行优化管理。

2）ERP 系统

智能制造综合生产线采用 SAP 的 ERP 系统，其核心功能包括管理、财务会计、银行业务、销售、采购、SCM、库存控制、制造、管理会计核算和报告。ERP 系统可以实现企业人、财、物的整体优化管理，也可以与 MES 集成，完成企业的生产过程管理。

高校智能制造综合实训平台

高校智能制造综合实训平台有一套完整的智能制造综合生产线。该生产线主要包括主控系统、仓储物流单元、数字化加工单元、超声波清洗单元、三坐标检测单元、激光打标单元、协作装配单元、智能工厂虚拟仿真及数字孪生单元 8 个模块，如图 7-14 所示。

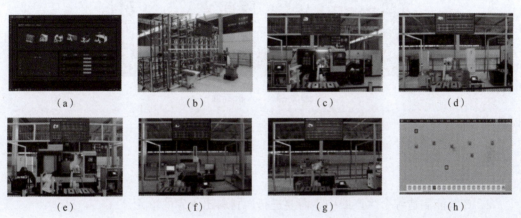

图 7-14 高校智能制造综合实训平台

（a）主控系统；（b）仓储物流单元；（c）数字化加工单元；（d）超声波清洗单元；（e）三坐标检测单元；
（f）激光打标单元；（g）协作装配单元；（h）智能工厂虚拟仿真及数字孪生单元

高校智能制造综合实训平台可以完成工业机器人、工业互联网、工业控制、柔性制造、智能加工、智能化设计、MES、AI、VR、工业大数据等实训项目，也可以融入云平台、ERP 等内容。

【赛证延伸】 证书：1+X "智能制造生产管理与控制"（2）

1. 职业技能等级证书中的"智能制造单元系统编程与联调"技能等级要求（中级）技能等级要求（中级）

具体见表 7-4。

表 7-4 职业技能等级证书中的"智能制造单元系统编程与联调"技能等级要求（中级）

2.4 智能制造单元系统编程与联调	2.4.1 能够根据工作任务要求，给定不同产品工艺流程，完成智能制造单元系统的调整。利用虚拟调试工具和给定的 PLC 和 MES 程序，完成 MES 管控软件与 PLC，PLC 与数控机床、工业机器人、检测装置、RFID 系统、立体仓库、可视化系统等的联调

2. 赛题中的"智能制造单元联调"考核要求

在模块二的"智能制造单元联调"任务中需要完成系统中各设备的初始化和调整，通过人机界面"手动测试"模式可以完成工业机器人取放工件、装配的操作，机床的基本操作，并可以查看系统整体状态（图7-15）。

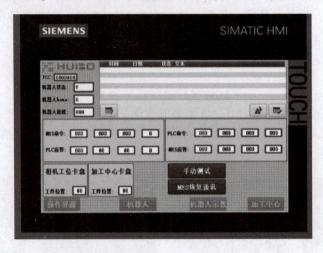

图7-15　人机界面

 单元测评

1. 在智能制造综合生产线中，需要进行原材料出入库的单元是（　　　）。

A. 立库仓储单元　　　　　　　　　　　　B. 车削加工单元

C. 立加加工单元　　　　　　　　　　　　D. 装配检测单元

2. 在火箭产品中，不需要在智能制造综合生产线中加工的零件是（　　　）。

A. 一级主体　　　　B. 二级主体　　　　C. 插接杆　　　　D. 助推器

3. 工件表面定制化图案的标刻设备是（　　　）。

A. 三坐标测量机　　　B. 比对仪　　　　C. 数控车床　　　D. 激光打标机

4. 智能制造综合生产线中实现待加工零部件的缓存存放或二次定位的机构是（　　　）。

A. 上下料接驳料架　　B. 车床卡盘　　　C. 输送料道　　　D. 物料缓存台

5. 不属于智能制造综合生产线中的物料输送装置的是（　　　）。

A. AGV　　　　　　B. 翻转机构　　　　C. 搬运机器人　　　D. 输送料道

 练习思考

1. 智能制造综合生产线由哪些部分组成？各部分有什么功能？

2. 智能制造综合生产线涉及哪些关键技术？

考核评价

情境七单元 1 考核评价表见表 7 – 5。

表 7 – 5　情境七单元 1 考核评价表

环节	项目	标准分值	实际分值
课前（20%）	平台讨论	10	
	平台资源学习	10	
课中（60%）	课堂考勤	10	
	课堂问题参与	10	
	综合思维能力、科学精神	10	
	单元测评	10	
	小组任务	20	
课后（20%）	练习思考	10	
	"赛证延伸"实施	10	
总评		100	

单元 2　企业转向架产品智能化改造

政策引导

　　2024 年 12 月，工业和信息化部等三部门印发了《制造业企业数字化转型实施指南》，提到"推动制造业企业数字化转型是一项系统工程，要以企业发展实际为出发点、以解决企业痛点难点问题为目标、以提升全要素生产率为导向、以场景数字化为切入点，综合考虑技术成熟度、经济可行性、商业模式可持续性，精准识别数字化转型优先领域和重点方向。深化新一代信息技术融合应用，加快产业模式和企业组织形态变革，提升企业核心竞争力，促进形成新质生产力"。本单元以中车青岛四方公司转向架产品智能化改造为例，主要介绍企业智能化改造背景、改造亮点及模式、实施路径和实施成效。

三维目标

■ 知识目标

（1）熟悉中车青岛四方公司转向架产品智能化改造的项目背景。

《制造业企业数字化
转型实施指南》
（文本）

（2）了解中车青岛四方公司智能化改造的具体路径和成效。

■ 能力目标

（1）能够分析企业智能化改造路径中各要素的联系。

（2）能够分析并总结其他企业智能制造转型的路径。

■ 素质目标

（1）通过梳理企业智能化改造路径，培养学生的工程思维和知识迁移能力。

（2）通过挖掘企业智能化改造和优化过程，培养学生科技报国的家国情怀和使命担当。

知识学习

7.2.1　企业介绍及项目背景

中车青岛四方机车车辆股份有限公司（以下简称"中车青岛四方公司"）是中国中车股份有限公司的控股子公司，是中国高速动车组产业化基地、国内地铁/轻轨车辆定点生产厂家、铁路高档客车主导设计制造企业、国家轨道交通装备产品重要出口基地、中国高速动车组产业技术创新联盟主发起单位和国家级高新技术企业。

近年来，中车青岛四方公司以高速动车组核心部件——转向架车间为实施载体，以关键制造环节智能化为核心，以网络互连为支撑，研发适用于轨道交通装备行业的先进制造技术和装备，实现了高速动车组转向架的智能制造。通过智能装备、智能物流、MES、运营决策系统的集成应用，实现转向架生产过程的优化控制、智能调度、状态监控、质量管控，提高生产过程透明度、生产效率、产品质量，打造生产效率高，产品质量好，制造柔性高且满足多品种并行生产、个性化产品定制的转向架智能制造模式。

在中车青岛四方公司实施智能制造项目前，生产转向架的基本方式为单机生产和手工组装，自动化程度低，生产效率不高，生产过程柔性低；生产方式过多依赖工人的操作技能，质检大多靠人工检测，物料配送通过电话催料，现场数据靠人工采集与小票统计，生产计划靠人工传达；各信息系统相互独立，业务流程没有打通，数据需要人工多次录入系统；制造现场设备数控化率较低，以人工生产为主，生产效率不高。通过建设智能车间，一方面，大大减小了生产过程中对人的技能的依赖；另一方面，大幅提高了劳动生产率，加快了产品创新速度，提高了产品质量和附加值，加快了企业转型，显著增强了企业核心竞争力。图 7－16 所示为企业智慧工厂的愿景。

7.2.2　智能化改造亮点及模式总结

（1）应用大型高档数控机床和重载装配机器人，提升关键零部件制造水平。

为了解决传统制造模式下转向架关键零部件——构架和轮轴产品质量一致性差、制造成本高等问题，中车青岛四方公司通过分析主要工艺流程，对关键工序进行了智能化改造。通过研发自动组焊、打磨、加工、喷涂、人机交互、条形码、自动异常监控等工艺，实现构架和轮轴的自动化上下料、加工、焊接、喷涂，生产效率提升20%~30%。针对轴承压装、转向架装配工序，研制应用精密重载装配机器人、六轴搬运机器人，攻克了工业机器人吊装与精准移送，零部件的自寻位、精确定位、自动检测与调整等难题，实现了基于工业机器人的零部件精准自动装配，生产效率提升约60%。

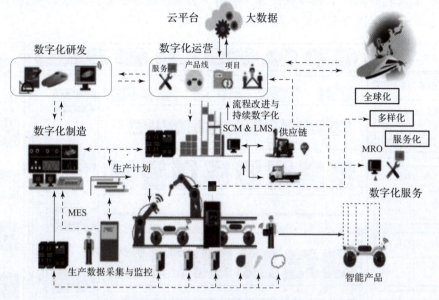

图7-16 企业智慧工厂愿景

（2）研发智能传感与控制装备，提高关键装备利用率。

为了降低构架焊缝打磨、构架清洗、轴承压装等工序的制造成本，改善作业环境，中车青岛四方公司研制了多种智能传感与控制装备，包括11套焊接工序、32套加工组装工序、65套轮轴工序、73套检修工序，通过智能传感与控制装备替代人工完成复杂的生产作业。为了提高构架加工设备利用率，将数控龙门加工中心、检测设备联网集成，应用RFID技术实现构架型号自动识别，研发SCADA系统控制数控程序自动下载及删除，工作台自动交换、设备自动启停，实时监测主轴负载，当出现异常时实时报警，实现了构架加工一人多机控制，生产效率提高约10%。

（3）研制智能检测与装配装备，全面提升关键工序的效率和质量。

为了解决装配和检测工序工作量大、检测结果易受测量人员技能水平影响的问题，中车青岛四方公司开展了智能检测与装配装备的研制。通过智能检测与装配装备集成视觉识别技术，轴承检测、转向架落成工序实现轴承自动抓取、转向架自动落成，生产效率提高约10%；基于传感器，工业网络，以及转向架螺栓扭矩、齿轮箱轴承温度、转向架关键尺寸检测等工序，实现了检测结果在线实时监控、系统自动防错技术的全面应用，切实提升了产品质量保障能力。轴承检测工序采用激光测试、视觉识别、振动频谱和大数据分析技术，配合智能检测与装配装备，弥补了传统人工检测和人工装配方式的缺陷，轴承故障诊断精准度提升约60%，装配效率提升约30%以上。

7.2.3 智能化改造路径

转向架是高速动车组的关键零部件,其制造涵盖了加工、焊接、装配等多种工艺类型,具有批量、单件、流水线等多种生产组织方式。中车青岛四方公司以转向架为落脚点,实现转向架产品数字化设计、制造、运营、服务的智能制造新模式。中车青岛四方公司转向架智能车间整体框架如图7-17所示。

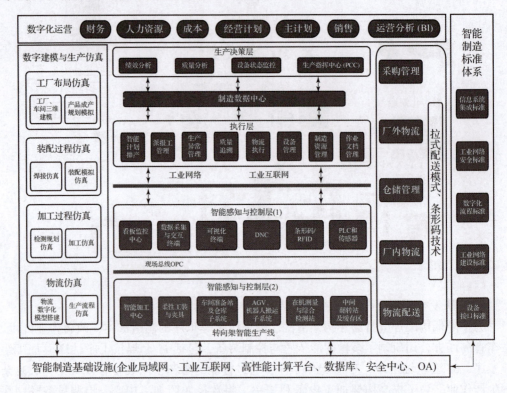

图7-17 中车青岛四方公司转向架智能车间整体框架

中车青岛四方公司转向架智能车间建设内容包括以下5个方面。

(1)应用虚实互映的数字化建模与生产仿真缩短转向架研发周期。

为了在三维虚拟环境中对转向架的加工制造、装配、测试、生产规划等进行模拟,使技术人员可以在三维虚拟环境中对未来的过程进行预分析,中车青岛四方公司将数字化制造技术用于转向架的制造过程,通过对厂房等主要资源的三维建模,建立数字化车间虚拟环境,实现了生产系统的运行仿真,优化了工艺布局,提高了制造资源利用率。数字化车间虚拟环境的建立,为产品设计与工艺设计的并行提供了基础,为虚拟装配、工艺仿真等提供了三维数据模型。

(2)进行转向架关键工序智能化改造,实现并行和个性化生产。

中车青岛四方公司转向架智能制造属于典型的离散制造,其工艺主要有加工、焊接、装配、试验等。转向架制造工艺流程如图7-18所示。

通过对转向架制造工艺流程进行分析,结合其工艺特点,对转向架关键工序进行智能化改造:以转向架组装智能化、自动化生产线为载体,提升智能设备利用率,提高转向架制造技术水平；应用智能物流、自动加工、自动组装、自动焊接、人机交互、条形码技术、自动异常监控技术等，集成 MES、运维大数据平台、ERP 系统等上层系统；采用高级计划排产，结合实时生产过程监控，对人、机、料、法、环等生产要素进行管理和调度，构建生产效率高、自动化程度高、高度柔性化的转向架智能车间，满足多品种产品并行生产、个性化产品定制的需求。智能生产线的建设情况如下。

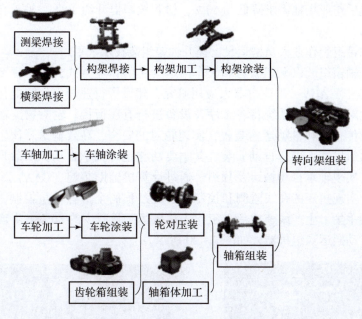

图 7-18 转向架制造工艺流程

①提升构架组焊磨测多工艺复合生产线管理效率。

焊接质量是焊接构架的核心，轨道交通行业以 EN15085 焊接体系为基础，对人员、装备、材料、工艺、环境检验等 22 个要素进行分类管控。由于管控内容繁多，传统的管理模式较为烦琐且效率不高，急需借助智能装备与新一代信息技术进行管理提升。因此，中车青岛四方公司建设了功能更加先进的第 3 条构架组——焊磨测一体化柔性生产线。该生产线主要由焊接生产线控制系统、物流自动输送（AGV）系统、自动组装系统、自动焊接系统、自动打磨系统、自动检测系统组成，在 PDM 系统中采用离线编程模式，经焊接机器人仿真、物流仿真验证后，将数控程序传输至设备。焊接生产线控制系统接收 MES 信息，按工位分配计划，统计计划执行情况，实时显示生产线动态、工位状态、异常、零部件所在位置等。AGV 系统将自动组装机器人、自动焊接机器人、自动打磨机器人、自动检测系统、缓冲台、人工台位等集成，实现按节拍自动流转。自动组装系统由两台工业机器人组成，配合完成侧梁自动组装。自动组装系统处于无人作业环境中，通过工业机器人进行物料传输，能实现连续、不间断自动上下料。上料环节配置自动扫码设备，可以识别车型，并自动调用组装程序。该生产线建成后，比原生产线人员成本降低约 30%，效率提高约 33%。

②提升转向架轴承检测线单位面积利用率及制造水平。

为了提升转向架轴承检测工序的检测质量、效率，及单位面积利用率，自动选配最优参数的零部件进行组装，中车青岛四方公司建设了轨道交通行业首条智能化轴承多场多指标自动检测线，用于高速动车组转向架轴承的分解、清洗、检测、压装等。轴承检测流水线的各设备之间通过配置具有轴承升降、翻转、抓取等功能的自动化输送系统有序地衔接，缩短了轴承检测的中间周转时间，提高了生产效率。轴承智能料库在轴承存入时，输入轴承的相关尺寸信息，使用时直接操纵控制系统，控制系统会自动选出符合要求的轴承进行匹配，大大缩短了人工选配的时间，并能保证正确率。该检测线建成后作业场地需求降低约50%，检测效率提升约20%。轴承自动生产线如图7-19所示。

③减小轴箱组装作业人员搬运量，提升轴箱组装技术水平。

为了改变轴箱组装以人工搬运和天车吊运为主的作业方式，中车青岛四方公司进行了轴箱组装过程AGV、工业机器人应用研究，建设了行业领先的智能化轴箱组装生产线，通过轮对物流输送系统将各工序及设备进行有序衔接。轮对物流输送系统通过在各工位增设传感器和自动运输装置，实现轮对的安全、高效输送。该生产线采用轴承自动搬运预组机器人进行自动安装，其主要功能是将轴承自动抓取后自动识别，判断安装位置，实现轴承自动搬运及预组。通过计算机辅助装配（CAA）系统记录、卡控组装过程，实现扭矩的在线监测和控制，装配过程的全流程质量控制，物料、生产等信息的自动采集。生产线建成后，工作人员搬运工量减少约80%，生产效率提升约20%。轴承自动搬运预组机器人如图7-20所示。

图7-19　轴承自动生产线　　　　图7-20　轴承自动搬运预组机器人

④实现转向架组装由"地摊式"作业向"流水线"作业的转变。

针对转向架组装线以人力为主的机械化生产方式（作业时间长、人力依赖程度高、作业质量主要由作业人员决定，是质量管控手段单一的"地摊式"组装作业方式），中车青岛四方公司研制了转向架"组装—落成—检测"一体化生产线。该生产线主要由构架输送系统、零部件立体料库、构架立体料库、转向架自动落成系统、转向架自动检测及调整系统、扭矩控制系统、CAA系统、生产线控制系统等组成。构架输送系统采用10套重载AGV系统，建成两条首尾衔接的环形转向架组装流水线，并将1个零部件立体料库和1个构架立体料库与流水线无缝集成。通过扭矩控制系统和CAA系统，实现了转向架组装过程的系统卡控和数据采集。该生产线建成后，用工成本降低约15%，生产效率提升约20%，降低了部分特殊作业的作业强度，对特殊作业员工的需求降低。

轮对检修与构架检修周期相差11天，导致构架检修完成后，需要等待轮对完成检修才能重新组装；原检修构架需要摆放在厂房内或运输至厂外存放，需要较大范围的厂房面积及较高的物流成本。为了解决构架与轮对检修周期不匹配、构架存放等问题，中车青岛四方公司建成了大载重、多库位的智能立体构架存储料库，库房总长度约

90 m，宽度约 12 m，高度约 7.4 m，共计 156 个库位，单个库位承载约 8 t，主要用于存放已安装完零部件待转向架落成的构架。使用托盘实现构架在库房内的存储，并在每个托盘上安装 RFID 设备，实现托盘信息自动采集。智能立体构架存储料库集成高精度定位、视觉识别、在线监测等先进技术，实现构架自动仓储、自动流转、智能选配，并与后续工序自动柔性对接，取消了厂内繁杂的汽运、吊装作业，每年可节约运输及仓储费用约 500 万元。

（3）探索物联新技术，提高构架加工设备利用率。

构架加工工序是转向架生产的瓶颈工序，虽已配置多台高档数控加工中心，但是每台设备仍需配置 2 名作业人员进行程序调取、刀具参数输入、加工过程质量检查等作业，导致设备利用率较低，并存在极大的安全隐患。为了充分发挥数控加工中心的潜能，提升构架加工的效率，中车青岛四方公司开展了基于物联技术的加工装备智能化提升研究工作。

通过对智能感知、机床联网、集中控制、刀具管理、人机交互、系统集成、视觉识别等技术的研究应用，实现大型设备离散加工智能制造；掌握构架加工数字化集成技术，实现一人多机控制；通过研究以视觉识别技术为基础的构架防错技术，建立自动防错告警系统，采集不同种类构架的特征信息，在指定位置安装图像采集设备，分析比对采集到的数据，以达到自动防错的目的；通过机床联网、RFID 在线自动识别、设备自动控制等技术的研究应用，实现构架自动识别、数控程序自动调用、工作台自动交换、自动加工、设备在线监控、人机实时交互、三坐标检测数据自动读取、加工过程数据实时采集、质量报表自动形成；利用采集的加工过程数据，实时统计分析制程能力指数（CPK）和质量趋势，利用数据改进工艺参数。操作者仅负责简单的上下料操作，复杂操作均由系统和设备自动控制，从而保障构架加工质量，达到设备利用率提升约 15%、人员数量减少约 50% 的目标。中车青岛四方公司构架加工 RFID 识别系统如图 7 – 21 所示。

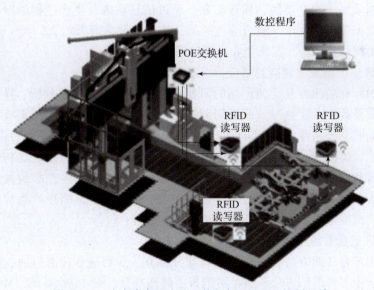

图 7 – 21　中车青岛四方公司构架加工 RFID 识别系统

（4）实现五大系统的集成，打通全生命周期数据链和业务链。

打通数据链是实现智能制造互连互通的核心，以前 PDM 系统、ERP 系统、MES、质量管理系统（QMS）、运维大数据平台（MRO）五大系统各自独立运行，数据不能共享，需要技术人员手动输入，存在效率低且质量得不到保证的问题。目前，通过对各系统接口的开发，中车青岛四方公司已实现上述五大系统的互连互通，PDM 系统可以将研发的图纸、物料、BOM、工艺文件、工艺路径、工作中心等数据直接传入 ERP 系统、MES；制造过程数据从 MES 直接传入 QMS。通过 PDM 系统、MES、ERP 系统、MRO、QMS 等的建设与集成，中车青岛四方公司实现了以 BOM 为核心的数据贯通和以业务为核心的流程贯通，建立了全生命周期产品信息统一平台。

（5）建立运维大数据系统，提升高速动车组运维服务水平。

为了满足高速动车组智能运维的要求，中车青岛四方公司针对运维数据建立了轨道交通装备行业 MRO，采用大数据和数据挖掘技术，实现对故障、检修计划、检修工艺、质检策划、检修生产及物料的精细化管理，达到提高检修质量、保障行车安全、降低检修成本、为产品设计和工艺技术的改进提供运维数据支持的目的，提升了服务水平。高速动车组健康大数据平台采用"Hadoop + Spark + 关系型数据库"的混搭技术架构，实现了对列车健康状况的实时展现和分析挖掘；通过 Web 展示、手机 App 展示、信息推送、ESB 接口等不同应用形式，为用户提供数据查询和交换通道。

7.2.4　智能化改造实施成效

通过智能化改造的实施，中车青岛四方公司极大地改善了转向架的研发、制造、经营、运维等工艺流程，实施成效主要体现在以下 4 个方面。

（1）提高转向架生产过程的透明度。

中车青岛四方公司通过实施智能制造项目，在转向架生产过程中大量采用数控加工中心、工业机器人、物流输送设备等智能装备，通过 RFID、智能传感、物联网等技术，实现数据采集、物料追踪、质量控制；通过信息系统与生产过程的融合，将订单数据、制造数据下发到现场，缩短等待时间，使生产效率提升约 22.5%；将生产现场数据采集到生产指挥中心，提高企业生产过程的透明度。

（2）实现虚拟与现实制造的结合，缩短研发设计周期。

此前，中车青岛四方公司新产品的研发设计通常要经过仿真分析、样车试制、试产等环节，反复的设计变更导致研发周期较长、研制成本较高。通过实施智能制造项目，中车青岛四方公司建立转向架车间的数字化模型，在虚拟生产环境中进行试生产，对生产线产能、物流路径、工艺装配过程进行验证和优化，将产品研发和生产设计阶段的虚拟仿真和验证技术与企业现实生产和运维过程融合，提升产品研发和生产设计能力；通过虚拟制造与物理生产的循环迭代，减少生产错误，缩短产品试制周期，降低制造成本，减少返工，使产品研制周期缩短约 37.16%。

（3）实现信息系统集成优化。

此前，中车青岛四方公司各信息系统相互独立，业务流程没有打通，数据没有实现真正共享。中车青岛四方公司通过实施智能制造项目，使 PDM 系统、MES、ERP 系统、MRO、QMS 等主要系统实现了信息集成；实现"企业层—管理层—网络层—感知层—设备层"的垂直集成,消除了"信息孤岛",使运营成本降低约23.8%。

（4）装备智能化应用成效显著。

此前，中车青岛四方公司制造现场设备数控化率较低，以人工生产手段为主，生产效率不高，产品质量难以保证。通过实施智能制造项目，中车青岛四方公司将自动化和信息化深度融合，利用智能数控加工中心、工业机器人、智能自动装配设备、智能物流输送设备等智能装备，全面提升企业自动化、信息化和智能化水平，企业能源利用率提升约10%。同时，有效减少人为错误，降低人为风险，产品不良率降低约33%。表7-6所示为中车青岛四方公司智能制造实践成效。

表7-6　中车青岛四方公司智能制造实践成效

探索实践	典型用例	整体成效
借助信息技术与先进制造技术的融合，实现企业流程再造、智能管控、组织优化，打造复杂装备、离散制造、订单驱动生产的智能制造新模式	智能车间数字化建模与生产仿真	生产效率提升22.5%
	引入智能焊接、喷涂生产线	
	搭建数字化研发平台	产品研制周期缩短37.2%
	在设备层配置数控加工、焊接、检测等智能设备	不良品率降低33.0%
	建立设备数据实时采集控制系统	
	建立产品运维大数据平台	运营成本降低23.8%
	引入能源管理系统	能源利用率提升10.0%

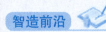
智造前沿

宁德时代智能工厂实践与创新

宁德时代新能源科技股份有限公司（以下简称"宁德时代"）是全球领先的锂离子电池研发制造企业。该公司专注于新能源汽车动力电池系统、储能系统的研发、生产和销售。锂电池作为动力电池的主流产品，面临制造工艺复杂、监控数据点多、制造系统复杂、数据实时采集难度高、数据组成复杂、数据价值挖掘难度高等问题。这些问题难以通过传统方法解决，只能根据企业自身特点制定智能制造战略，解决行业难题。

宁德时代智能制造的总体技术路线分为三部分。

第一部分，在研发设计方面，采用数字化三维设计、模拟仿真技术进行产品设计，并且导入 PLM 系统进行全生命周期的数据管理。

第二部分，在生产线智能化方面，针对设备开发和生产线建设，坚持关键技术国产化的路线，导入三维仿真、在线检测、智能化物流等技术，提高生产线的智能化水平。

第三部分，在信息化架构方面，建立互连互通的工业网络和覆盖全生产要素的

MES,实现全生产过程的有效控制。在此基础上,通过集成研发、设计、供应链和售后服务系统,驱动全价值链的集成和优化。

宁德时代以制造为核心,有效地驱动了研发制造一体化、制造供应链一体化、制造服务一体化,并在实践中得到了验证,取得了生产效率提升56%、产品研制周期缩短50%、运营成本降低21%、不良品率降低75%、资源综合利用率提升24%等良好效果。同时,宁德时代的智能制造实践也对国家、社会与行业提供了有价值的参考。

【赛证延伸】 证书: 1+X "智能制造系统集成应用"

"智能制造系统集成应用"职业技能等级(高级)主要面向以下岗位:智能制造关键装备制造企业集成、产品设计、安装调试、操作、生产工艺、检测检验、软件测试等岗位;智能制造系统集成,企业系统集成方案设计、开发、培训,系统现场测试,整线安装调试等岗位;智能制造装备应用、企业数字化产品设计、产品生产周期管理、生产排程、工艺编程、现场操作、设备维护、维修等岗位。

"智能制造系统集成应用"职业技能等级(高级)包含4个工作领域,各工作领域又包含多个具体工作任务。

(1) 智能制造系统集成设计:集成方案规划与设计、关键装备与器件选型、控制系统设计。

(2) 智能制造系统联调:通信设置与调试、数据采集与监控、系统优化。

(3) 智能制造系统质量控制:质量检测、误差校准、质量提升。

(4) 智能制造系统维护与故障检修:系统维护、故障检修、人员培训与指导。

 单元测评

1. 中车青岛四方实施智能制造项目前,生产转向架的主要问题不包括 (   )。

A. 生产过程依赖工人操作技能

B. 质检大多靠人工执行

C. 生产现场设备数控化率高

D. 生产计划靠人工传达

2. 中车青岛四方的转向架制造过程属于 (   )。

A. 离散制造   B. 流程制造

C. 复杂制造   D. 重复制造

3. 在三维虚拟环境中对转向架的制造过程进行模拟的优点不包括 (   )。

A. 优化工艺布局   B. 仿真生产过程

C. 验证装配工艺   D. 降低生产效率

4. 中车青岛四方在转向架智能车间建设中,(   ) 技术没有被提及和应用。

A. 虚拟现实   B. 智能传感与控制

C. 自动异常监控   D. RFID

5. 中车青岛四方通过智能制造项目,实现了 PDM 系统、MES、ERP 系统、运维大数据平台、QMS 等的集成，其主要目的是（　　　）。

  A. 提高生产效率　　　　　　　　　　B. 提升产品质量

  C. 消除"信息孤岛"，优化业务流程　　D. 降低能源消耗

 练习思考

1. 企业实施智能制造项目改革后，对企业工人的技能有什么新要求？

2. 搜集企业智能化改造案例，总结其亮点和经验。

 考核评价

情境七单元 2 考核评价表见表 7-7。

表 7-7　情境七单元 2 考核评价表

环节	项目	标准分值	实际分值
课前（20%）	平台讨论	10	
	平台资源学习	10	
课中（60%）	课堂考勤	10	
	课堂问题参与	10	
	工程思维能力、家国情怀	10	
	单元测评	10	
	小组任务	20	
课后（20%）	练习思考	10	
	"赛证延伸"实施	10	
总评		100	

参 考 文 献

[1] 王芳，赵中宁. 智能制造基础与应用［M］. 北京：机械工业出版社，2022.

[2] 刘强. 智能制造概论［M］. 北京：机械工业出版社，2021.

[3] 任长春，舒平生. 智能制造概论［M］. 北京：机械工业出版社，2021.

[4] 葛英飞. 智能制造基础［M］. 北京：机械工业出版社，2019.

[5] 人力资源社会保障部专业技术人员管理司. 智能制造工程技术人员［M］. 北京：中国人事出版社，2021.

[6] 刘彦伯，孔琳. 3D 打印技术［M］. 北京：北京理工大学出版社，2021.

[7] 周连兵，纪兆华，李京文. 人工智能应用基础［M］. 青岛：中国石油大学出版社，2021.

[8] 臧冀原，王柏村，孟柳，等. 智能制造的三个基本范式：从数字化制造、"互联网＋"制造到新一代智能制造［J］. 中国工程科学，2018，20（4）：13－18.

[9] 中华人民共和国工业和信息化部，国家标准化管理委员会. 国家智能制造标准体系建设指南（2021 版）［EB/OL］. 北京：中国标准出版社，2021.

[10] 张曙，卫汉华，张炳生. 亚微米高精度机床——"机床产品创新与设计"专题（十三）［J］. 制造技术与机床，2012，9：8－11.

[11] 陆启建，刘明灯，祁欣. 数控系统的新进展［J］. 制造技术与机床，2022，10：7.

[12] 李卫民，张凯璇，刁家宇，等. 基于逆向工程和 3D 打印的水泵叶轮快速重建方法［J］. 辽宁工业大学学报：自然科学版，2022，42（6）：351－356.

[13] 工业互联网产业联盟. 数字孪生技术应用白皮书［R/OL］. 北京：工业互联网产业联盟，2021.

[14] 江苏汇博机器人技术股份有限公司. 智能制造生产管理与控制职业技能等级标准（2021 年 1.0 版）［S］. 北京：中国劳动社会保障出版社，2021.

[15] 苏春. 数字化设计与制造［M］. 3 版. 北京：机械工业出版社，2019.

[16] 金杰，李荣华，严海军. SOLIDWORKS 数字化智能设计［M］. 北京：机械工业出版社，2023.

[17] 张俊，杨富富. 智能设计方法［M］. 北京：机械工业出版社，2024.

[18] 陈书明，宋智军，余少勇. 深入浅出人工智能［M］. 北京：清华大学出版社，2024.

[19] 唐志共，钱炜祺，何磊，等. 空气动力学领域大模型研究思考与展望［J］. 空气动力学学报，2024，42（12）：1－11.